国家自然科学基金资助项目（50478004）

南京工业大学 拉萨市文物局 江苏省文物局 合作研究成果

拉萨建筑文化遗产

汪永平 主编

东南大学出版社

内容提要

本书对西藏自治区拉萨市建城一千多年来建筑文化遗产发展历程进行了系统的总结。分析了各种建筑类型的特征、建筑风格、建筑文化的形成及其鲜明的地域性特色与成就。对藏式传统建筑做了调查分析，对藏式建筑与汉式建筑的融会现象做了评述。

全书共分 8 章：1.拉萨城市形成与发展概述；2.拉萨宫殿建筑；3.拉萨宗教建筑；4.拉萨园林建筑；5.拉萨传统居住建筑；6.拉萨历史建筑的细部与装饰；7.拉萨的墓葬、碑刻及石窟；8.拉萨重要历史性建筑调查实录。在调查实录中，共收集和调查了具有代表性的案例 63 处，并制作了典型实例位置图，使读者易于查找。在每一案例中，均有简介和现状照片，并附有测绘图纸。全书插图约 800 幅，其中彩图约 600 幅，测绘线图约 200 幅，全为第一手资料。书中内容全面系统、图文并茂，是目前有关西藏自治区拉萨市建筑文化遗产中代表性的专著。

本书可供国内外城市规划工作者、建筑工作者、文物工作者、历史学者和藏学研究者参考，也可供一般旅游爱好者阅读和收藏。

图书在版编目（CIP）数据

拉萨建筑文化遗产/汪永平主编.—南京：东南大学出版社，2005.9
ISBN 7-5641-0024-9

Ⅰ.拉…　Ⅱ.汪…　Ⅲ.建筑-文化遗产-研究-拉萨市　Ⅳ.TU-862

中国版本图书馆 CIP 数据核字(2005)第 052108 号

东南大学出版社出版发行
（南京四牌楼 2 号　邮编 210096）
出版人：宋增民
江苏省新华书店经销　　利丰雅高印刷(深圳)有限公司印刷
开本：889 mm × 1194 mm　1/16　印张：18　字数：670 千字
2005 年 9 月第 1 版　2005 年 9 月第 1 次印刷
定价：218.00 元
（若有印装质量问题，请同读者服务部联系。电话：025-83792328）

本书研究人员与编写人员

● 本书合作研究单位

南京工业大学
拉萨市文物局
江苏省文物局

● 本书主编

汪永平（南京工业大学教授）

● 参加编写与调查研究人员

南京工业大学

汪永平　王一丁　王　斌　吴晓红
焦自云　蒋　鸣　笪　瑶　石　诺
欧燕勤　丁增富　奚吉敏　何运全
王子鹏　李　俊　石　磊

拉萨市文物局

郭　豹　劲永春　索朗达娃　扎西玉珍
冯向阳　王文辉　顿　阳

节日的喜庆
Celebration in Festival

德仲古村落(墨竹工卡县)
Dezhong Old Village(Pongmose)

目　录

前 言

1999年夏天,应西藏自治区文物局的邀请,为完成国家文物局要求的文物“四有”建档工作,南京工业大学建筑与城市规划学院承担了西藏自治区的国家级文物保护单位和部分区级文物保护单位的调查、测绘与资料整理工作,计划用三年的时间完成现有全部“国保”和部分“区保”的古建筑现状调查及测绘图纸的绘制工作。从1999年开始到2001年,先后有40位老师和学生进藏工作,三年内基本完成了原定的计划,达到了预期的目标,并为西藏自治区罗布林卡申报世界文化遗产和该地区的古建筑保护及维修的立项工作提供了原始的调查资料与数据。

从2002年开始,在前三年工作的基础上,我们与拉萨市文物局开始了新的合作,即完成拉萨市重要文物保护单位的测绘与调查工作。这项工作前后又进行了三年,并得到了江苏省文物局的大力支持和赞助,目前该项工作已顺利完成。南京工业大学、拉萨市文物局、江苏省文物局三家议定将合作研究的成果,即整理后的拉萨市重要的历史文化遗存资料通过著作的形式予以发表,以填补这一研究领域的空白。南京工业大学建筑与城市规划学院先后参加调查、测绘和撰写文稿的教师、硕士研究生及本科生有20余人,拉萨市文物局亦派出人员参与调查,共同完成了大量基础资料的收集工作,使本书的研究在广度与深度上得到了有力的保障。

本书对西藏自治区拉萨市建城一千多年来建筑文化遗产发展历程进行了系统的总结,分析了各种建筑类型特征、建筑风格、建筑文化的产生与融合现象以及藏式建筑文化遗产的地域特色与成就。由于拉萨市的建筑文化遗存十分丰富,因此它的研究对于藏式建筑的形成与发展、汉藏建筑文化的交流与相互影响有着十分重要的意义。全书共分8章,收集和调查了典型案例63处,列有地点、年代,制作了典型案例位置图,便于读者寻找。在每一案例中,均有简介和现状照片,其中大部分案例还附有测绘图纸。

从1999年起,我自始至终主持了调查、测绘与资料整理工作和本书的编纂工作,先后6次带领师生进藏,积累了丰富的高原生活与工作经验。这一工作还得到了西藏自治区文化厅、科技厅和国家自然科学基金的支持,使得后期的研究与整理工作能够继续深入进行。

目前,国外虽然对于我国藏学研究甚有热情和兴趣,但在古建筑保护上所做的研究不多,可借鉴的资料甚少。本书的写作除充分地利用了我们所掌握的大量的第一手资料外,还对文物部门多年来在西藏文物保护工作的成果进行了梳理。本书的问世对于藏式传统建筑文化的发掘、整理与传承有着较为重要的意义和参考价值。

汪永平

2005年7月

1 拉萨城市形成与发展概述

A Short History about City Construction of Lhasa

拉萨，藏语意为“圣地”，位于拉萨河谷平原西端。市区的地理位置为东经 91°9′，北纬 29°39′，海拔 3 658 m，空气稀薄，日照强烈，年日照时间在 3 000 h 左右，比四川省省会成都市多 1 800 h，比中国最大的东部城市上海市多 1 100 h，在全国各城市中名列前茅，故素有“日光城”之美称。拉萨是西藏自治区的首府，是西藏政治、经济、文化的中心。

历史上，拉萨是西藏地区的文明发源地之一。这里河谷平原宽广，山川秀美，沃野千里，树木繁茂，常年气候温和，自然条件很适宜农牧业生产发展。藏族人民在这里世代生活，开发、创造了丰富灿烂的藏族文化。自吐蕃王朝第一代赞普[1]松赞干布于 7 世纪前期在拉萨建都，至今已经经历了近 15 个世纪的发展历程。

1.1 吐蕃王朝前的拉萨河谷地区

拉萨北郊曲贡村新石器时代遗址的发现表明，藏族的先民在拉萨河谷地区生息繁衍的历史最晚可以追溯到几千年以前。在当时难以想像的恶劣环境里，先民们依靠自己的智慧和勤劳的双手，采用原始的石质工具[2]，开拓了这块宝贵的土地。曲贡村遗址所呈现出的发达的物质文化为我们描绘出了一幅藏族先民在蛮荒中开拓前行的壮丽历史画卷。

6 世纪的后半期，松赞干布的祖父达布聂赛赞普领导的雅隆部落[3]在今山南雅隆河流域一带逐渐发展成为一支实力强大的地方势力。与此同时，在拉萨河流域也活跃着另一个强大的部落——苏毗[4]。苏毗部族中，在拉萨河流域墨竹工卡（今为拉萨市辖县，距拉萨市区约 100 km）的止贡一带，以达甲沃为首的一支势力，曾建立辗噶尔城堡和王宫；在拉萨迤北的澎波一带，以赤邦松为首的另一支势力，亦曾建立过宇那城堡和王宫[5]。后由于达甲沃不得人心，被赤邦松彻底打败，以赤邦松为首的地方势力遂逐渐雄踞整个拉萨河流域。这说明在当时的拉萨河谷地区出现了生产相对发达，人口相对集中的局面。

松赞干布的父亲囊日伦赞时期，在娘、目、嫩等家

从布达拉宫俯瞰拉萨（右图）
View of Lhasa from Potala Palace

族的策应下，一举攻破赤邦松居住的堡寨，占领了拉萨地区。617 年，松赞干布就出生在墨竹工卡加麻囊的强巴弥居林宫殿[6]。此后不久，松赞干布 13 岁时继承父位[7]。松赞干布是中国历史上的著名人物，史书称他“骁勇多英略”，他继承父、祖遗志，统一了西藏，巩固和发展了奴隶制政权。约 633 年，松赞干布建立了西藏历史上第一个大一统的中央政权——吐蕃王朝，并建设都城拉萨，拉萨的历史也由此而始。

1.2 吐蕃王朝时期拉萨城的建设发展

松赞干布之所以选择从雅隆部的大本营山南迁都至拉萨，出于这几方面的考虑。首先，雅隆地区作为雅隆部的发祥地，那里的贵族豪门势力树大根深，且盘根错节，曾经制造过许多事端，直接或间接地威胁着王室的安全；其次，雅隆地区地处偏远，十分不利于发展；第三，雅隆部此时已经牢牢控制了拉萨河谷地区，扎下了比较稳固的根基。

松赞干布对拉萨河谷的地形地貌详细考察后发现，乌茹下部[8]中心的卧塘措湖边景致优美，地势宽阔平坦，“中间的小山[9]与左右山脉分离独立，仿佛狮子跃空。今天的布达拉宫所在地红山地势优越，立居山顶，周围的景色尽收眼底，附近之地平如掌心，也可以看出对面摧伏异部的善相”[10]。遂决定迁都至此。从此拉开了拉萨城市建设史上第一个高潮。

迁都前的拉萨是一片沼泽荒芜之地，拉萨河有多股分支在此散漫流淌，这一点多见于历史文献的记载中。另在大昭寺以西有一座名为“琉璃桥”的廊桥，当年曾是连接拉萨古城内外的重要通道之一，这也是早年此处有水系的一个旁证。松赞干布迁都拉萨以后，造堤阻水，填湖造地，修河道，筑宫堡，建寺院，奠定了拉萨城市的雏形[11]。布达拉宫、大昭寺、小昭寺、查拉鲁甫石窟、帕邦喀等一大批著名的建筑大多始建于这一时期，著名的八廓街也在这个时期初步形成。这些建筑代表了当时建筑技术和艺术的最高成就，也反映出当时吐蕃王朝的政治开明、社会稳定、经济繁荣。

多部古籍文献中都记载了当时的布达拉宫规模、气度之宏大。据松赞干布著《玛尼全集》中所云：“红山以三道城墙围绕，红山中心筑九层宫室，共九百九十九间屋子，连宫顶的一间共一千间，宫顶竖立长矛和旗帜……王宫南面[12]为文成公主筑九层宫室，两宫之间，架银铜合制的桥一座以通往来……王宫护城各有四道城门，各门筑有门楼设岗，王宫护城东门外筑有国王跑马场，跑道用砖铺，砖上铺木板。跑道两侧装有彩色木栏杆，木栏杆上装饰珠宝串成的半满璎珞，一马驰道上，犹如百马奔腾之响声。”[13]《西藏王统记》也有大致相同的记载：“当即召集大论等内外诸臣，咸来聚议。尔时琉璃钵中，盛满诸种食品，置宝台上，发愿祈祷，则所欲酒食皆自然涌出，普施藏民。定于阳木羊年为新城堡奠基。墙高约三十版土墙重叠之度，高而且阔，每侧长约一由旬余。大门向南。红宫九百(九十九)所，合顶上赞普寝宫共计宫室千所。飞檐女墙，走廊栏杆，以宝严饰，铃声震动，声音明亮，建造堂皇壮丽。论其精美，则等同于大自在天之胜妙宫殿，视无厌足，诸宝严饰，并以各种丝绸，作为采帷璎珞，美妙如意；论其威严，则等同于罗刹城邑，楞枷布山。诸宫室顶，竖立刀枪剑矛，每十长矛，悬挂红旗，而以采绫连系之；论其坚固，设有强邻寇境，仅以五人则可守护。又南方城垣，掘有城壕，深约十排，上铺木板，再上铺以火砖，砖上仅纵一马，即有十马奔腾之声。其南方仿霍尔人城堡之式，建扎拉扎喜宫，作为墀尊王妃之寝宫，高达九层，宽敞雄伟，建造布局，极尽精美之能事。王宫及后妃宫二者之间，通以铁桥，桥下幔拂炫目，铃声铿锵，王与王妃往来其间。如是王宫妙丽庄严，世绝其伦。修造完竣，大作庆会云。”[14]

大昭寺由松赞干布、文成公主和墀尊公主[15]于 7 世纪 40 年代共同兴建。《智者喜筵》记载大昭寺是文成公主到达拉萨后的第三年，约 647 年，开始动工兴建，历时一年建成。现大昭寺内的一幅壁画即描绘了这一建设场景（图 1-2-1）。最初的大昭寺平面基本为纵横轴对称，神殿是大昭寺的主体，也是大昭寺的精华，平面基本呈方形，仿照密宗的坛城而建。神殿使用的人字叉手也属唐代做法。据中国科学院地质研究所对大昭寺木柱采样进行碳十四同位素测定资料和古地磁实验室对大昭寺古砖的测定资料，大昭寺的基础建于唐代，和史料记载完全相符[16]。《西藏王臣记》、《西藏王统记》等历史名著中还记载了在其他一些地方，有一些与大昭寺有关而修建的寺庙。在修建大昭寺选址时，

"文成公主再次根据汉历观测法详细推算地形，指出藏区的地形如一罗刹女仰卧（图 1-2-2），卧塘措[17]湖是罗刹女的心脏，为恶趣之门，若要镇之，须得修建佛殿"[18]。"另外，文成公主还指出：罗刹女的两个肩头和两个胯骨是四大关节，两肘和两膝是四小关节，两手掌和两脚掌是四大掌，必须在其各处修建佛殿镇压。"[19]所以，同一时期内，根据文成公主所推算，在吐蕃的其他地方，"于永茹（要茹）建昌珠，叶茹建藏昌，补茹（乌茹）建噶泽，茹拉建章巴江等，为四镇边之庙。又于工布建步曲，洛扎建昆廷，降（北方）振建格吉，绛建扎顿孜等，为四重镇之庙。又于康（即朵康，今甘孜自治州）建隆塘卓玛，巴卓建洁曲，蔡日建协饶卓玛与仓巴隆伦，为四镇支之庙"[20]。

小昭寺是松赞干布时期在拉萨兴建的第二大佛殿，由文成公主主持，主要有藏、汉工匠参加修建，与大昭寺同时期建成，带有浓厚的汉式建筑风格。通过碳十四对小昭寺早期木柱采样测定，断定其年代亦为唐代[21]。小昭寺作为汉藏民族团结友谊的标志，在汉藏关系史上占有十分重要的地位。

查拉鲁甫石窟是西藏石窟的典型范例，也是吐蕃时期开凿最早的石窟。该石窟位于布达拉宫西南的药王山麓。据《贤者喜宴》记载："茹雍妃在查拉路甫雕刻大梵天等佛像……历十三年完成。"查拉鲁甫石窟为平面呈长方形的中心柱窟。依山开凿，窟内共有 71 尊造像，除两尊泥塑外，其余均为石像[22]。同时开始建设的还有药王山摩崖造像。

拉萨最繁华和最热闹的街道是围绕大昭寺而形成的八廓街[23]，其雏形形成于吐蕃王朝初期，是西藏城市建设史上的第一条街道。随着大昭寺的建设和拉萨河北岸护城大堤的修建，在这片平坦的土地上逐渐建起了一些建筑。八廓街是为建筑大昭寺，并随着大昭寺的建设而发展起来的。当松赞干布决定修建大昭寺后，为了亲自督促工程的进展，他率领着手下的伦相大臣和王妃们住到了卧塘措湖边。为此，人们在湖的北面、东面、东南和西面修起四处房舍，这是当时的四大宫殿。这四大宫殿也就成了八廓街的第一批建筑。大昭寺建

图 1-2-1 大昭寺内壁画所描绘的吐蕃时期大昭寺建设场面
The Construction Scene of Jokhang Monastery

图 1-2-2 文成公主所描绘的西藏地形图——临摹于民国初年（资料来源：《中华遗产》2005 年总第四期第 74、75 页。）
The Relief Map Depict by Han Princess Wencheng

成以后，四方信徒纷纷而至，大昭寺周围渐渐地出现了18家旅店式的建筑，街道的形态也渐渐显现出来。此外，在松赞干布时期，在大昭寺附近修建的重要建筑还有墨如宁巴，据说这是作为管理大昭寺的人员和来寺朝拜的僧人居住的房舍，并相传吐蕃时期创制藏文的大臣吞米桑布扎还曾在此潜心工作过。后来在赞普墀祖德赞时期进行了扩建[24]。

这一时期，拉萨的重要建筑还有帕邦喀。帕邦喀的建筑特色十分鲜明，显示出了吐蕃王朝时期碉式建筑的高超水平。该建筑由松赞干布主持建造，《西藏王统记》曾载："就在吉学梁正地方名帕邦喀的磐石上用红炉铁水灌凝大砖，建筑起九层高的碉堡，四面都用铁链紧拴使其牢固。"帕邦喀的主体建筑建在一高出地面近20 m，顶部面积约300 m^2的一整块巨大山石上，四周为崖面，北崖筑有石阶供人登临。帕邦喀建筑平面南侧呈半圆形，北部为方形，大门在北。巨石的两侧下部凹入，形成石洞，遂在外侧略加石墙、门窗，此处小殿称为"策久拉康"。据传说，吞米桑布扎创制藏文时期，也曾住在帕邦喀，在那里闭门研创藏文达三年之久[25]。

由松赞干布和文成公主共同开创的汉藏友谊由于符合历史发展的潮流，在其后多次得到了续写。821年至822年，即唐穆宗长庆元年至二年，吐蕃和唐朝互派使团先后会盟于各自的京师，史称"长庆会盟"、"唐蕃会盟"。823年，吐蕃刻碑立于大昭寺正门前作为纪念，碑文用汉藏两种文字对照书写，叙述延续了近两百年的汉藏友谊。故此碑称"长庆会盟碑"、"唐蕃会盟碑"或"甥舅会盟碑"。

吐蕃王朝时期的二百余年，出现了拉萨城市建设史上的第一次建设和发展高潮。拉萨的第一次发展高潮，是以西藏的第一次统一为前提，以农牧业经济为基础，与金属冶炼和使用密切相关，与藏文的第一、二、三次厘定密切相关，与天文历算、建筑工艺、兴修水利、医药、织造、酿酒等科学技术发展密切相关，与典章制度的制定密切相关，与勇于和善于吸收外来文化，特别是当时与居世界领先地位的唐王朝的多方面、大规模的联系，并建立了血肉相连的甥舅关系密切相关。归根到底，拉萨城市发展的第一次高潮，是在特定的时代和特定的地域，依靠藏族人民充分发挥创造才能的结果。拉萨经过第一次发展高潮，就已经以她独具魅力的风采展现在了世人面前。

1.3 吐蕃王朝分裂时期至黄教(格鲁派)兴起前的拉萨城市建设

8世纪末叶，吐蕃社会阶级矛盾一天比一天加剧。838年继位赞普的朗达玛，采取和以前的赞普完全相反的做法，下令封闭吐蕃境内的全部佛寺，强迫所有僧人还俗，焚毁一切佛教经典。这些措施激起了已在吐蕃社会扎下根基的佛教势力的强烈反抗，842年，朗达玛在大昭寺门前被僧人拉龙贝吉多吉射杀。他的两个儿子危松和云丹为争夺赞普位而刀兵相见，爆发了内战。从此，吐蕃王朝的统治关系开始解体，中央政权失去作用，全盛一时的奴隶制王朝走向了分裂。内乱于869年引发了涤荡吐蕃全境的"平民和奴隶大暴动"，使得吐蕃王朝分崩离析，西藏境内四分五裂，进入了持续数百年的割据时代。暴动给拉萨带来的直接结果是，拉萨作为西藏政治中心的地位衰落，城市遭到破坏，布达拉宫等许多宫堡、城寨也在这一时期毁于兵燹。起义者杀了危松之子贝科赞，在拉萨拆毁了布达拉宫大部分建筑。现在布达拉宫庞大的建筑群中，被保留下来的吐蕃时期的建筑目前只有曲结哲布和帕巴拉康[26]。曲结哲布意为法王洞，在红山之巅的岩体上，"室正中现保存一炉灶，灶上有石锅、石臼。据说这些都是松赞干布时期的原物。室内供奉有松赞干布、文成公主、墀尊公主、其松墀江妃、吞米桑布扎、禄东赞等早期塑像。这批早期塑像表情生动，衣褶流畅；塑造手法和风格与晚期的松赞干布及妃、臣像迥异，极有可能是吐蕃时期留下来的雕塑艺术珍品。曲结哲布楼上是著名的帕巴拉康，也是布达拉宫的早期建筑之一。

分裂割据的后期，拉萨地区多次发生了鲁梅、巴、惹、征4个集团间的战争。1160年，在拉萨、雅隆澎波一带，4个集团互相攻打了很久。连续不断的战争，不但给拉萨一带人民的生命财产和农牧业生产带来很大危害，而且还将古代西藏人民勤劳智慧的结晶——大昭寺、小昭寺的一部分烧毁，造成了严重损失。此后不久蔡巴噶举于拉萨一带崛起，逐步取代了其他地方势力在拉萨的地位。

蔡巴噶举的创立和强大，与它背后的靠山——噶氏家族是分不开的，因而它既是西藏佛教后弘期影响很大的教派之一，一度又是实力极强的地方势力集团，曾称雄于拉萨一带。1239年，蔡巴噶举派派遣使臣到蒙古地区寻求支持，忽必烈赐蔡巴庄园属民3 700户。13世纪中叶，元朝划分卫藏[27]十三万户，蔡巴又被划为十三个万户之一。蔡巴万户作为当时前藏[28]一带势力最强的3个万户之一，在拉萨发展的历史中曾起过重大作用，也有过不少建树：不但兴建蔡巴寺、贡塘寺，而且蔡巴噶举的创始人向•尊珠扎巴以及他的门徒和历代的蔡巴万户长曾长期有条不紊地管理着大昭寺，并多次对大昭寺进行修葺，还曾组织力量疏通水道、加固河堤，对拉萨城市的兴盛有过一定贡献。

14世纪初，帕木竹巴先后征服了止贡巴、雅桑巴和蔡巴，进而掌握了全藏的统治大权。随后他们逐步建立了日喀则、内邬、贡嘎、扎嘎等十三个大宗，拉萨当时属内邬宗。帕竹的统治中心虽在乃东，但拉萨以其宗教发展史上的圣城地位和强大吸引力，为帕竹政权高度重视。乃东法王曾令内邬宗宗本[29]对大昭寺进行大规模的维修，后来又全力支助宗喀巴一派修建甘丹寺、哲蚌寺、色拉寺等。帕竹政权在元朝时受封为13个万户之一，明朝时则先后受封为“灌顶国师”、“阐化王”等尊号。帕竹政权属下的一些重要贵族，也都曾受到明朝中央政府的封赐。内邬宗的宗本南噶桑布就曾被封为行都指挥使司的都指挥佥事。

总的来说，由于这一时期内，拉萨一直没能成为全藏的政治、经济中心，即使受到了一些地方势力的支持和建设，但因力量所限，加之政局并不稳定，只是维修、扩建和新建了若干寺院，尚无力修复布达拉宫，更不可能进行大规模的城市建设，在城市建设方面很难有大的作为。

1.4 黄教(格鲁派)政权建立后的拉萨城市建设

在西藏佛教的各个流派中，黄教[30]是最晚形成的一个教派。但是它后来居上，发展得十分迅速，很快成为藏族社会中一个占绝对优势的教派。格鲁派的发展、传播始终是以拉萨为重要根据地而进行的。1409年的藏历正月，格鲁派创始人宗喀巴在拉萨大昭寺发起了一个大型的祈愿法会，到会僧人达一万余名。同年，宗喀巴又在拉萨以东达孜县境内建立了黄教的第一座寺院——甘丹寺。几年后，宗喀巴的门徒又分别在拉萨西郊修建了哲蚌寺、色拉寺，甘丹、哲蚌，色拉三寺被称为黄教三大寺，其建筑规模宏大、金碧辉煌。

1642年，经过几年的战争，支持黄教的蒙古和硕特部首领固始汗击降西藏各地方政权，建立了蒙藏联合的甘丹颇章[31]地方政权。在修复布达拉宫前，甘丹颇章的所在地哲蚌寺一度成为权利的中心。至此，在经历了大约800年后，拉萨再度成为了西藏的政治中心。1652年，五世达赖喇嘛赴京觐见清顺治帝，并受封为“西天大善自在佛所领天下释教普通瓦赤喇怛喇达赖喇嘛”[32]。自此，达赖喇嘛的地位得到了清廷的正式确认，以达赖为首的西藏地方政权的力量得到进一步加强。拉萨作为西藏地方首府，其发展又进入了一个新的历史时期，迎来了第二次的城市建设高潮。

著名的寺院在这一时期都曾有过较大规模修葺和扩建，尤其是大昭寺的改造、扩建，对拉萨的城市布局产生了重大影响。现在围绕大昭寺一周的著名的八廓街，是旧时拉萨的城市中心和主要交易市场。随着拉萨的建设发展，八廓街两旁陆续建起了旅馆、商店、民居，逐渐演变成后来的商业街。今天的八廓街，大体上仍然保留了古城拉萨当年的风貌。八廓街的不断扩建，向四面延伸，最终形成了拉萨旧城区的范围。而五世达赖时期最大的工程是对布达拉宫的重建，于1645年开始为布达拉宫的白宫部分奠基，历时三年建成，并立无字碑于布达拉宫前以作纪念。1690年起，又用了三年的时间建造了红宫，以存放五世达赖的灵塔，后红宫成为存放历世达赖灵塔之处。今天我们看到的雄奇的布达拉宫主要是在这一时期建造的。这一集中反映藏族人民勤劳和智慧的伟大建筑也被人们视为拉萨、乃至整个西藏的标志。

清朝前、中期，清政府通过一系列的举措，把甘丹颇章政权改革为噶厦地方政府，颁布了著名的《钦定藏内善后章程》，加强了对西藏的管理和控制。这些措施增进了拉萨和内地的经济、文化交流，交流的范围和节奏都较以往更宽广、更频繁。这些交流对拉萨的历史进

图 1-4-1 拉萨大祈愿法会转经图

The Picture of the Congregation Revolving Scripture

（资料来源：蒙古乌兰巴托美术馆）

程和城市建设都产生了重大的影响，一些重要的建筑皆始建于此时期。这些建筑就某种意义来讲，甚至就是或部分是清廷这一时期施政方针的附属产物。1751年，驻藏大臣代表清政府为七世达赖修建了罗布林卡第一座建筑——乌尧颇章，标志着罗布林卡建设的开始，1755年，七世达赖建造格桑颇章，并以自己的名字命名此宫殿。此后，历世达赖均在执政时对罗布林卡加以增建。同时期建造的其他重要建筑还有：四大林、磨盘山关帝庙等[33]。与此同时，诸如：御制平定西藏碑、御制十全纪碑、双忠祠碑、功垂百代摩崖、用昭万世摩崖等一大批碑记、摩崖石刻也在此时期出现。这些均表明，进入清代中期，随着西藏社会、经济的发展，社会趋向稳定繁荣，与内地的交流也进一步加强，拉萨的城市建设达到了一个新的高度。现藏于蒙古乌兰巴托美术馆中的一幅绘制于清代的绘画，从鸟瞰的角度描绘了传召大法会期间，广大僧俗群众围绕着整个拉萨城转经的盛大场面，并用写意的手法把朝西的大昭寺绘制成朝南，与布达拉宫同样朝向，并把甘丹、哲蚌、色拉三大寺和小昭寺也拉入了画卷中，该画从侧面向我们展现了当时拉萨的城市风貌（图1-4-1）。

受清末维新运动以来国内旧民主主义革命的影响，进入民国时期，拉萨在城市建设方面有了一些近代化的趋向和突破，具有一定的积极意义。1916年，达赖创办门孜康[34]（图1-4-2），即医药历算局，在大昭寺西北侧，现藏医院内。门孜康用藏族传统教育方法，传授藏医藏药和天文历算知识。1923年，成立警察局。1925年，成立邮政局、电报局。1927年在拉萨筹建水电厂。但总体上城市变化很小，八廓街一带还完好地保持了旧有的城市特色与风貌。民国初年藏族人徒手绘制的八廓街鸟瞰图反映了当时老城核心区的大体情况（图1-4-3）。

1.5 西藏和平解放后的拉萨城市建设

1951年5月，西藏地方政府与中央人民政府签订《中央人民政府与西藏地方政府关于和平解放西藏办法的协议》（简称“十七条协议”）。10月26日，中国人民解放军抵达拉萨，受到藏族同胞的热烈欢迎，从此拉萨的历史翻开了全新的一页，拉萨的建设也进入了一个前所未有新时期。西藏和平解放后，拉萨的城市建设大致又经历了三个时期。1951年—1959年，是第

图1-4-2 门孜康现状
The Status Quo of Men-dzi-khang

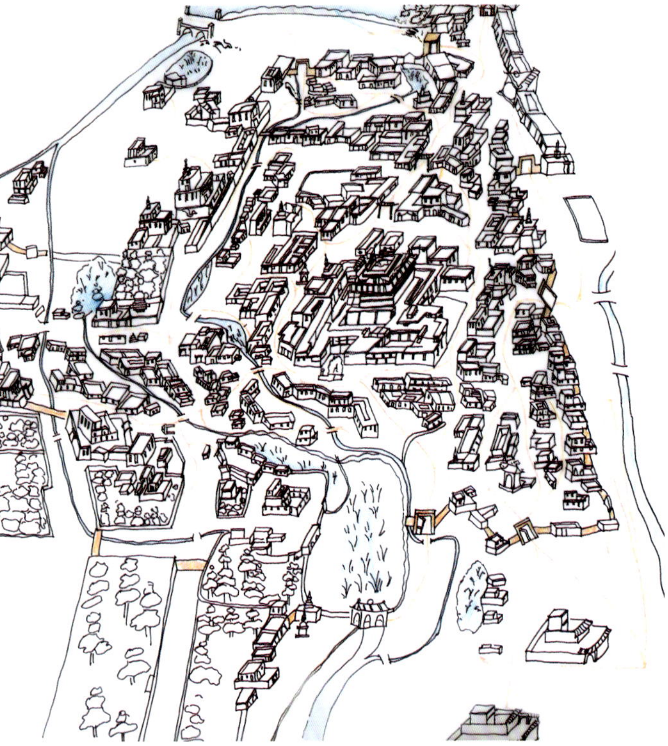

图 1-4-3 八廓街鸟瞰图
Bird's Eye View of Barkhor Street

一个时期，中央政府在国家十分困难的情况下，投巨资、花费大量的人力物力先后修通了川藏、青藏、新藏、拉萨—日喀则、拉萨—泽当等公路，其中著名的川藏、青藏公路就交汇于拉萨市内。同时，还进行了一些小型的基本建设，兴建了一批机关、学校、医院、邮局、银行、电站、电影院等设施。1959 年西藏实行民主改革后至 1978 年，是第二个时期，1965 年，西藏自治区成立后，此间国家又投巨资建设了滇藏、中尼公路，并投资改善城市的基础设施、公共服务设施，进行居民住宅建设。1978 年至今，是第三个时期，随着经济发展、社会进步，特别是进入 20 世纪 90 年代以来，国家西部大开发战略实施后，拉萨的城市建设更发生了翻天覆地的巨大变化。城市的规模有了一定的扩大（图 1-5-1），在内地的大力支援下基础设施的水平有了很大的改观，与发达地区的差距在逐渐缩小，城市的规划与建设更具有了科学性，在城市建设的同时更加注重对老城区、传统建筑文化和藏族优秀文化传统的保护与发扬。

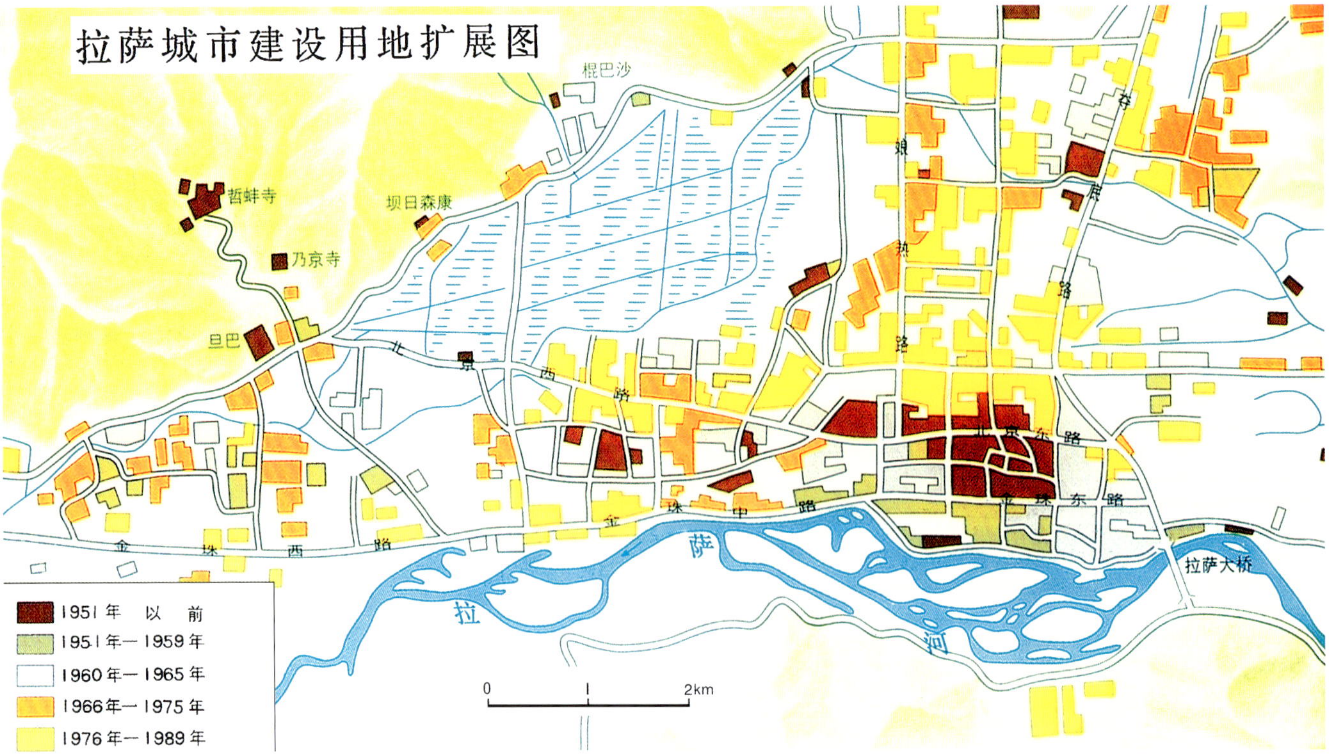

图 1-5-1 西藏和平解放后拉萨城市扩展示意图(1989 年)
The Map of Expansion of Lhasa (1989)
资源来源：中国城市地图集编辑部编辑，《中国城市地图集》（下册），北京：中国地图出版社，1994 年。

注释：

1 赞普，系藏语“btsan-po”的音译，意为“雄强的男子”，吐蕃君长称号。参见王尧、陈庆英主编，《西藏历史文化辞典》，拉萨：西藏人民出版社、杭州：浙江人民出版社，1998年，第256页。

2 参见西藏自治区文物管理委员会编，《拉萨文物志》（内部发行），1985年，第17页。

3 雅隆，古部族名，又名雅隆悉补野。该部发源于西藏山南的雅隆琼结地区。约公元前4世纪时逐渐崛起，在长期的部落兼并战争中，雅隆部成为最强大的部族。7世纪，第32代赞普松赞干布嗣位后，建立了强大的奴隶制政权——吐蕃王朝。

4 苏毗，古部族名。史书又称孙波、女国、精波结等。6世纪时，为青藏高原较大的奴隶制部落联盟政权之一。其统治中心在今西藏拉萨和日喀则一带。10世纪初，为吐蕃所并。参见王尧、陈庆英主编，《西藏历史文化辞典》，拉萨：西藏人民出版社、杭州：浙江人民出版社，1998年，第242页。

5 参见杨嘉铭、赵心愚、杨环著，《西藏建筑的历史文化》，西宁：青海人民出版社，2003年，第32页。

6、7 参见恰白·次旦平措、诺章·吴坚、平措次仁著，《西藏通史简编》，北京：五洲传播出版社，2002年，第8-9页。

8 松赞干布建立吐蕃王朝后，为了管理全境和推行政令的便利，划分辖境，设置了称为“茹”的军政区域4个，即：乌茹（中央翼，治所在今拉萨地区），要茹（左翼，治所在今乃东昌珠地区），叶茹（右翼，治所在今南木林地区），茹拉（分支翼，治所在今拉孜地区）。乌茹下部，即今拉萨河下游，达孜至曲水河一带）。

9 即红山。

10 同6注，第9-10页。

11 同注2，第1页。

12 即药王山。

13、14 同注5，第34页。

15 墀尊公主，生卒年不详，名毗俱胝，尼婆罗（今尼泊尔）国王光胄之女，藏之史籍称墀尊公主。7世纪初，松赞干布派大臣噶尔东赞为专使迎娶回墀尊公主。她的入蕃对佛教传入西藏起了一定作用。

16 同注5，第35页。

17 措，藏语。即“湖”之意。

18、19 同注5，第36页。

20 引自五世达赖喇嘛著，刘立千译注，《西藏王臣记》，北京：民族出版社，2000年，第27页。

21 同注5，第38页。

22 同注5，第38页。

23 八廓街，又名八角街、八古街，是拉萨城内围绕大昭寺的中转经道，形成于拉萨古城建城之初，以热闹繁华而著称，今已成为藏族社会生活的缩影。

24 同注5，第40页。

25、26 同注2，第44页，第13页。

27 卫藏，吐蕃王朝对外将其所占有的地域总称为“吐蕃”，“大蕃”，对内则将其本部划分为4个“茹”。因雅隆河谷是吐蕃王室发祥地，拉萨是吐蕃王朝的首府，故称其中乌茹、药茹为“卫”，意为中心部分，将叶茹、茹拉合称为“藏”，意为雅鲁藏布江上游南北两岸地区。“卫”和“藏”合称为“卫藏”，即表示吐蕃王朝的本部地区。参见王尧、陈庆英主编，《西藏历史文化辞典》，拉萨：西藏人民出版社、杭州：浙江人民出版社，1998年，第275页。

28 前藏，清朝将“卫藏”地区定名为“西藏”，“藏”称为“卫藏”，“西藏”称谓中的主体字，“藏”由专用地名变成对整个“卫藏”的简称，以后遂有以拉萨、山南地区为“前藏”，以日喀则、江孜地区为“后藏”的习称。参见王尧、陈庆英主编，《西藏历史文化辞典》，拉萨：西藏人民出版社、杭州：浙江人民出版社，1998年，第276页。

29 宗本，宗的行政长官。宗，意为“寨落”或“城堡”，旧籍也作营，后成为一级行政单位的名称。

30 黄教，藏传佛教格鲁派，是藏传佛教的主要教派之一。“格鲁”意为善规，因该派主张僧人应严守戒律和修学次第而得名。因宗喀巴在创教期间戴黄色桃形僧帽，后来该派僧人在法会上多戴此种僧帽，故俗称“黄帽派”、“黄教”。参见王尧、陈庆英主编，《西藏历史文化辞典》，拉萨：西藏人民出版社、杭州：浙江人民出版社，1998年，第98页。

31 甘丹颇章，又叫噶旦颇章。最初为哲蚌寺内一佛宫名，由于布达拉宫修复前，二世至五世达赖居住于其中，甘丹颇章宫就成为了黄教的统治中心。后来成为黄教政教合一的代称。

32 引自《藏族简史》编写组编，《中国少数民族简史丛书——藏族简史》，拉萨：西藏人民出版社，1985年，第170页。

33 同注2，第44页。

34 门孜康，藏医疗机构名。“门”指医疗，“孜”表示历算。亦译为“医学历算院”。参见王尧、陈庆英主编，《西藏历史文化辞典》，拉萨：西藏人民出版社、杭州：浙江人民出版社，1998年，第171页。

2 拉萨宫殿建筑
Palace Architecture in Lhasa

宫殿，在藏语中称作颇章。历史上吐蕃王朝历代赞普建有不少宫殿建筑[1]，著名的有青瓦达孜宫、子母宫等等。宫殿建筑是西藏建筑艺术中除寺庙建筑以外，具有纪念碑意义的又一重要建筑。西藏的宫殿建筑大致经历了城堡建筑、宫殿建筑和宫殿与寺院建筑有机结合的几个阶段。随着西藏政教合一制度的形成，宫殿则为各个喇嘛教派的法王、宗教领袖们所有，这既是它的一个最大特点，也是区别于历代帝宫如北京故宫的根本所在。

吐蕃第一代赞普聂赤赞普时期，西藏建立了第一座宫殿建筑雍布拉康宫。雍布拉康位于西藏山南地区乃东县的一座小山顶端，地理位置险要，易守难攻。雍布拉康原为3层建筑，下面两层为佛殿，第3层是回廊，并在后面有一突起的多层碉楼。建筑墙体为纯石结构，坚实耐久。雍布拉康宫遗迹矗立在一座绝壁的小石山上，巍峨挺立，气势十分壮观。雍布拉康下是平原谷地，整个建筑居高临下俯视四周，依山长守、托壁善攻。一条石阶从平川重叠而上，形成一夫当关、万夫莫开的险势，是古代典型的城堡建筑模式，也是王权至高无上的体现。

此后一直到7世纪，西藏第32代赞普松赞干布统一青藏高原各个部落，建立了吐蕃王朝，并修建了红山宫（布达拉宫前身）。红山宫建筑仍继承了城堡建筑的特点，修建在耸立于拉萨平原中的红山之上，具有易守难攻的特点。据记载，松赞干布修建的红山宫规模非常宏伟。红山周围共筑了3道城墙，建造了999间宫室，加上山顶的1间，共计1 000间。王宫和后宫之间建有一银铜合制的桥梁，供赞普和王妃往来。宫顶上竖立彩色枪矛等各种兵器，悬挂有各种丝绸的流苏。整座建筑坚固、结实，气势磅礴。红山宫在芒松芒赞和赤松德赞时期遭受到了人为和自然的严重破坏，仅存少数宫室。在吐蕃末代赞普朗达玛灭佛以后，吐蕃王朝瓦解，宫室就更加荒废了。

吐蕃王朝时期，境内的奴隶和土地都分封给臣属、寺庙和各部落首领。到了14世纪，西藏帕木竹巴地方

布达拉宫金顶（右图）
The Golden Summit of Potala Palace

领主朗氏家族兴起，得到了明朝皇帝的敕封，掌握了地方行政权力，并设立了 13 个相当于县一级的地方行政单位"宗"[2]，分派有功的贵族到各地充任地方行政官员"宗本"。"宗"在藏语中有城堡的含义，各宗本居住和办公的建筑，都修建在小山顶上，有各种防御工事，其形式如一堡垒。现在西藏境内存有的宗均为遗迹，其中著名的有江孜宗城堡和穷结宗城堡。

1645 年，五世达赖喇嘛在松赞干布修建的红山宫遗址上对其进行了复建，修筑了布达拉宫。布达拉宫是西藏保存最为完整、艺术价值最高的宫殿建筑，是西藏集寺庙和宫殿为一身的古代藏族建筑史上的光辉典范之作。"布达拉"系梵文的藏语音译，指观世音住锡地佛教世界里的四大圣地之一的普陀山，意为持航解脱海岛之舟。今天矗立在布达拉山上的布达拉宫建筑由红宫和白宫两部分组成，高 13 层，东西长 360 m，南北宽 200 m。布达拉宫集宫殿、城堡、寺庙和灵塔为一身，充分体现出世俗王权的至尊和佛教王国的极乐世界。

乾隆十六年（1751 年），清中央政府废除郡王制度，设置噶厦机构。噶厦由噶伦一僧三俗 4 人组成，辅佐驻藏大臣和达赖喇嘛共同管理西藏地方行政事务[3]。据西藏地方公文记载："乾隆十六年，达赖喇嘛 44 岁，大皇帝敕谕，达赖喇嘛执掌政教权力，委任侍从 4 名噶伦。是年，第七世达赖喇嘛格桑嘉措领旨执掌西藏政教权力。"[4] 至 1959 年噶伦组织解散，噶厦组织和机构共持续了 200 余年。第七世达赖喇嘛格桑嘉措亲政后，在罗布林卡建立了以自己名字命名的宫殿格桑颇章，在此处理政务。后又在宫殿旁修建了供噶厦、益仓等机构之用的附属建筑。罗布林卡里现存的噶厦办公用房由一组平房组成，简素朴实，不似豪华铺张的宫殿建筑。

图 2-1-1 布达拉宫正视图
Front View of Potala Palace

2.1 布达拉宫（图 2-1-1）

2.1.1 历史沿革

松赞干布在 13 岁即位后，先后征服了西藏境内的大小各个部落，建立了统一的吐蕃王朝。为了政治和军事上的需要，他把首府从雅隆地区迁至逻娑（今拉萨）。据载："松赞既即位，谓臣下曰：昔我祖拉脱脱惹蔺夏王，……曾住在红山顶上，我亦当履先王遗迹，在此吉祥喜庆之处，作一切有利事情。"[5] 于是，松赞干布在红山（即布达拉山）上修建了红山宫，即为最初的布达拉宫。7 世纪末期，布达拉宫遭受火灾。8 世纪墀德松赞时期，布达拉宫又遭受雷击。朗达玛灭佛后，吐蕃内乱，西藏进入了混乱的分裂时期。布达拉宫也屡遭破坏，规模逐渐减小。12 世纪，噶当派格西穷布扎色曾在此讲经，此后萨迦派上师、历代噶玛巴、宗喀巴及其弟子等都先后来到布达拉宫进行讲经等佛教活动，布达拉宫一度成为宗教活动的场所。

15 世纪初，宗喀巴创立的格鲁派在西藏地区得到大力发展。1642 年，在蒙古酋长固始汗的武力扶持下，五世达赖取得政权，建立了噶丹颇章王朝。政府机构开始设置于哲蚌寺，后为了巩固政权，便于领导政教事务，五世达赖决定在红山重建布达拉宫。1645 年，重建工程开工，全部工程由第司索朗绕登主持。此次重建保留了松赞干布时期的所建的法王洞，并在红山宫遗址的基础上兴建了白宫。1647 年主体工程基本完成（图 2-1-2），1653 年在五世达赖喇嘛进京觐见清顺治帝后返回西藏时，布达拉宫重建工程全部竣工。噶丹政权便从哲蚌寺迁至布达拉宫，成为西藏政教合一的政权中心[6]。

2.1.2 建筑组成

布达拉宫由宫殿部分、雪城和龙王潭组成。布达拉宫宫殿分为白宫和红宫两大部分。白宫主要作为达赖喇嘛工作和休息之用；红宫则主要有供奉历代达赖喇嘛的灵塔殿和各类佛殿。雪城位于布达拉山南山麓，由东西南三面高大的城墙围绕。在东西南三面各设有宫门。雪城东西长约 365 m，南北长约 180 m，占地约 6.6 hm²。南宫门为正门。城的东南、西南建有碉楼，形制非常完备。城内的主要建筑有行政、司法管理和监狱等噶厦下属机构；有藏军司令部、造币厂、印经院；有仓库、马厩、骡院、水院等附属建筑；此外还有一些贵族住宅、民居建筑、酒馆等。龙王潭位于布达拉山北麓，包括了两个湖泊、小岛、水阁、凉亭等，现为宗角禄康公园，向市民开放。

图 2-1-2 1662 年布达拉宫素描图（图片来源：西藏布达拉宫）
The Sketch of Potala Palace in 1662

图 2-1-3 布达拉宫白宫
The White Palace of Potala Palace

1）白宫（图 2-1-3）

布达拉宫在 1645 年开始重建，历时 3 年建成了以白宫为主体的建筑群。白宫共 7 层，其中一至三层为基础部分，没有宫殿；四至七层设有达赖喇嘛工作和休息的各种宫殿。

白宫的主殿叫东有寂圆满大殿（丛钦夏），简称东大殿，位于白宫的第四层。东大殿坐北朝南，宽 25.8 m，长 27.8 m。东大殿是布达拉宫非常重要的活动场所，达赖喇嘛坐床等重要大典都在此举行。殿堂北面设达赖宝座，殿内四壁满绘宗教故事和历史人物的壁画，其面积达 432 m²。天窗对面的墙壁中央绘像为黄教创始人宗喀巴，两边则为二胜六庄严佛像。大殿东壁绘有吐蕃赞普和佛教大师阿底峡等的传记图谱和阿强尼玛伟色画像。大殿南壁绘有桑耶寺修建时的地基图以及一世达赖、二世达赖、三世达赖和四世达赖的画像。大殿西壁绘有拉晋格互龙、朱互贡布尊珠扎巴和仲敦巴的画像。大殿北侧绘有宗喀巴、松赞干布和曲杰扎巴等的画像。东大殿的东侧为供品室和供品库以及主管供品的僧舍。东大殿南侧是东大殿前厅，前厅东侧为十八楼梯。

通过十八楼梯往上走，到达白宫的第五层。五层中部为东大殿内回廊，围绕回廊布置的均为办公和仓库用房。回廊西边是主内库室，回廊东边是北立付室，南边是立付局，立付局东侧为堪布仓。白宫的第六层中部为东大殿上空。房间于周围布置，西侧为上立付室，东侧为王宫。紧邻上立付室东侧为经师住处。南边为本息收发室。收发室东侧是雪噶，西侧为旧地方政府机构“噶厦”的办公地点。

白宫第七层是达赖喇嘛的寝宫。寝宫是达赖喇嘛在冬季居住和从事政务活动的地方，分为东日光殿和西日光殿。西日光殿包括福地妙旋宫、南护法殿、北护法殿、寝宫、孜嘎、福足欲聚宫和喜足绝顶宫。福地妙旋宫是达赖喇嘛处理日常政教事务的殿堂，面积虽然不大，但陈设华丽，色彩丰富。宫内四壁挂着以观世音菩萨为题材的唐卡，梁下悬挂彩缎制的经幢，柱上满裹红色氆氇。十三世达赖喇嘛晚年，在东边又修筑一组寝宫，称东日光殿。故原寝宫改称西日光殿。东日光殿由喜足光明宫、永固福德宫、长寿尊胜宫、护法殿和寝宫等组成。每个宫室都装饰豪华富丽，内壁均绘有宗教题材的壁画。

2）红宫（图 2-1-4）

1682 年，五世达赖喇嘛圆寂。第五代第司桑结嘉措为了纪念五世达赖喇嘛，于 1690 年主持修建了红宫，以安放五世达赖喇嘛灵塔及灵塔殿。由此往后，红宫成为供奉各世达赖喇嘛灵塔的地方。红宫位于白宫西南方，与白宫相邻但相互分离。红宫建筑共 4 层，其内部有大殿、佛殿和灵塔殿等各种殿堂。

图 2-1-4 布达拉宫红宫
The Red Palace of Potala Palace

大殿即西有寂圆满大殿，因位于白宫东大殿西边，故叫西大殿，系五世达赖灵塔殿的享堂。西大殿藏语为“斯西平措”，意为天地两界功德圆满。大殿居红宫之中心，平面呈长方形，建筑面积共 725.7 m^2，通高 4 层，是红宫最大的殿堂。大殿西端正中设达赖宝座，前面梁架上方悬有一匾额，上有清乾隆皇帝御书“涌莲初地”4 个大字。门楣上部、殿堂四周和内院回廊满绘壁画，壁画面积达 280 m^2，其中最为著名是五世达赖喇嘛进京觐见清顺治皇帝的壁画。殿内还保存有清康熙皇帝赐给达赖喇嘛的一对大型锦绣幔帐，这对幔帐精美别致，绣有吐蕃三法王（松赞干布、墀松德赞、热巴坚）及达赖喇嘛等像，被视为布达拉宫的稀世珍品，在达赖喇嘛坐床和亲政大典时挂于殿堂西面。

红宫内主要佛殿有：世袭殿、持明殿、菩提道次第殿、药王殿、时轮殿、释迦能仁殿、法王洞、圣观音殿、无量寿佛殿、殊胜三地殿、坛城殿、上师殿、弥勒佛殿等。

世袭殿，藏语称“冲绕拉康”，供奉各世达赖喇嘛塑像。殿堂位于西大殿北面，面积 216 m^2，正中佛座并列供奉重达 1 679 两的金质释迦牟尼像和重达 1 246 两的银质五世达赖喇嘛像。佛座的正面，装饰了孔雀、象、马和共命鸟木雕，形象十分生动。殿内东北壁的附壁经书架上存放藏文丹珠尔经一套。殿内西侧有十一世达赖喇嘛灵塔，塔内安葬十一世达赖喇嘛凯珠嘉措的法体，还藏有经书和各种文物。

持明殿，藏语称“仁增拉康”。殿堂正中供奉银质莲花生祖师像。东侧 8 尊为莲花生传承祖师像；西侧 8 尊为莲花生化身像。殿内东、南、西三壁经书架上放置着精刻藏文《甘珠尔》经。

菩提道次第殿，藏语称“朗仁拉康”，殿内供奉格鲁派和噶当派菩提道次第的传承上师像。殿堂正中供奉宗喀巴坐像 1 尊，坐像两侧墙壁环绕布置柜式像龛，龛内供奉塑像 60 多尊。

药王殿，藏语称“缅喇拉康”。殿内北侧阶梯式长条佛案上，正中供奉释迦牟尼像，两侧有镀金药王佛像 8 尊，另外还有汉族地区、西藏以及印度、尼泊尔等国著名药师塑像。殿堂中间有一座药王坛城（耗金 15.4 kg）。殿堂内四壁墙上绘满有关药王佛和药师像的壁画。

时轮殿，藏语称“堆廓拉康”，殿内有鎏金铜质坛城一座，坛城圆盘底座直径为 6.2 m，高 0.66 m。这座时轮坛城，是按《时轮经》形象制作的，由大小不一，形制相同的三组建筑重叠组合而成。设置时轮佛殿，显示出藏族对天文、历算的重视和获得的成就。殿堂墙面满绘壁画，有报身时轮佛像、香巴拉国王世系图、历算家和承传祖师画像等。

释迦能仁殿，藏语称“土旺拉康”，面积为 54 m^2。殿堂沿西墙有一排佛龛，正中供奉银质释迦牟尼像，两侧排列八大随佛弟子铜质镀金立像。在附于壁间的经架上有手抄的甘珠尔经经卷。

法王洞，藏语称“曲杰朱普”。这是吐蕃时期遗存的建筑，建于 7 世纪，当年松赞干布曾在此修法。殿堂面积较小，约 26.7 m^2。沿北墙有松赞干布、文成公主、墀尊公主塑像。殿堂内还有吐蕃王朝大臣噶尔东赞（禄东赞）和吞米桑布扎的塑像。

圣观音殿，藏语称“帕巴拉康”。也是吐蕃时期遗存的建筑，面积为 48 m^2。正中重檐像龛中供奉旃檀世自在观音像，这尊像是松赞干布所依本尊，为 7 世纪时松赞干布从尼泊尔迎请的，属于珍贵的旃檀四观音之一，被尊崇为布达拉宫的稀世珍品。殿堂外悬挂有清同治皇帝御书“福田妙果”匾额。

无量寿佛殿，藏语称“蔡巴拉康”，面积 67 m^2。殿堂中间为“门”形佛座，东、西、北三面有板壁隔断围绕形成转经道。佛座上供奉无量寿佛 9 尊，白度母、绿度母塑像各 1 尊。殿堂墙壁满绘壁画。

殊胜三地殿，藏语称“萨松朗杰”，面积 121 m^2。殿内北墙有一单檐像龛，龛的立柱上有 4 条盘龙。龛内有一块用藏、汉、满、蒙 4 种文字书写的“当今皇帝万岁万万岁”的牌位。这是藏历第十二绕穷水虎年(1722年)清朝康熙皇帝派官员护送七世达赖喇嘛进藏坐床时带到布达拉宫的。牌位上方悬挂身穿比丘法衣的乾隆皇帝画像，这幅画像是藏历第十二绕穷水马年(1762年)八世达赖喇嘛坐床时，清朝特派官员送至布达拉宫的。牌位周围还有金刚持、宗喀巴三师徒、阿底峡、七世达赖喇嘛、四世班禅喇嘛、六世班禅喇嘛等像。殿堂西面还有十三世达赖喇嘛用一万多两银子铸造的十一面千手观音像一尊。观音像北设达赖宝座。这是红宫中一座重要的佛堂，许多重大的活动，如决定达赖喇嘛灵童的“金瓶擎签”仪式，就是在殊胜三地殿内乾隆皇帝画像前进行的。

坛城殿，藏语称“伦朗康”，面积130 m²。殿堂中间有三座立体“曼陀罗”(坛城)，东面为德却坛城，中间为桑旺堆巴坛城，西面为吉姐坛城。德却(胜乐)、桑旺堆巴(密集)、吉姐(大威德)均为密宗本尊。坛城门首有大清乾隆年间制造字样。殿内四壁均绘有壁画。

上师殿，藏语称“喇嘛拉康”，面积101 m²。殿堂以供奉西藏著名喇嘛塑像为主，中间有宗喀巴、六世、七世、八世、九世、十一世、十二世达赖喇嘛坐像，沿南、北墙的像龛中有吐蕃王朝赞普像以及贤者像和著名的上师像几百尊。

弥勒佛殿，也称具乐满圆殿，藏语称“噶丹平措其”，面积107 m²。殿中供奉垂足坐姿弥勒佛像1尊。殿内还有其他塑像多尊。

红宫内的灵塔殿是安放达赖喇嘛灵塔的殿堂。凡达赖喇嘛圆寂后，遗体均用香料保护，安置塔内，供信徒瞻拜。除六世达赖喇嘛外，在红宫安放的五世达赖喇嘛到十三世达赖喇嘛的8座灵塔中，有的建有专门的灵塔殿。

五世达赖灵塔殿，藏语称“瞻岭更基康”，意为世界之饰，位于红官西大殿西侧，面积452 m²，最高处达16.3 m。五世达赖灵塔高14米多，是布达拉宫内最高的灵塔之一。“灵塔内部安放有面向西南的五世达赖喇嘛阿旺罗桑嘉措的法体，还藏有松赞干布的遗令一件、贝叶经《时轮注疏》一部、莲花生及其妃子益桑措杰和墀松德赞三人用鼻血写成的《十万颂般若经》一部、第一部手抄本《五部箴言》以及全套的《甘珠尔》和《丹珠尔》经等。另外，还藏有一块释迦牟尼的大拇指骨、一颗宗喀巴的牙齿等稀世文物”[7]。灵塔在殿的中间，左右还有十、十二世达赖喇嘛的灵塔。在五世达赖灵塔殿内还供有8座善逝佛塔。灵塔前陈设有立体曼陀罗模型、金灯、香炉、净水瓶和酥油灯等各式法器祭器。殿堂内悬挂丝绸帷幔华盖，甚为庄严华贵[8]。

七世达赖灵塔殿，藏语称“扎西沃巴尔康”，意为吉祥闪光，面积166 m²。七世达赖喇嘛的灵塔位于殿的中央，周围有其坐像四尊。塔前有须弥山立体模型一座。沿南壁有弥勒垂足坐像、佛龛和经书架[9]。

八世达赖灵塔殿，藏语称“格列森巴尔康”，意为善德威光，面积84 m²。八世达赖喇嘛的灵塔靠近北墙，殿堂西南角有八世达赖坐像一尊[10]。

九世达赖灵塔殿，藏语称“萨松沃嘎康”，意为三界皆喜，主要开间布置九世达赖喇嘛的灵塔，两侧为经书架，西南角有九世达赖坐像一尊。灵塔两侧设二层楼面，西侧为护法神殿，供奉护法神等塑像；东侧为罗汉殿，殿内有十六罗汉塑像[11]。

十三世达赖灵塔殿，藏语称“格来顿觉”，意为善德圆满，基址原为僧舍，当时拆除原有建筑修建塔殿，面积435 m²，高14.85 m。十三世达赖喇嘛灵塔紧贴北墙，塔高12.88 m，是布达拉宫最高的灵塔之一，从塔座至塔顶占三层空间。塔殿前厅有十三世达赖坐像一尊，像前有一座由二十余万颗珍珠串成的珍珠曼扎(曼陀罗)。灵塔前的供案上有珍贵的瓷器、珐琅、珠玉等祭器饰物。殿堂内挂满织锦经幡挂幢。在三层的享堂内，四壁满绘壁画，用连环画的形式，记录了十三世达赖喇嘛的生平和传记。其中以清光绪三十四年(1908年)十三世达赖喇嘛赴京觐见光绪皇帝和慈禧太后以及游览京城的情景，最有历史价值[12]。

红宫除了大殿、佛殿和灵塔殿等主要建筑外，还有仓库和侍从人员用房等建筑。

3) 雪城主要建筑

(1) 雪巴勒空

雪巴勒空是坐落在城内北侧中部的一座两层的藏式楼房。雪巴勒空是原西藏地方政府主管拉萨政法的机构，曾作为西藏自治区文物局的办公楼和库房使用。雪巴勒空由摄政王第司罗桑金巴于1675年创立。原机构设四品僧、俗官员雪巴各一名，下属工作人员雪仲二十余名。雪巴勒空开始仅管理雪城内外的治安，后逐渐扩大为管理拉萨及附近十个谿卡的社会治安。

(2) 藏军司令部

藏军司令部坐落在城内东部，是一座五层的藏式楼房，现为布达拉宫管理处的办公用房。1913 年，十三世达赖喇嘛封贴身侍卫察绒•达桑占堆为扎萨，兼任总司令。藏军司令部的主要职责为统管西藏地方军队，经噶厦批准后向各地驻军配发武器、弹药等军事装备。藏军军官如本的任免由司令部报请噶厦批准。甲本、丁本的任免由司令部决定。西藏地方军始建于 1790 年，按照清军编制分成了 4 个军营。

(3) 印经院

雪城内共有两处印经院。东印经院位于城墙内的东北角，始建于桑结嘉措扩建红宫时期。其主体建筑为两层藏式楼房，由印经堂、藏经库、孜仲住室、马厩等部分组成，因规模较小，不能满足印经的需求，十三世达赖喇嘛命人选取址修建了西印经院。西印经院位于城墙内西北角，主体建筑为六层，依山而建。底层为库房，二层为藏经殿，三层为印经殿。西印经院现为西藏自治区档案馆，其中珍藏大量的原西藏地方各级政府的公文和档案。

图 2-1-5 壁画中布达拉宫
Potala Palace Depicted in Mural

图 2-1-6 鸟瞰布达拉宫广场
Bird's Eye View of Potala Palace Square

2.1.3 布达拉宫的特点

1) 作为宫殿的特点

布达拉宫踞于布达拉山之巅，整个建筑傍山而建，气势宏伟，壮丽辉煌。宫室高 110 余米，东西长 360 余米，南北长 200 余米，整个宫殿建筑面积达 138 025 m^2[13]。布达拉宫以宫殿、寺庙和灵塔殿三位一体。整个建筑采用藏族传统的建筑形式和结构，有着鲜明的藏族建筑艺术特色，是藏族劳动人民的智慧结晶，体现了古代藏族人民在建筑、艺术以及绘画等方面的伟大成就（图 2-1-5）。

布达拉宫以白宫、红宫为主体，周围建有围墙。其建筑基本上是土、木、石混合结构，主要由墙体和墙柱混合承重。布达拉宫的平面布局基本形式为矩形，白宫、红宫等主要建筑平面均为“回”字形，基本上是四周围绕一圈建筑。建筑中间为天井庭院或为整齐排列的柱网，天井上凸起形成天窗阁，或在天井上方覆盖屋顶以形成一个更大的空间。布达拉宫与中国古代帝王宫殿一样，空间和规模都十分巨大，装修装饰豪华奢侈。但是内地的宫殿建筑多按中轴线布局，讲究平面对称，群体组合。几十个院落纵横交错，数百座建筑高低错落，以平面上的序列感来体现帝王的权威。布达拉宫则是建立在红山之巅，俯视大地。通过立体上的不同层次来表达，追求纵向的延伸，逐步升高，突出主殿，表现了统治者的崇高地位（图 2-1-6）。

2) 作为佛教的特点

布达拉宫是西藏“政教合一”的权力中心，集宫殿、佛教为一体，其建筑规模、形制和布局都不仅仅满足于功能上的需要，既需要体现佛教的神圣，又需要表达出政治上的权威。作为宫殿建筑，首先要满足的是安全防御功能。布达拉宫傍山而建，易守难攻，夏金窑、桀布窑、丹玛窑和玉阶窑等 4 座碉堡拱卫四周，城墙、宫门固若金汤，在红山山顶鸟瞰雪城大地。布达拉宫的平面布局和空间结构、序列结构等建筑格局主次分明，等级森严，表现出了权力中心无比的威严。作为佛教建筑，布达拉宫充分体现了佛教思想。布达拉宫的主要组成部分红宫、白宫和“雪”由上而下呈三个层次段的纵向排列，充分体现了藏传佛教“三界”（欲界、色界、无色界）思想。由低向高的空间序列强调的则是循序渐进，由底层的欲界循着“之”字形巨大条石阶梯，精进修证，到达终极目标即顶层的无色界（图 2-1-7）。

2.2 甲玛赤康

墨竹工卡的甲玛沟，是一个风景如画、充满神话传说的地方，也保存着不少文物古迹。它的正南面，是拉萨河谷与山南之间的一条民间古道，可直抵桑耶、乃东，到达雅隆部族的大本营——山南。古代曾在这条路沿途设一座驿站。早在吐蕃王朝时期，这里曾是吐蕃王室的活动中心。6 世纪，松赞干布之父囊日松赞率部一举攻克当时属于苏毗的甲玛等地，并在此修筑了甲玛明久林王宫，松赞干布就出生在这里。同时修筑的还有推噶等宫殿。吐蕃王朝的都城在迁往拉萨之前，曾一度踞此。甲玛明久林宫依山势而建，可想知当年的气派。残存的宫墙周围，古代的巷陌留痕依稀可辨。

及至元代，在此设卫藏十三万户之一的甲玛万户，万户府的遗址至今尚存，俗称甲玛王宫。1640 年，属于第悉藏巴政权的甲玛万户长与被格鲁派引入的蒙古固始汗所部兵戎相见，这一带的许多古建筑毁于兵燹，包括甲玛万户府——藏语叫“甲玛赤康”。现存多处元明间的古碉堡、古城堡遗迹。这一带曾出土不少古代遗物，还有当年西藏大贵族霍康的庄园遗址。庄园城池高大厚重，墙体厚达 2 米多，城墙外有护城河遗迹。

这一带农牧业发达，水塘边牧草萋萋，田野里青稞茁壮，林木茂盛。此地有一眼清泉被视为神水，极负盛名。传说松赞干布幼年时期常在此洗脸，并从泉水的幻影中得到在拉萨红山上建筑红宫的授记，不少有名的大活佛以及众多朝圣者均以能在此洗脸并饮此泉水为幸事。

2.3 噶厦政府办公用房

1751 年清中央政府废除郡王制度，设置噶厦机构。噶厦是达赖喇嘛和驻藏大臣等发布命令的机构，下设译仓和孜康两大重要职能部门。译仓主要管理寺庙教务和僧官的任命、培训等，由 4 位四品僧官仲译钦莫和若干僧官组成。译仓形式上隶属于噶厦，实际上直接受达赖喇嘛指挥。如发生了重大事件，必须通过译仓向达赖喇嘛呈报。孜康管理地方财政、发布政令和俗官的任命、培训等，由 4 位四品俗官孜本和若干俗官组成，不能直接向达赖喇嘛呈报公事。译仓、孜康是地方政府的决策机关，噶伦、孜本、仲译钦莫组成噶厦官员会议办理政务，称为“四仲四孜”会议（简称“仲孜会议”），亦可召开扩大会议，列席会议的有拉萨甘丹、哲蚌、色拉三大寺的堪布、堪苏（卸任堪布）。凡地方政府重大事务、决策法令等均需在会议上讨论，经清政府、驻藏大臣及达赖喇嘛认可后方可颁布执行。直属机构还有分理前藏诸多事务的部门（即局或办事处），如孜恰勒空（即布达拉财库）、拉恰勒空（即财政局）、朗孜厦勒空（即拉萨市政府）、协尔康勒空（即法院）、马基康（即藏军司令部）等，在上述各机构中安置三品至七品各类不同的官员[14]。

噶厦一般设在宫殿里或者宫殿附近，以便于达赖喇嘛命令的发布，属于宫殿建筑的附属用房。拉萨存有不少供噶厦办公的用房，在布达拉宫白宫、大昭寺和罗布林卡格桑颇章附近都保存有噶厦、孜康和译仓。噶厦虽然不是宫殿建筑，但是在体制上也是执政机关发布命令的部门，和古代的宫殿在功能上类似。布达拉宫中噶厦位于白宫第六层，是一间两柱小室，内壁绘有壁

图 2-1-7 之字形坡道
The Zigzag Ramp

画，其面积达 53 m²。其西壁绘有释迦牟尼师徒、释迦能仁佛、无量光佛等画像；北壁绘有吉祥天母像，六臂护法像、四面护法图和大白护法图等；东壁绘有宗喀巴八十业迹图；南壁绘有大威德胜尊十三像[15]。罗布林卡内的噶厦建筑平面布局为长方形，东西向长 47 m，南北向长 38.8 m，室内净高 3.25 m（图 2-3-1）。其建筑由大小十余个房间和 8 个院落组成，其布局形式与梁架、门窗等细部装饰和拉萨的民居建筑相像。位于大昭寺二楼觉康大殿南侧的噶厦和位于觉康大殿北侧的孜康面积较小。噶厦建筑面积为 364 m²，孜康建筑面积为 245 m²。

图 2-3-1 罗布林卡内噶厦
Ga-shar in Norpulinka

图 2-4-1 冲赛康外观
Exterior of Tromsikhang

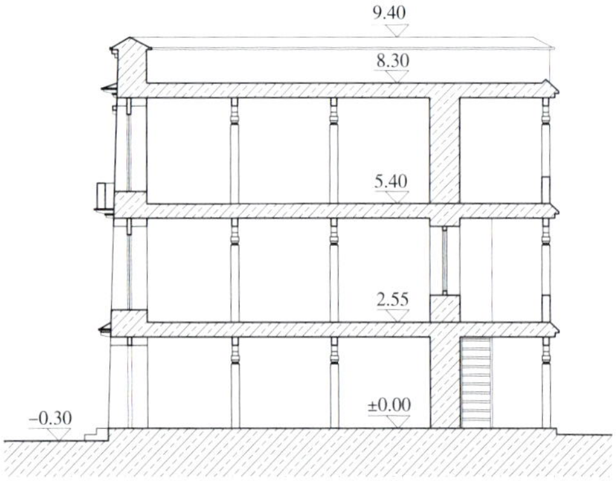

图 2-4-2 冲赛康剖面
Section of Tromsikhang
（右图）

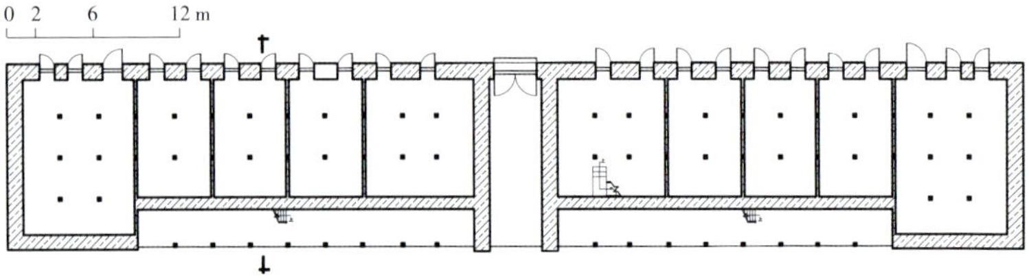

图 2-4-3 冲赛康一层平面（下图）
The First Floor of Tromsikhang

2.4 驻藏大臣官邸

驻藏大臣制度于清雍正五年（1727 年）创设，驻藏大臣作为清朝政府派驻在西藏的最高行政长官，地位与达赖、班禅平等，督办西藏一切政务。驻藏大臣任期三年，在内阁学士、八旗都统、副都统、各部院尚书、侍郎、大臣中任命，或从驻藏帮办大臣中擢升。在西藏与达赖、班禅共同考核官员，主持西藏防务，统领地方军队，并且办理一切涉外事务，监督达赖、班禅及其他大活佛转世灵童的掣签，主持达赖、班禅的坐床典礼等等[16]。驻藏大臣的官邸初设于拉萨市中心的大昭寺东北方的通司岗（今冲赛康）附近。1749 年，珠尔墨特那木扎勒暗杀兄长阿里公珠尔墨特策布登，革除其子，将阿里置入管辖地。1750 年，驻藏大臣傅清和拉布敦将珠尔墨特那木扎勒诱到冲赛康后正法，其手下罗桑扎西叛乱，杀死两位驻藏大臣并烧毁了官邸。平叛后，1751 年清政府在原官邸建立了“双忠祠”以纪念两位驻藏大臣，并将驻藏大臣官邸迁至大昭寺以北、小昭寺西南角的原珠尔墨特那木扎勒居所内。该址“房屋宽敞”，“系三层楼房，楼高墙固，即偶有意外之事，易于防守。”驻藏大臣还挖河游船，建造园舍亭台，新建了不少房屋。后驻藏大臣官邸迁至拉萨城外以北 7 km 的札什驻藏兵营前，即今札什贡巴寺前。清同治年间，为了防范奸细，修砌墙垣，驻藏大臣官邸迁至城内正街商上官房内。在同治皇帝的过问下，驻藏大臣又居入大昭寺以西一里外的鲁布地方新建的官邸内，直到辛亥革命最后一位驻藏大臣离开拉萨为止[17]。

今冲赛康（图 2-4-1~图 2-4-3）位于八廓北街，坐北朝南，隶属于冲赛康居委会。六世达赖仓央加措及拉桑王曾住在冲赛康。后来米旺颇拉把冲赛康赠与驻藏大臣为驻地。冲赛康大门走廊两侧的壁上镶有一石碑，石碑上记载了 1750 年珠尔墨特那木扎勒事件的经过，保存至今。1997 年对冲赛康大院进行了拆旧新建，现仅存沿街的一座建筑，立面的墙体保存完好。

2.5 监狱[18]

朗孜厦（图 2-5-1）是旧西藏拉萨市的地方行政、司法机关，是旧西藏的一座“人间地狱”。劳动人民在这里被任意残害和剥削。从朗孜厦可以看到旧西藏地方政府对群众犯下的滔天大罪。

朗孜厦是解放前拉萨市内所设的最大的监狱，现位于八廓街北段，南与大昭寺紧连，距今已有三百多年的历史。《西藏志》载“大召旁有黑房数间”，即是指此。它是一所极其残酷的司法机构，“拘系罪人，犯法者不论罪之轻重，皆禁于内，用毛绳将四肢绷起，听候发落。”

朗孜厦是旧西藏地方政府主管拉萨政务的机构，司法机关也是一座规模较大的监狱。解放后，朗孜厦的一层曾经坍塌了一部分，后来由政府将其恢复，作为中小学生的德育教育基地。目前朗孜厦保存完整，坐西朝东，石木结构，平顶，共 3 层 9 个牢房。

朗孜厦是一座平面近于方形的 3 层藏式建筑，长 16.25 m，宽约 15.77 m，总建筑面积约 720 m^2。中间有一中庭，采用四周布局的格式。大门开在二层，入内须拾级而上。门前为宣判台，台前是广场，死刑仪式即在这里举行，一经宣判，即将犯人绕八廓街一周示众后处以极刑。朗孜厦的第一层用来关押重犯，设有蝎子洞。一层采用半地下的形式，四周没有开窗，唯一的采光就是从二层中间所开的采光天井透出的一丝光。这也反映了旧西藏实行的是一个反动、黑暗、残酷、野蛮的“政教合一”的封建农奴制度。二层囚禁轻犯、女犯。结构布局与一层类似。三层是审判处和监狱驻守人员驻足之地，其中有头人 3 名，警官 2 名，秘书 1 名，一般办事人员 20 名。头人是由达赖直接任命的四品或五品僧官充当的。据有关方面 1974 年调查，这个监狱解放前平均每年关押 600 名所谓罪犯，其中处以极刑者 40 至 50 名，平时除释放外，每月入狱人数达 45 名。

图 2-5-1 朗孜厦入口
The Entrance of Nangtse-shar

朗孜厦监狱的刑法非常残酷，除了采用挖眼、抽筋、剥皮、剁手剁脚等外，还有剖腹露出五脏六腑游八廓街一周后杀死的刑法。其刑具有脚镣、手铐、皮拍、木枷、钢丝鞭、皮鞭、棍子、棒子、杠子、牛皮绳、石帽、挖眼勺、断指刀、铜马、钉指竹签、挟指棍等五十多种。以上刑法与《西藏志》所记“割头悬示”、“十指甲内下雨签”等相同，足见当时刑法之残酷。

解放前，朗孜厦为当时的嘎厦政府和寺庙中的一些反动上层人员提供所谓念咒经用的祭品，如人心、人肉、人肠、人油、人脊椎骨、头发、骨灰等，这些无一不是在农奴身上以残酷无人道的手段割取的。朗孜厦作为三大领主的专政机器，曾对藏族人民犯有不可饶恕的罪行。

注释：

1 西藏实施的是政教合一的制度。除宫殿建筑外，还有一些附属的政府建筑。

2 陈庆英、高淑芬主编，《西藏通史》，郑州：中州古籍出版社，2003 年，第 253 页。

3 王尧、陈庆英主编，《西藏历史文化辞典》，拉萨：西藏人民出版社、杭州：浙江人民出版社，1998 年，第 93 页。

4 恰白·次旦平措、诺章·吴坚、平措次仁著，《西藏通史简编》，北京：五洲传播出版社，2000 年，第 227 页。

5 西藏自治区文物管理委员会编，《布达拉宫》，北京：文物出版社，1988 年，第 17 页。

6 姜怀英、噶苏·彭措朗杰、王明星编著，《西藏布达拉宫修缮工程报告》，北京：文物出版社，1994 年，第 17 页。

7 同注 6，第 77 页。

8~12 同注 5，第 22 页。

13 同注 6，第 15 页。

14 同注 3，第 94 页。

15 同注 6，第 55 页。

16 同注 3，第 350 页。

17 同注 3，第 350 页。

18 参考西藏自治区文物管理委员会编，《拉萨文物志》（内部发行），1985 年。

3 拉萨宗教建筑

Religious Architecture in Lhasa

拉萨宗教建筑可以分为藏传佛教、苯教和伊斯兰建筑。

西藏因为其特殊的地理位置，寺庙按照不同的建造地点可以分为平地式和山地式，藏传佛教寺庙一般都为封闭式，也可以分为实体式、天井式、廊院式、都纲式[1]，“都纲式”可以说是其中最具建筑成就的代表。

而拉萨伊斯兰建筑类型主要包括清真寺、坟墓和道堂等建筑。

3.1 拉萨宗教建筑分布[2]

拉萨指的是包括拉萨市、城关区、达孜县、林周县、墨竹工卡县、堆龙德庆县、曲水县、尼木县、当雄县所辖的共9个区域。

西藏是藏传佛教的本土，处在中心的拉萨有着数目众多的藏传佛教寺庙。拉萨市区域内，全市1998年登记在册的258座宗教活动场所，几乎都属藏传佛教寺庙、日追或拉康。只有老城区、嘎玛贡桑、夺底乡各有一座规模较小的清真寺，当雄县境内有少量的嘎巴和旦康。

据统计拉萨的这些宗教活动场所中，除堆龙德庆县尚存29座有寺无僧的空寺外，其余229座中，有寺庙144座、日追23座、拉康51座、嘎巴9座、旦康2座。涉及格鲁派（黄教）、噶举派（白教）、宁玛派（红教）、萨迦派（花教）4个主要教派的众多分支派系。其中尤以黄教的宗教建筑最多也最著名，有153座，包括黄教三大寺；白教次之，有42座；红教、花教略少，分别有19座、11座。另有3座各教派混合寺庙和1座西藏原始苯教寺庙——米珠通门林寺，位于尼木县塔荣乡桑日村。1240年由拉日年布创建，代表性的活佛为尼达旺扎。拉萨地区有两座清真寺。信奉伊斯兰教的回族商人、长期或短期居民、游客等是拉萨伊斯兰建筑的主要使用者。

拉萨的宗教建筑场所密度较高，几乎有人群聚集的地方就有其存在。拉萨市内就有着著名的哲蚌寺、色

甘丹寺（右图）
Gandan Monastery

拉寺、甘丹寺——黄教三大寺以及大昭寺、小昭寺、下密院、仓姑寺等 7 座寺庙。其余大多数则分布在相对偏远的农村牧区。据统计城关区有 44 座、墨竹工卡县 46 座、林周县 37 座、当雄县 18 座、达孜县 14 座、堆龙德庆县 53 座（有寺无僧尼 29 座）、曲水县 17 座、尼木县 22 座。

城关区为拉萨市城区。辖区内共有宗教活动场所 44 座（含三大寺的分寺及其他地、县设在城关区的分寺 17 座），其中寺庙 10 座、拉康 28 座、日追 6 座。属格鲁派 37 座、宁玛派 4 座、萨迦派 2 座、噶举派 1 座。实际隶属于城关区的 27 座。

达孜县位于拉萨市以东距拉萨 10 km 处。辖区内共有寺庙、拉康、日追 14 座。其中寺庙 9 座、拉康 2 座、日追 3 座。属格鲁派 13 座、萨迦派 1 座。

林周县位于拉萨市东北部，距市中心约 78 km，辖区内共有宗教活动场所 37 座，其中，寺庙 29 座、拉康 2 座、日追 6 座。属格鲁派 26 座、噶举派 6 座、萨迦派 5 座。

墨竹工卡县位于拉萨市以东约 78 km 处。县境内有宗教活动场所 46 座，其中，寺庙 36 座、日追 4 座、拉康 6 座。属格鲁派 31 座、噶举派 13 座、宁玛派 2 座。

堆龙德庆县位于拉萨以西 10 km 处。辖区内共有寺庙、日追、拉康 53 座。其中有寺有僧 24 座、有寺无僧 29 座。24 座有寺有僧宗教活动场所中，寺庙 20 座、拉康 2 座、日追 2 座。格鲁派 16 座、噶举派 3 座、萨迦派 1 座、宁玛派 2 座、格鲁萨迦混合教 2 座。

曲水县位于拉萨西南部，距拉萨市 66 km。辖区内共有寺庙、日追、拉康 17 座。其中，寺庙 11 座、日追 1 座、拉康 5 座。属格鲁派 9 座、宁玛派 5 座、噶举派 2 座、萨迦派 1 座。

尼木县位于拉萨西南部，距拉萨市区 143 km。辖区内共有寺庙、拉康、日追 22 座。其中，寺庙 15 座、日追 1 座、拉康 6 座。其中格鲁派 4 座、宁玛派 5 座、噶举派 11 座、萨迦派 1 座、苯波教 1 座。

当雄县位于拉萨市西北部，距拉萨 166 km。辖区内共有寺庙、嘎巴、旦康 18 座。其中：寺庙 7 座、嘎巴 9 座、旦康 2 座。属格鲁派 11 座、噶举派 6 座、宁玛派 1 座。

3.2 拉萨宗教建筑构成要素

1）藏传佛教寺庙

在藏传佛教中，只有“佛、法、僧”[3] 三者都具备的才能被称为寺庙，许多规模较小的寺庙在习惯上被称为“拉康”。“拉康”在藏语中是佛殿的意思，作为小型寺庙解释时，指的建筑物较少，除了佛殿便是供本寺僧侣居住的“扎康”和供信徒转经的“东康”。不完全具备大型寺庙建筑所有功能的有：日追、嘎巴、旦康、拉康。

现在许多的寺庙其实上是在原有的“拉康”基础上扩建之后发展起来的，例如大昭寺——其建成之初被叫做“惹萨墀囊祖拉康”，只是供奉释迦不动金刚佛像的大殿，后经历多次扩建、修建才形成了今天的格局。也正因为大昭寺建成时仅为拉康，所以严格意义上藏传佛教的第一座寺庙为桑耶寺。

西藏的藏传佛教寺庙数量多、分布广、规模大。一般说来，藏传佛教寺庙在建筑规模、建筑艺术上都是其所在地区的其他类型建筑所无法比拟的，可以说是藏式建筑中的精华所在。

（1）藏传佛教寺庙机构组织

藏传佛教寺庙尤其是黄教寺庙主要依靠其健全完善的组织机构[4] 来维系正常的宗教事务。寺庙中最有权威的为达赖喇嘛或班禅喇嘛。在其之下有寺主和各个寺院设立的议会。藏传佛教各大寺院的组织机构按等级分为“喇吉”、“扎仓”、“康村”[5] 三级。

“喇吉”—— 藏传佛教各大寺院组织机构中的最高一级，管理“措钦”即寺院最高教务管理委员会这一级的事务。

“扎仓”—— 藏传佛教各大寺院组织机构中的中间一级，完整独立。为僧舍或僧侣经学院，是僧侣们学经和修法的地方。扎仓可以说是寺院中的寺院，有经堂、佛像、僧迦、法学系统，并且有自己的土地、属民、庄园等。不同的寺庙按规模大小，其中的扎仓也有大小、贫富之分，其数量从 1~8 个不等[6]。有些小的寺庙只有一个扎仓，而一些大的寺庙例如拉萨的黄教三大寺则拥有多个扎仓。例如位于甘肃的拉不楞寺设有 6 个学院，其中 1 个显宗学院、5 个密宗学院。一般来说，较完备的扎仓这级组织结构基本上应包括显宗、密宗、医学

（研究藏医的门巴扎仓）、时轮（研究时轮金刚的历算的丁科扎仓）4 个扎仓。

"康村"—— 藏传佛教各大寺院的最基层组织结构。"康村"在藏语中的意思是"按地域划分的组织"，僧侣经入扎仓后，要按家乡地域分到不同的康村中，例如古格康村中的僧侣都来自古格。康村也有大小、贫富差距。"米村"—— 即僧人小组，为康村的下属基础组织。一些较小的康村一般不设米村，而一些只有扎仓一级组织机构的小寺庙则不设康村，只设立米村。

（2）藏传佛教正规的寺庙一般建筑设置[7]

①"措钦"——大殿，是藏传佛教寺庙的核心，为最高管理机构和寺庙集会的场所。大殿中会安放主供佛，供僧侣集体诵经、举行全寺性的宗教仪式。作为藏传佛教寺庙的核心建筑物，其建筑地位、面积、空间尺度、建造的精美程度在整座寺庙中都是首屈一指的。

②"拉康"——即佛殿，佛堂，主要供奉的是相对于大殿主供佛等级低一些的佛、菩萨等，一般的寺庙中有多个拉康。佛堂的建筑等级、面积和装饰精美程度与大殿相比都要略逊一筹。

③"拉让"——又叫"囊欠"[8]，是寺庙内的住持、高僧或者活佛的住所。

其建筑规模与等级要按照寺庙的规模以及居住者的身份而定。寺庙住持大活佛的住所规模最大，一般分上、中、下院，而达赖、班禅的住所被称为"颇章"。在一些大的寺庙里，拉让的数量众多，常形成较为独立的院落，其中除了住所等生活用房外还会有佛堂。

④"扎康"——僧侣的住所。多数寺庙的扎康采用院落式，一般为两层，也有单层的扎康，被隔为若干间；一些寺庙也有不规则的僧侣居住区。扎康的居住者为一般僧人，所以在寺庙中比其他使用的住房简陋的多。

⑤佛塔

藏式佛塔的建筑形式起源于印度，汉文中塔的梵文音译名为窣堵波，在藏语中塔又被叫做"曲登"，原意指的是安放佛骨、佛舍利的坟冢。

佛塔在藏式宗教建筑中非常普遍，一般有寺庙或村寨的地方就有佛塔，或单座或塔群。元朝统一包括西藏在内的中国后，其发展更是进入了鼎盛阶段。关于藏式佛塔的起源时间[9]有 4 种说法：一说是 7 世纪中叶佛教传入西藏后，松赞干布在山南乃东的昌珠寺创建了一座有五顶的佛塔；二说松赞干布在建布达拉宫时，在红山顶上建造了西藏的第一座佛塔；三说是 8 世纪中后期，由印度高僧寂护在今天扎囊县的松嘎尔建造的五座石塔——"松嘎尔五塔"；四说是 7 世纪中叶由尼泊尔工匠在今吉隆县冲堆建的石塔。据史料记载[10]，早在吐蕃时期佛塔就随佛教传入了西藏。

藏式佛塔[11]的主要类型按形式和内涵可分为 8 类即"八相塔"：叠莲塔、菩提塔、和平塔、殊胜塔、涅槃塔、神变塔、神降塔、吉祥多门塔。这 8 种塔，代表的是佛陀的 8 个阶段和成就。西藏许多地区和藏传寺庙都有建造 "八相塔"，例如拉萨布达拉宫内建有的八相塔。藏式佛塔多参照"八相塔"建造，但也有"塔中寺"的特例，如江孜白居寺菩提塔。

按建筑材料分为 5 类：石塔、土塔、木塔、砖塔、金属塔。按实际功能分为 3 类。

纪念性佛塔：拉萨的黄教著名寺庙甘丹寺中就保存一座高达两丈的纪念塔。原来的保存有黄教创始人宗喀巴肉身的灵塔被毁后，修建了这座纪念塔。

灵塔[12]：藏传佛教活佛圆寂后，将其骨灰或经过防腐处理的遗体直接存放于灵塔中，这就是藏传佛教独特的"塔葬"。一般的灵塔通常只有一个法体，但西藏日喀则的扎什伦布寺内的一座合葬灵塔却是个例外，内有第五至九世班禅喇嘛的法体。

过街塔[13]：建在街道中或大路上，提供路人通行的同时，方便信徒礼佛。藏传佛教中有许多方法为信徒提供方便，转经筒就方便了许多不识字的藏民，而过街塔也是其方便信徒的又一体现。过街塔出现于元代，但现存较少。

藏式佛塔基本上由塔基、塔身和塔刹三部分组成。以灵塔为例：其通常分为塔座、塔瓶、塔刹三部分[14]。塔基为佛塔的基本结构，佛教中称塔基为须弥座，代表稳固之意；塔身为佛塔的主体核心，藏式佛塔的塔身成瓶形，所以又被称为塔瓶，灵塔的塔瓶中放置的是活佛或高僧的肉身法体、骨灰、舍利等，其他类型的佛塔中则存放经卷、佛像等；塔刹主要由代表修成正果要经历的 13 个阶段的十三天极和刹顶组成，刹顶又被称为"尼达"，多由太阳和月亮组成。

藏族著名高僧罗桑伦巴对于灵塔的构造和功能曾作过一个有意思的解释[15]:他认为佛塔最下层的方形基底,其表示的是坚固的地基。由此往上为"水球";再上为"火锥";再向上则为"气托";最上面的为波动的精神或有待脱离物质世界的灵气。以上这些元素又都由"趣悟阶路"而登达。这种解释集中体现了佛教中"四相"即土、水、火、空的思想,也象征着生活—死亡—精神—出生的"生命之轮"。

藏俗中的土葬、水葬、火葬、天葬与佛教中的"四相"也是一致的。

⑥附属建筑

藏传佛教寺庙按其规模的大小,有一些数量、大小不等的附属建筑。例如供喇嘛或活佛升级辩论考试的辩经台、印经院、藏经楼、寺庙跳神舞的演出场地、晒佛台、转经廊等。

(3) 藏传佛教寺庙主要特点[16]

①藏传佛教寺庙初期形成保存至今的建筑有大昭寺、查拉鲁甫石窟寺,其分别模仿了印度石窟中的毘诃罗窟和塔庙窟的形式。桑耶寺的修建主要依照的是佛教想像中的世界"曼陀罗"[17],形成了"佛、法、僧"都具备的佛教严格意义上的寺庙。

总的来说,藏传佛教寺庙在其形成初期,建筑规模不大,依靠印度、尼泊尔以及内地的佛教文化,并将其与藏族文化融合。例如大昭寺主殿与印度那兰陀寺13、14号僧房院遗址以及阿兰陀石窟12号窟很相似,桑耶寺是按照印度阿旃廷那布尼寺的样子设计的。西藏早期的藏传佛教寺庙形式以佛堂为主,四面设转经回廊,大经堂多采用屋顶开窗采光。13世纪以前的藏传佛教寺庙多参照以前的形式,而13世纪至17世纪的藏传佛教寺庙则较多的表现了内地的建筑风格,出现了一些藏、汉式建筑的混合体。黄教六大寺还建立起了一套完备的建筑等级体制,甘丹颇章统治时期的木结构雕饰更加华丽,做法也更合乎于规范。

②藏传佛教寺庙中多采用木结构

鉴别藏传佛教寺庙的重要构件就是木结构,包括梁、椽、柱、斗栱、托木及其雕刻花纹装饰。例如从大昭寺的木结构就可以看出其受到的尼泊尔风格的影响。不同时期不同风格的藏传佛教寺庙及其木结构会有一定区别,诸如柱截面的形状、柱高与柱径比等。

③藏传佛教寺庙中的其他结构构成

西藏藏传佛教寺庙外观多为用土、石和木等修筑成的碉楼形式的建筑,拥有平顶、密梁和厚实的墙。大昭寺就是典型的代表。其初期建成主殿为回字形,内外有两圈厚墙,还设有内向回廊,为碉楼式建筑。

藏传佛教寺庙主要有墙体承重和墙柱混合承重结构,一般的碉楼和地垄的开间都不大,大昭寺的尺度可以说明,在不需要柱来承重的情况下,可由墙体承重;墙柱混合承重时的大梁为横向铺设,将荷载传给外纵墙和内柱,椽为纵向铺设,其将荷载传给外横墙和梁。

2) 其他与宗教相关的仪礼

(1) 转经与转经道

藏传佛教与苯教都有转经,其转经道的方向[18]顺应各自宗教符号的方向:藏传佛教的转经道为顺时针,苯教的则为逆时针。围绕寺庙或神山圣湖绕行一周或数周,在藏传佛教中被称为"转廓拉",是一种转经的祈祷仪式。

拉萨市区有三条著名的转经道,分内、中、外三圈[19],围绕的核心就是位于拉萨古城中心的大昭寺,这三条转经道实际上是以大昭寺为中心向外辐射出的三个同心圆。这种周而复始的圆,即没有起点也没有终点。转经的信徒们可以随意地从其上某一点切入,也可以任意离去。

从大昭寺内圈绕出,进入八廓街,在其中环绕一周后再围着全城旋转一圈,这种转经的节奏让人感到一种推力使之加入其中。藏族信徒们的生活经常是行走在转经路上,转经路的存在仿佛向人们强调着佛教关于生命真谛的理解:在周而复始的重复中才能最终发现生命真谛。

外转经道——又叫"林廓",是一条沿着拉萨老城的转经道路。

中转经道——被称为"八廓街"、"八角街"或"帕廓街",即现在的八角街,是沿大昭寺的转经道。"八廓"是藏语"八古"的音译词,意思是中路朝拜道。八廓街上的转经人群中除少数游方僧外大都是俗民百姓中的信徒,其多数为拉萨居民、商人游客和来自各地藏区的农牧民。

内转经道——是围绕着大昭寺的转经道，在藏语中被称为“囊廓”。大昭寺门前的长廊是僧众集会念经的场所，长廊上设有数以百计转经筒，沿着长廊转动经筒一圈叫“转内经”。转经道两旁的墙上绘有佛本生的108个故事，这些画源自克什米尔诗人克斯门达拉著的《如意宝树》，释迦牟尼是在其基础上描绘成的。

(2) 转经路的标志

比较重要的转经路上一般都会有一些小房子，既是转经路的标志又是供路人遮风避雨的建筑。这些小房子里装有的转经筒有时会高达几米。

风马旗[20]也是转经路的标志之一，不同地域的风马旗风格各不相同：西藏许多地方通常会把小块的印有经文的五色布用绳子拉成很长的一条，而康区有一种风马旗为塔状，印有经文的布一圈圈缠绕其上，成为经幡塔，信徒们经常围绕其转经。

在西藏随处可见一堆堆刻有经文的石堆，大的可以绵延数百米，小的有时就仅有几块石刻。“玛尼”是藏传佛教中六字真言[21]的简称，而玛尼石堆则是源于对苯教灵石的崇拜，又叫“多崩”，有十万经石的意思。

信徒们会通过围绕玛尼石堆转经的方式积德祈福，他们边口颂真言边绕着玛尼石堆转，通常每转一圈就会向石堆上加一块石块，久而久之，玛尼石堆的规模就越来越大，越堆越高、越堆越长。

(3) 寺庙内的转经回廊

西藏早期的藏传佛教寺庙的建筑形式以佛堂为主，四面会设置转经回廊。例如小昭寺的转经回廊，再如大昭寺早期的主殿为回字形，设有内向转经回廊，也就是拉萨的内转经道，放置有数以百计的转经筒，两旁的墙上还绘有佛本生的108个故事。

3.3 拉萨典型宗教建筑初步分析[22]

1) 大昭寺

(1) 简介

拉萨古城的中心有着一组雄奇壮观的建筑群，这就是到“圣地”拉萨朝拜的藏传佛教信徒们的目的地——大昭寺(图3-3-1)。大昭寺是现存较完整的吐蕃早期建筑，拉萨古城就是围绕其发展起来的，“拉萨”名称的由来也与其有着很深的渊源。

位于八廓街中心的大昭寺(图3-3-2)，始建于7世纪中叶的松赞干布时期，《贤者喜宴》[23]等史料记载为647年由藏族、尼泊尔等工匠修建，是为了供奉释迦不动金刚佛像即释迦牟尼8岁等身像。其建成初期仅为拉康，不完全具备严格意义上寺庙所要求具备的“佛、法、僧”，经历过多次的修葺和扩建后，才形成了今天占地约25 100 m²的规模。大昭寺属综合教派，具代表性的活佛是格列。历史上该寺僧人曾由哲蚌寺、楚布寺、墨如寺等轮流派驻。

“惹萨”是大昭寺建成之初的藏语名字，为的是纪念羊拉土填沼泽建造大昭寺，此后大昭寺的藏语名改为“祖拉康”，作经堂解释或“觉康”即汉语的佛殿之意。现在的“大昭寺”之名可能与蒙古语中的“昭”有关，其在汉语中的解释为寺庙。

大昭寺整体建筑群的风格独特，结合了藏、汉、尼泊尔的艺术，在建筑、绘画、雕塑等多方面都有着很高的成就。寺内藏有大量珍贵的佛像、唐卡、佛教经典和重要的历史文物及宗教文物。

(2) 建筑布局

大昭寺坐东朝西，相传其主入口朝西是为了表达尼泊尔公主思念家乡之意。其早期主要建筑是东西南

图 3-3-1 大昭寺位于八廓街上的入口
Entrance of Jokhang Monastery in Barkhor Street

图 3-3-2 从大昭寺看八廓街
Barkhor Street Looking From Jokhang Monastery

北各长 40 m 的二层主殿——热萨殿。在主殿的方形平面上，四角的 4 个房间均取消了一面墙，改为过道。这样就使得内廊通道形成卐字符号仪。现在的大昭寺建筑主要沿纵向中轴线分布，基本上由神殿、门廊、庭院及分布在四周的僧舍库房等四部分组成。神殿的位置偏后，前面是绕着回廊的宽敞庭院。

(3) 建筑各部分组成

大昭寺的神殿（图 3-3-3）是大昭寺的主体，也是大昭寺的精华所在。神殿为一密闭的院落，平面基本呈方形坛城状，南北长约 82.5 m，东西连同中部凸出部分长约 97 m（图 3-3-4）。神殿楼高 4 层，中间留有空间高敞的天井，成为神殿的中心，围绕天井四周是几十个向内开门的佛殿。神殿下面的二层是大昭寺最古老的建筑，约始于唐代。神殿早期的建筑结构采用的梁架、斗栱和藻井等法式，受到内地建筑风格的影响，尤其是人字大叉手的结构，显出唐代的建筑手法。这些风格融会在藏式建筑中，相映成趣、巧妙结合，有着浓厚的地方特色。

图 3-3-3 大昭寺神殿西向
West View of Jokhang Monastery

图 3-3-4 大昭寺神殿东向
East View of Jokhang Monastery

大昭寺早期的建筑设计较有特色，基本上是沿着纵横两条轴线呈前后左右全对称分布。其突出和强调的核心就是佛殿。释迦牟尼佛殿位于神殿最后的正中部分，其建筑高达两层楼，并且打破了神殿的正方格局，向后凸出 2.5 m，大大加强了神殿主供的释迦不动金刚佛像的地位。主殿两旁的是殿堂缩小的无量光佛殿和强巴佛殿。沿着横向轴线左右两侧分布的，右为千手千眼观音佛殿，左为墀尊公主带来的由八大门徒拱卫成的释迦牟尼不动金刚身佛殿。这 4 个佛殿较释迦牟尼佛殿而言，其位置安排要低一些等级。吐蕃时期除神殿外的佛殿都比较低矮窄小，门道狭窄，一般的范围多为 5 m × 5 m。再加上佛殿中现有的塑像比建成时有所增加，所以空间更加显得狭小。

神殿的正门楼部分也向前方凸出，从平面上看，与后边的释迦牟尼佛殿相对，同时还从空间上追求横纵轴线两边的对应。门楼被筑成了两层，上为第七佛殿，下部在门的两边分别为夜叉殿和地龙殿，显现出与主供佛殿的不同。门楼下设两道门，其中间为一穿殿，左右两边塑有高大魁梧的四大天王坐像。

神殿周围佛殿前的则是一圈较低矮的廊房。廊房中粗大的柱体和梁椽望板与其四面收分显著，厚重坚实的墙体、低矮古朴的殿门一起构成一组和谐的建筑布局，呈现出古老浑厚的格调。

门廊是后来扩建的。平面为凹形，布局富有变化，门廊的两边向前突出，中间有很大的空间，形成前院，视觉上增加了门的纵深感。门廊周围的廊房较为高大，有两排柱子共 8 根，右侧高一层楼，包有鎏金铜皮的玛尼轮，背壁上绘有巨幅的四大天王壁画。廊房前檐则是以牛毛织造或棉布做成的幔帐，房顶檐厚约 3~4 m，褐色的边马草上置有金光闪闪的法轮、卧鹿（图 3-3-5）和巨大的法幢（图 3-3-6），营造了一种强烈的宗教气氛。

大昭寺现有的露天庭院及其回廊、廊房是后来扩建的，宽 32 m，纵深 39.3 m。庭院的石铺地面是在宗喀巴时期由乃东王帮助铺设的。露天庭院的四周是一圈回廊，其四壁绘有千幅画，所以又被称为千佛廊。回廊宽 10.6 m，高 7 m 左右，其东部明显升高，在视觉上凸显其作为院落主要方向的地位。

根据《蔡巴录》，大昭寺的主殿西面一直延伸到中门的屋檐，扩建于 1280 年—1347 年。神殿内的早期佛殿并不多，其余为生活用房。随着大昭寺的不断扩建，也有一些其他附属用房被改成了佛殿。例如五世达赖和第巴桑结嘉措时期，神殿底部的两层和后世扩建的三层所有住房都被改成了佛殿。一楼的佛殿因此从 7 个增加到 18 个，二楼则增到十多个，加上三楼的，其佛殿的总数是吐蕃时期的几倍。大昭寺神殿的三、四层建筑和现存的天井高窗也是后来分期修建的。宗喀巴时期，乃东王札巴强曲对大昭寺进行了一次大规模的扩建，天井中竖立起了近三层楼房高的 12 根大柱，上覆漂亮的高侧天窗。五世达赖时期，不仅对三层进行了大规模的扩建修葺，又在建筑顶部更新和加盖了部分金顶，加建了 4 个角楼佛殿，在房顶四周的柽柳墙[24]上镶嵌了金铜，整个神殿的外观由此发生了明显的变化。

（4）建筑结构

大昭寺的基础修筑始于唐代，早期建筑为墙体承重，主殿墙体除用大砾石做基础外，其余均用红砖砌筑。后来经过多次维修，大部分墙已换成石墙，但仍保留了一部分砖墙。五世达赖时期曾对大昭寺主殿进行大规模维修和扩建，主殿外围墙包了一层 2 m 厚的石墙，使其厚度达到 4 m 左右，把原来的二层殿加高为四层殿堂。因此，从外观上看，已经反映不出吐蕃时期的建筑特征。

主殿内的木构件绝大多数是吐蕃时期的。神殿周围佛殿前廊房中的柱子则皆作金刚撅形，柱子下呈方形，上为八角形，中部有束腰彩画，柱头刻有莲瓣方斗，其托木结构简洁粗大，上面常有与敦煌风格相似的飞天形象和繁复绚丽的花纹。有半圆雕人面狮身伏兽作为承檐，可能是受到尼泊尔风格的影响。露天院落回廊的木柱林立，其截面为方形，边长为 0.3 m，柱体的收分较为明显，柱底有方形柱石。

大昭寺的释迦牟尼佛殿、千手千眼观音佛殿、松赞干布佛殿、强巴佛殿这 4 座佛殿有着金碧辉煌的鎏金宝顶，在阳光下光彩夺目、熠熠生辉。金顶前的金色法轮和两匹卧鹿是大昭寺的重要标志（图 3-3-5）。东侧正中的释迦牟尼金顶大约建于 1310 年，与观世音殿的金顶，相传都为赞普后裔阿里牙孜王帮助修建；五世达赖时期，又增建了南面正中的金顶，大昭寺现在对称的四方金顶才得以形成。

这些金顶皆为单檐歇山形式，屋脊正中和两端竖立着 3 个精制的金端，代替汉式屋顶正脊上的吻兽。金顶的四角装饰有类似汉式屋顶角梁上的套兽的摩羯鱼或者是火焰宝珠，有很强的装饰效果。金顶檐下 12 朵三出挑斗栱承托，东部金顶下檐用全昂结构加以强调，制作精巧的斗栱（图 3-3-7）和金顶相映成辉。金顶在藏传佛教寺庙中意味着重要的佛殿，大昭寺金顶的布局意在突出其四座重要的佛殿，尤其是释迦牟尼佛殿。

图 3-3-5 大昭寺法轮、卧鹿
Wheel of Buddhist Truth and the Crouching Deer in Jokhang Monastery

图 3-3-6 大昭寺法幢
Flag of Buddhist Truth in Jokhang Monastery

所以释迦牟尼佛殿的金顶最大，而且其屋脊上的装饰和斗栱也有别于其他金顶。

(5) 建筑表现

大殿周围的相邻殿之间、殿门、梁架、额方上都雕有许多生动的图案，雕梁画栋，琳琅满目，可能是受到尼泊尔风格的影响。吐蕃时期佛殿的门楣、门框的装饰十分精妙，雕满了形形色色的宗教人物和动植物的图案，其人物的形体雕刻、密集排布的构图形式和飘逸的飞仙形象体现了浓厚的尼泊尔和古印度的风格。梁柱构件上也较多地使用印度和尼泊尔的装饰手法，例如朝内的每个椽头都刻成雄狮卧像。大昭寺露天庭院回廊中，梁、柱、椽、天花板上，装饰有以红色为基调的彩绘，其中的蓝、绿及金色使用较多，形成了十分强烈的对比，其花纹除了卷草、叶饰外多以梵文和佛像为其装饰主题。

图 3-3-7 大昭寺构件上的彩绘
The Decorative Painting on Component in Jokhang Monastery

大昭寺佛殿中的早期佛像现存很少，只有释迦牟尼佛殿内的塑像基本是原作，但原来供奉的释迦牟尼 8 岁等身像已毁坏，现在供奉的塑像是原来放置在小昭寺中的释迦牟尼 12 岁等身像。这座金色释迦牟尼像是唐朝文成公主从内地带来的，坐像高 1.5 m，铜铸，通体鎏金，其造型生动、真切而精美。金色释迦牟尼像身后的泥塑群像也是早期的作品，塑像比例准确、形体优美大方、表情传神。《贤者喜宴》中记载为桑嘎尔大泽师于 11 世纪后半叶所塑。法王拉康的塑像以现实人物为对象，生动而富有个性。表现的是唐朝文成公主、尼泊尔墀尊公主、噶尔•东赞、吞米桑布扎等。由于大昭寺在西藏的特殊地位，许多地方势力的代表和佛教界人士不断奉献新塑的名目繁多的佛像，不但佛殿中摆满了，连门外靠墙壁处也塑造了众多佛像或祖师像。

2）小昭寺

(1) 简介

小昭寺，位于拉萨市八廓街北约 500 m 处，建于吐蕃松赞干布时期，与大昭寺基本上属同一年代，由唐朝远嫁吐蕃的文成公主招集汉族工匠和当地藏族工匠修建而成，用以供奉她从内地带来的金色释迦牟尼佛像即释迦牟尼 12 岁等身像。相传金色释迦牟尼佛像从唐长安迎请到西藏的过程中，途经现在小昭寺的位置时便陷在沙地之中。经过博学多才、笃信佛教的文成公主的历算，才得知此处是龙宫所在地，便决定把释迦牟尼佛像安放在此处，建寺庙加以供奉，认为能震慑龙魔，吐蕃得以国运昌盛。于是从内地请来了许多能工巧匠，修建小昭寺，大约历时 12 个月，与大昭寺同时完工。

图 3-3-8 小昭寺神殿
The Temple of Ramoche Monastery

小昭寺建有汉式风格的主殿和大规模院落。据《西藏王统记》中记载，“嘉达热莫切”神殿修建得十分优美，用各种彩色砖砌筑墙体，用琉璃瓦铺设主殿的屋顶和飞檐，整个建筑显得绚丽壮观。所以人们称其为“嘉达热莫切”，汉语意为“汉虎大院落”。吐蕃中期，小昭寺的神殿因为战乱曾遭到严重的破坏，后经几次维修，得到了一定的恢复，加上五世达赖时期时的大规模修整，才形成了今天的规模（图 3-3-8）。

(2) 建筑布局

小昭寺建筑占地面积约 4 000 m^2，殿堂入口朝东，相传表达了文成公主思念家乡的感情。其前部为一个庭院，后部为神殿及其门楼、转经回廊等附属建筑。小昭寺分上、下密院，上密院地处拉萨市城区中心，7 世纪中叶由吐蕃王松赞干布主持修建，后来成为黄教密宗的主要寺院之一。主供释迦牟尼佛，具代表性的活佛是策默林。下密院坐落在拉萨市中心，是哲蚌、色拉、甘丹三大寺僧人修密场所之一。由格鲁派创始人宗喀巴的弟子济尊•西绕森格创建于 1423 年。主供斯旺堆巴佛，具代表性的活佛是济尊•西绕森格。

(3) 建筑各部分组成

神殿是小昭寺建筑的主体，有三层。其底层分为门庭、经堂、佛殿三部分。门庭内的左右两边为隔门小房，右间摆放炊器，左间为配殿，中间是四柱宽的空廊。传说原来其中一根柱上挂有文成公主手印的石板，另一柱上则挂有护法画皮两张。神殿门庭中部空廊中的四柱皆为圆形的粗大柱子。小栱两侧各雕有一大力士作承托支撑状。大栱上则雕有狮子和圆形升云纹和花瓶等。有些柱头小栱两侧浮雕象征性的狮子和人像。门上铺首如钹形，上有二龙戏珠图案。横梁上也写有六字真言。小昭寺的梁、柱、雕刻古朴端庄，体现了藏传佛教寺庙早期的风格。

经堂位于门庭的后面，其面阔三间，深七开间。有 30 根柱，柱子下均有石柱础。其中部有 4 根大柱直通二层之上，支撑起高敞的天窗（图 3-3-9）。经堂中部的 4 根大柱高 6.2 m，直径 0.46 m。经堂中其余的 26 根柱子高 2.8 m，径 0.48 m。柱头上都雕有卷云纹、宝珠、莲花纹等。经堂净室门口的南面塑有舍利佛与目犍连两大弟子的灵塔。集会堂天井正对的一排檩头上原来雕有 28 只卧狮，现存 27 只。卧狮的雕刻有两种，一种是全雕，一种是半雕。腹上有底座，装饰四或八瓣莲花。经堂净室门口的南面塑有 0.4 m 高的铜鎏金集密金刚造像一尊，泥塑的杰尊贡嘎顿珠造像一尊。其北面供有高 1 米多的吉祥金刚怖，另外还有能仁佛、藏巴拉等。净室门口的左右还塑有泥塑四大天王，但现已散失。集会堂的四壁曾绘有释迦牟尼、千尊佛等的壁画，但已经遭到破坏。

佛殿位于神殿的最后部（图 3-3-10），其东西长 4.35 m，南北宽 5.4 m。其后部和两侧还绕以密闭的回廊，回廊偏窄，较高，呈早期布局特征。但建筑构件，已是晚期之物，佛殿的墙壁均用大石块夹小石片砌筑而成，墙厚约为 1~1.3 m。佛殿内有 2 根柱，但无柱础。大柱表面用麻绳缠绕之后，又用 2~3 cm 的泥皮涂抹一层，可能是防腐、防火的措施。大柱 3 m 以上则不包泥皮。柱头上雕有简单的莲花宝座，柱头大小栱上则无装饰，有早期藏传佛教寺庙木构件特点。佛殿四壁的壁画，基本已被油烟熏得一片漆黑，无法辨认。殿内原供有金色释迦牟尼佛像，泥塑八大弟子，两大忿怒力士以及宗喀巴塑像。金色释迦牟尼佛像即释迦牟尼 12 岁等身像现

图 3-3-9 小昭寺经堂的高侧天窗
The Clerestory in the Scripture Hall of Ramoche Monastery

图 3-3-10 小昭寺神殿的佛殿
The Temple in Ramoche Monastery

供奉于大昭寺内。

神殿第二层前部主要为僧舍用房，其中堪布住房位于中心偏里的套间里，中部为大经堂天井。天井之后为供佛大殿，大殿内有 6 根柱，明柱敞厅的左右各开一小门，内供桑杰鲁王甲布，十六长者及经书。里面又有 8 柱的大殿，内供 8 尊药师佛和甘珠尔经，其殿北面供有救渡母和其他佛尊。

图 3-3-11 小昭寺门楼的明廊
The Open Veranda of Gate House in Ramoche Monastery

图 3-3-12 小昭寺转经回廊
Prayer Cloisters in Ramoche Monastery

神殿第三层前部为达赖喇嘛到此寺时的专用住房，大小共有 6 间。后部则是金顶殿。其殿门向东，殿南北长 10.4 m，东西宽 5.24 m，内有明柱两排 8 根，左右各开小窗。殿内的门窗壁画、柱子等都为藏式风格。金顶为汉式风格，单檐歇山式。以斗栱为承托，金顶垂脊的末端有摩羯鱼头套兽，东南两角套兽没有保存下来。金顶殿左右其及后部有一圈狭窄的回廊，回廊用木栏相围。

小昭寺门楼的建造时间较寺内其他建筑要晚。分为三层，底层为比较宽敞的明廊（图 3-3-11）。明廊中有 10 根大柱，其后部的墙上绘有壁画。门楼的二、三层为僧侣用房和经室。小昭寺门楼明廊中的 10 根大柱直径为 0.8 m，其截面为十六棱形。柱身有三道铜箍，其上为透雕花瓣。柱子上半部雕有复杂的花草纹，柱头上有浮雕宝珠、连续的六字真言、花瓣、“回字纹”。其中前四排大柱的柱栱上有海水云龙纹的浮雕。门楼明廊的后部绘有四大金刚、六道轮回图和极乐世界等壁画，但多已模糊不清。

穿过小昭寺的门楼就到了转经回廊（图 3-3-12），其南、西、北三面原来都曾竖有木制的玛尼轮，廊壁上也曾绘制有无量寿佛、白度母等各式各样的宗教壁画，现基本无存。

小昭寺的佛像（图 3-3-13）主要有：高 0.4 m 的一尊铜镀金能仁戒佛；铜菩萨，带宝冠，饰瓔珞，斜披帛，跏趺于方台上，座正面下方有“大清乾隆庚寅年敬造”，手捧物不存，像通高 2 m，座高 0.68 m，菩萨身高1.32 m；莲花生铜像披袈裟，跏趺于莲花座上，双手持法器，通高 1.55 m，座高 0.03 m，宽 0.14 m；菩萨铜像，带宝冠，披帛，饰瓔珞，铜镯，双手抱宝瓶，跏趺于莲花座上，通高 0.27 m，座高 0.10 m，宽 0.26 m；天王铜像，其一为三头六臂（二臂已残），手各持一法器，头顶周边皆为小人头，人头上有一马头前伸，面目狰狞，身满饰人头瓔珞；仕女铜像，大小两件，小的双手捧堆花瓷瓶，披帛至脚，上着短袖衣，下着两层长裙，前有垂带，裙上刻有简单的衣褶纹，通高 1.33 m，座为半圆形，座高 0.17 m。

3）哲蚌寺

(1) 简介

哲蚌寺全称吉祥米聚十方尊胜州，旧泽别蚌寺，布赍绷等，位于拉萨西郊约 10 km 外的根培乌孜山南坳，由格鲁派创始人宗喀巴的弟子绛央曲结•扎西贝丹于 1416 年主持修建。是格鲁派（黄教）著名的六大寺之一，也是规模最大的寺庙。

1416 年，扎西贝丹创建哲蚌寺时，帕木竹巴地方政权属下的很多贵族和富商大贾也出资相助。正是由于哲蚌寺开始筹建时就与世俗的封建领主结合得相当紧密，并得到他们的大力支持和赞助，所以哲蚌寺发展得很快，一度成为西藏地区规模最大，僧人最多的寺庙。1409 年，宗喀巴在拉萨大昭寺前成功地创办了默浪钦摩祈祷法会，说明他所推行的宗教改革在当时是深得人心的，宗喀巴苦心创立的格鲁派（黄教），得到了全藏僧俗大众的信奉。格鲁派虽然是新起的教派，但其势力却快速地日益壮大，徒众与日俱增，哲蚌寺正是在这样一种背景下创立起来的。哲蚌寺、甘丹寺、色拉寺的创立一起构成了黄教发展史上重大的里程碑，被并称为黄教三大寺。

(2) 建筑布局

哲蚌寺现在的总建筑面积约为 20 多万平方米，建造者巧妙地利用了坡度起伏很大的地形逐层兴建。远远眺望，群楼层叠，鳞次栉比，耀金映垩，雄奇壮丽，宛如一座美丽的山城。

哲蚌寺主要由措钦大殿、四大扎仓和甘丹颇章几部分组成。每部分各有其附属的康村、僧舍等，从而形成结构严密的建筑单位。每个建筑单位的内部基本上可以分为三个平面层次：即院落地平、经堂地平和佛殿地平，由此形成从大门到佛殿逐层升高的格局，这样的层次强调和突现了佛殿的尊贵地位。大殿和经堂的外部又采用金顶（图 3-3-14）、相轮、宝幢、八宝等佛教题材加以装饰，在增强佛教庄严气氛的同时也将建筑烘托得更加富丽。

(3) 建筑各部分组成

措钦是全寺性的组织，措钦大殿是全寺的活动中心。哲蚌寺的措钦大殿位于其中心位置，占地面积近 4 500 m^2。殿前有一个占地约 2 000 m^2 的石铺广场，登上

图 3-3-13a 小昭寺内的佛像一
The Statue of Buddha in Ramoche Monastery 1

图 3-3-13b 小昭寺内的佛像二（左图）
The Statue of Buddha in Ramoche Monastery 2
图 3-3-14 哲蚌寺措钦大殿金顶（右图）
The Golden Summit Tshogs-chen Temple in Drepung Monastery

17 级宽广的石阶便是有着 8 根列柱的明廊 （图 3-3-15）。

措钦大殿的经堂规模宏大，东西长 50.1 m，南北宽 35.8 m，面积约 1800 m^2，总间数 221 间，总柱数 183 根。经堂的中心升起一层，构成了面积约 500 m^2 的高侧天窗（图 3-3-16）。经堂内部装饰华丽，雕梁画栋、五光十色，再加上后面醒目的鎏金铜像，一盏盏酥油灯，显得十分富丽堂皇。经堂供奉的佛像造型精美生动。特别是正中的文殊菩萨及大白伞盖像，高大而精致。佛像的背光周围的边饰和雕兽的造型生动有力，是少见的精美艺术之作。措钦大殿的后部为堆松拉康，意思是三世佛殿。佛殿为三进深三开间，高达两层楼，前门顶部开有前向高侧天窗，有效地改善了室内采光。

图 3-3-15 哲蚌寺措钦大殿入口明廊
The Open Veranda of Tshogs-chen Temple in Drepung Monastery

图 3-3-16 哲蚌寺措钦大殿经堂高侧天窗
The Clerestory of Tshogs-chen Temple in Drepung Monastery

堆松拉康是哲蚌寺最早的拉康之一，是绛央曲结时期所建，其内部现有的建筑和塑像带有浓厚的早期藏传佛教寺庙的色彩。堆松拉康的背后和侧面曾经筑有一周回廊，大部分保存完好但已经废弃不用。回廊北段还保留有珍贵的早期壁画，壁画的题材和拉康内佛像的题材相互引证，证明了堆松拉康基本保留了其初建时期的格局。堆松拉康两侧回廊的出口还存有同治年御笔匾额一方，匾长 3 m 宽 1.2 m，厚 4 cm，中心楷书“输诚向化” 四字。三世佛各与其随身二弟子组成一组，置身塔形的佛龛中。堆松拉康正中的是释迦佛和二弟子，佛龛为三座镀金铜塔；左右两侧为过去佛和未来佛像，佛龛皆为三座银色佛塔。这种佛龛装饰是其他地方极少见到的。佛殿两侧塑以高达丈余的八大弟子形象。佛殿门内两侧则分塑金刚力士和马头明王。

弥旺拉康紧靠堆松拉康左侧，其内塑有一尊高大的 12 岁强巴塑像。强巴塑像达二层楼高，塑像比例匀称，刻画细腻，形象亲切感人，蕴含了建造者的美好心愿。

堆松拉康的右前侧是伦崩拉康，伦崩拉康里前面有两座较小的白塔为伦布佛塔，后面并列着三座银塔，中心为三世达赖灵塔，高 6.16 m。北侧为四世达赖灵塔，高达 5.57 m，加上 1 m 高木制束腰须弥座，通高达 6.57 m，南边摄政王灵塔则显著缩小，通高只有 4.8 m。这些灵塔制作精致豪华，都用银皮包裹，再缀以珠宝珍奇。

措钦大殿二楼只有一个甘珠尔拉康，其余均为库房。甘珠尔拉康所藏《甘珠尔》经典很多：有明朝后期云南土司木赠送的《大藏经》、清康熙年间的木刻经文以及清康熙年间第巴洛桑土都为达赖祝寿时用金字抄录的全部《甘珠尔》经文。

强巴通真拉康位于大殿的西北角，强巴通真拉康顶部的金顶较为特殊，方形，尖顶式。供奉巨形强巴通真铜象，塑像带有几分稚气，属佛造像中之佼佼者。强巴通真佛前供有一个法螺。据说是宗喀巴在授命绛央曲结修建哲蚌寺时所赠送。强巴通真拉康的门上悬挂有“穆隆元善”汉文匾额一方（图 3-3-17）。匾上刻有椭圆形篆字图章一枚，这块匾额是当时任驻藏大臣的琦善在他任满调离西藏时所刻。

措钦大殿的四楼为释迦佛殿，两旁布置有银塔 13

座。释迦佛堂顶部建有的金顶为单檐歇山式，金顶下的斗栱较为华丽，借鉴内地的建筑形式较为显著。

黄教的三大寺基本形成了喇吉—扎仓—康村这样一个较为完备的组织机构。扎仓既是寺院的学经单位，也是措钦的下一级管理机构。哲蚌寺建成之初，分为多门院、明惠州、广乐院、闻思州、夏郭院、调伏州和秘咒院7个扎仓。由绛央曲结的七大弟子各主持一个扎仓。后来根据喇嘛学经的内容和籍贯合并成为：罗赛林、古玛、德洋和阿巴四大扎仓。其中前三者为显宗扎仓，后者为密宗扎仓。

①罗赛林扎仓

作为黄教最大寺庙的哲蚌寺，其扎仓比其他寺庙的要大。哲蚌寺的扎仓里又数罗赛林扎仓最大。它的建筑面积约为1 860 m²，包括经堂和佛殿两部分。

罗赛林扎仓的经堂建筑面积约为1 053 m²，由102根柱子建成，面阔13间，进深10间，第三排柱中间减柱6根，其后两排6列柱子升高一层，形成高侧天窗。经堂两边经架壁立，约有60多米长，上面架有各种各样的经典。经堂内的陈设装饰十分豪华，可以与措钦大殿相比。

佛殿位于经堂的后面，有并列的三室，前部相通。中室的范围较大，左右宽11 m，进深6.8 m，为三进两间；左室宽4.7 m，进深6.8 m，三进两间；右室宽5.2 m，三进两间。佛殿后部供奉了各种名目的佛尊，只在其前面留有狭窄的走道供信徒朝拜。

罗赛林扎仓的喇嘛人数在哲蚌寺内算是最多的，主要来自四川、西康、云南、昌都等地区。此扎仓的最高官员是堪布，卸任堪布有资格参加地方政府的“要人会议”。康村是扎仓下级的学经单位和管理机构，主要根据喇嘛原籍所在的地方为单位分设的，罗赛林扎仓下面管辖有23个康村。

②古玛扎仓

古玛扎仓仅次于罗赛林扎仓，分为经堂和佛殿两部分。其经堂东西长36.5 m，进深27 m，面积为985.5 m²，其建筑格局、柱子的排列都与罗赛林扎仓相同，柱子总数也为102根。经堂的后部分为3个拉康：巴拉康，敏主拉康、卓玛拉康。

古玛扎仓主要接纳的是来自内蒙、青海和那曲地区的僧人。这个扎仓下属有桑洛、贡如、白地、热扎、扎里、洽热、达会、嘎兴、伦布、松久、特布、曲桑、且巴、阿日、雄巴、夯多等16个康村，一些大康村的下面会再分设米村，米村是以更小地域范围划分的僧团组织，是寺院最基层的管理机构。古玛扎仓夯多康村下就设有9个米村，桑洛康村则下设有4个米村。

③德洋扎仓

德洋扎仓在四大扎仓中的建筑面积最小，约为952 m²，分为经堂和佛殿两部分。其经堂面积375 m²。经堂后部为佛殿，佛殿面阔七间，进深二间，宽16.1 m，进深3.4 m，前部正中辟有宽12.1 m的棂格式屏门。佛殿两侧各有1.7 m见方的库房一个。在佛殿左边还有面积和经堂相当的僧舍和厨房。僧舍和厨房的建筑平面形状很不规则。这是随着僧人的增加而不断扩建所形成的格局，为寺院僧舍建筑风格中不拘一格的代表。

④阿巴扎仓

阿巴扎仓是哲蚌寺最早的建筑之一，在寺庙破土动工大约三年后，也就是1419年左右建成。阿巴扎仓位于措钦大殿的右后侧，其建筑方式较为特殊。最前部是一个封闭式的庭院，庭院的四周则是僧房。经堂位于庭院的后部，为七进九开间，有48根柱，面积为467 m²。经堂的四壁绘满了密宗题材的壁画（图3-3-18）。结几

图3-3-17 强巴通真拉康"穆隆元善"汉文匾额
The Inscribed Board

图 3-3-18 哲蚌寺壁画
The Mural in Drepung Monastery

拉康位于经堂后，为二进三开间，面积为 56 m²，主供佛结几的塑像高大而狞恶，据说塑像内藏有热罗扎哇只缺一个指头的全尸。结几拉康建筑风格粗厚古朴，佛堂布局局促，前墙厚达 2.5 m，四周有宽达 11.5 m 左右的回廊，基本保留了早期藏传佛教寺庙的建筑风格特征，是哲蚌寺最宝贵的早期建筑之一。

阿巴扎仓是哲蚌寺的密宗学院。按照黄教寺院的学经程序是先学习显宗后学习密宗。按照哲蚌寺的规定，喇嘛们要先在其他的扎仓学显宗教法，经过考核和选拔后才能有资格进入阿巴扎仓修习密法。但自从拉萨创建了上下居巴扎仓（密宗学院）以后，各寺喇嘛学完显宗后，其中的优秀者便可以进入上下居巴扎仓修习密法了。这样，阿巴扎仓的喇嘛成员就不再是从寺内的其他扎仓选来，而是各个地区的僧人都可以到这里来修习密法。

⑤甘丹颇章

二世达赖根敦嘉措晚年曾担任哲蚌寺的第十任赤巴，大约在 1530 年亲自主持修建了甘丹颇章，并居住在里面。自此以后，三世达赖、四世达赖、五世达赖都曾在这里住过。特别是五世达赖时期，建立了强有力的地方政权，因为政权设在这个颇章里，所以就被称为甘丹颇章政权，甘丹颇章也一度成为西藏地区政治权力的中心。甘丹颇章位于哲蚌寺的前部左侧，是一个完全独立的建筑单元，颇章周围的墙高耸而森严，房屋的顶部装饰豪华富丽，呈现出一种古城堡的建筑风格。

从平面上甘丹颇章可分为 3 个部分。步入前门是一个范围并不大的小院，小院的左侧是几间两层的办公用房，右侧有一棵古树，据说与颇章中的建筑同年。从小院拾级而上来到颇章大院。大院的左右和前部是上下两层的明廊建筑和一些住房。颇章大院的后部是甘丹颇章的主体大楼。主体大楼的地坪高出大院约两米多，其处理也匠心独运。在原有高低不一的地面上筑起一道道坚固而低矮的石墙，并取齐石墙的顶端，密集地排布一层木料，再在木料的上面堆放阿嘎土层构成。主体大楼共有 3 层，第二层是达赖处理政教事务的主要地方。二层左边的一侧有一经室，其中心靠后安放五世达赖的宝座，其雕刻细腻，花纹复杂。经室内的经架齐备，遍悬唐卡，气氛神秘而肃穆。

4）色拉寺

（1）简介

色拉寺坐落在拉萨市北郊的色拉乌孜山麓，由格鲁派创始人宗喀巴的弟子释迦也失即绛钦却杰于 1419 年主持修建。色拉寺是我国黄教六大名寺之一，正名为“秦清林”，汉语的意思是大乘洲。明永乐七年（1409 年）和十二年，明成祖先后两次遣使进藏，希望迎请宗喀巴进京，但当时宗喀巴考虑到黄教正处于创建初期，自己作为教主不便离开，但为了争取中央政权对黄教的支持，扩大黄教的影响，永乐十二年还是派了弟子释迦也失代表他前往南京觐见永乐帝。永乐十四年释迦也失辞归，明成祖不仅赐给他佛经、佛像、法文、僧衣、绮帛和金银器，还亲自做了赞词送给他。释迦也失回到西藏后，遵照宗喀巴的意旨，于 1419 年主持修建了色拉寺。色拉寺中藏有大量的珍贵文物，以各类塑像、铜像、唐卡、经书、法器、供器为最多。其中保存在措钦大殿的永乐八年《甘珠尔》大藏经最为珍贵。

色拉寺除了喇吉、扎仓、康村、米村外，还有众多的下属寺院，例如惹坠（修行寺）、喇让（活佛公署）等，分布在卫藏各地。著名的热振寺、策默林、帕邦卡等都是色拉寺的下属寺院，仅在色拉寺周围就有格桑拉让、普布觉拉让、曲桑赞丹林惹坠、扎西曲林惹坠、帕隆惹坠、热卡则惹坠、达丹松布惹坠、觉布惹坠、乃部端惹坠、嘎日贡巴等下属寺院。

(2) 建筑布局

色拉寺的建筑规模宏大，占地面积达 114 964 m²（老围墙范围内），由措钦大殿，3 个扎仓，30 个康村组成。佛殿、僧舍密布，错落有致，道路纵横，俨然一座宗教城市。其早期建筑以麦扎仓、阿巴扎仓为中心，经过历代的增修扩建才具有现在的规模，所以平面布局上并没有相对完整的整体规划。但色拉寺的建筑密而不挤，杂而不乱，因地制宜，主体突出，体现了黄教大寺的特有风格（表 3-3-1）。

表 3-3-1　色拉寺主要建筑面积一览表

名　称	面积（m²）
措钦大殿	2 000
吉扎仓	1 702
阿巴扎仓	1 517
麦扎仓	1 620
玻波拉康村	736
哈木东康村	696
泽木林拉让	680
知吾康村	504
桑洛康村	565
曲丁	706

(3) 建筑各部分组成

建色拉寺前，色拉乌孜山腰有宗喀巴及甲曹杰、克珠杰两个弟子的修行洞三座。宗喀巴的修行洞居中，面积约有 6 m²，其两个弟子的修行洞分列两旁。这两个弟子为报师恩，将宗喀巴的修行洞进行了维修扩建，在修行洞的前面修建了一座修行殿，称之为“色拉孜惹坠”，意为色拉山修行院。色拉寺东北山腰上的“曲顶岗惹坠”意为色拉山静修室，也被传为是建寺前的建筑。15 世纪初，宗喀巴在此修行，就住这间简陋狭小的静修室里，校注了许多佛经，编著了阐发教义的著作。这两座建筑都是色拉寺的重要组成部分，但被严重破坏。

措钦是色拉寺全寺宗教事务的管理中心，而措钦大殿（图 3-3-19）是全寺最大的殿堂。措钦大殿的建造年代较晚，为 1710 年由拉藏汗直接赞助建造。位于色拉寺的东北部的大殿，为 4 层，由殿前广场、经堂和 5 个佛殿组成。殿前广场占地面积约为 2 000 m²，铺满了片石。措钦大殿的经堂大门面向正南，门外为双排 10 柱的前廊，廊壁彩绘有四大天王。经堂（图 3-3-20）的规模很大，方柱如林，共用了长柱 89 根，短柱 36 根，面积近 2 000 m²。其中央以长柱升起天井，用以采光。经堂原来主供色拉寺的创始人释迦也失的塑像，七世达赖圆寂后又制作了一尊 5 m 高的强巴佛鎏金铜像供于东侧。强巴佛鎏金铜像的造型精美，坐双狮须弥座上，足踏仰莲座，两手作转法轮印，面相圆满，神态安详。此外还有宗喀巴师徒塑像三尊、格如坚才桑布、多杰朗觉等格鲁派高僧的塑像和一座尊圣塔。

经堂的后部为 3 座佛殿（拉康），强巴殿居中，其西侧为罗汉殿，东侧是大威德殿。强巴殿里供奉的是措钦大殿的主尊强巴佛，主尊强巴佛的建造年代比经堂中的强巴佛早，形体也更高大，高约 6 m，其身体在一层，头部在二层的强巴面容佛殿，背面为组合圆雕的神

图 3-3-19　色拉寺措钦大殿屋顶
The Roof of Tshogs-chen Temple in Sera Monastery

图 3-3-20　色拉寺措钦大殿的经堂
Scripture Hall of Tshogs-chen Temple in Sera Monastery

鸟、摩羯鱼、龙女等。其雕饰精细，形象生动。强巴佛像的两侧放置有八菩萨立像和两忿怒神像的彩塑。靠强巴殿南墙放置的高大经架上，珍藏着明成祖赠送给释迦也失的永乐八年版的《甘珠尔》经书，全套原为 108 函，现存 105 函。这部经书是第一部藏文印刷的佛经版本，在中国版本学的研究和印刷史上占有重要的地位。罗汉殿位于强巴殿西侧，其殿内正中供奉的是释迦牟尼像，两侧为十六罗汉和四大天王塑像，均为泥塑彩绘。十六罗汉原为释迦也失从内地带来的木雕像，后人以其为样本，依样将木雕像放置在泥像腹中。塑像基本保留原来的明代造像风格。大威德殿（又叫结吉拉康）位于强巴佛殿的东侧。其内主供的是十一面金刚牛头塑像以及依怙神、白拉姆（吉祥天女）、朗色多闻天王等护法神像。佛殿的两侧放置着摆满经书的经架。

措钦大殿的二层都是僧舍（图 3-3-21），其后部正中为强巴面容佛殿。强巴塑像的两侧供奉着贡如坚赞桑布灵塔、杰第曲吉村灵塔和一座尊圣塔。佛殿的两侧是慈悲殿，面积很小，主供有千手千眼观音以及度母、六臂金刚等铜像。措钦大殿的三层、四层为措钦堪布池巴的居室、经堂以及色拉寺的管理机构——“喇吉”的办公场所，还布置有达赖喇嘛来寺讲经时的居室。四层之上建起的一座屋架，使用了汉式的歇山式金顶，屋脊上装饰有宝盘、宝珠、倒幢、人身神鸟，4 个翘角装饰以摩羯鱼首。金顶下采用了内地的斗栱形式的承檐，增加了措钦大殿的宗教气氛。

色拉寺的寺院的组织机构按等级分为“喇吉”—“扎仓”—“康村”。其中“喇吉”是全寺的全权首脑机构，由 1 个堪布赤巴（法台）、3 个扎仓的堪布（住持）、2 个措钦大殿协敖（总管），2 个吉索（主管寺院庄园）、1 个措钦翁则（领诵经）、1 个仲译（秘书）、1 个色康德巴（噶厦政府派驻官员）等 11 人组成。其中堪布赤巴为总负责，召开定期和不定期的会议，讨论决定寺内外一切事务。

①吉扎仓

吉扎仓（图 3-3-22）初建于 1435 年，是色拉寺里规模最大的扎仓，面积约 1 700 m^2，仅次于措钦大殿。创建人为宗喀巴的弟子贡久洛真•仁钦森格，其依照宗喀巴之意建造了吉扎仓，并担任了第一任堪布。18 世纪初，吉扎仓僧人及下属寺逐渐增多，集会诵经容纳不下，当时的扎仓堪布娘东自觉伦珠在第司颇罗鼐和普布角活佛阿旺强巴的资助下，扩建了扎仓。扩建后的吉扎仓高变为了 4 层（图 3-3-23、图 3-3-24），仅经堂就有 100

图 3-3-21 色拉寺措钦大殿僧舍（左图）
Monks' Dormitory in Tshogs-chen Temple of Sera Monastery
图 3-3-22 色拉寺吉扎仓入口（右上图）
The Entrance of Ji graw-tshang in Sera Monastery
图 3-3-23 色拉寺吉扎仓二层屋顶（右下图）
The Roof of the Second Floor of Ji graw-tshang

根柱子，基本形成了现在的规模。吉扎仓的经堂内挂满了唐卡、伞盖、帏幔，其四周墙壁上绘着释迦传记和各种护法神像。

殿内北部供有多座灵塔，从东向西依为二降神银塔，吉扎仓著名的格西德钦希巴兰布灵塔，该扎仓的堪布、甘丹寺赤巴赤钦洛桑扎西的灵塔，吉扎仓著名的格西扎底钦久•强白崔真灵塔，第二十八任第司赞布瓦•洛桑坚赞灵塔，达孜米旺•索南多杰象征性灵塔，吉扎仓堪布、甘丹寺赤巴赤钦阿旺尼扎灵塔，第一代热振活佛灵塔，第一代扎底曲桑活佛灵塔，第二代热振活佛灵塔。在众多的灵塔之间还供奉着八世达赖，十三世达赖，第二代和第九代热振活佛以及吉扎仓一些著名高僧、活佛的造像。

经堂的西、北部有5个佛殿。三世佛殿位于经堂的西侧，殿内供奉着过去、现在、未来三世佛和八菩萨像。马头金刚殿内供奉着吉扎仓的创建人洛真仁钦亲自塑的马头金刚像以及依怙神、忿怒神等护法神塑像。在梁柱和墙壁上还挂有许多狰狞的面具，整个布局旨在强调保护佛法、镇压邪魔。强巴佛殿内供奉着强巴佛、十一面观音等塑像。主供宗喀巴，还供有吉扎仓历代高僧塑像。妙音殿位于经堂的东北角，主供妙音铜像。

二楼西侧是面容殿，主供吉扎仓保护神马头金刚的面容。二楼东侧为观音殿。位于三楼的一个尊胜殿，其所供造像现已不存。四楼的中间为达赖来色拉寺讲经时的卧室，两侧为扎仓堪布和其他管理人员的住房。吉扎仓下管辖的康村、米村有17个，康村、米村都是扎仓以下的学经单位和管理机构。基本根据僧人的原籍组织起来。

②麦扎仓

属色拉寺的早期建筑，始建于1419年，为寺院创建人释迦也失所建。据说最初建造的殿堂毁于雷击，后于1761年由贡钦•强曲彭巴重建。麦扎仓的建筑面积为1 600 m²（图3-3-25）。

麦扎仓的经堂（图3-3-26）中共有长柱8根，短柱62根，主供释迦牟尼铜像，列供于两侧的造像有未来佛、无量佛、药师佛、妙音菩萨、宗喀巴师徒3人、七世达赖、第三代策默林活佛、帕邦喀活佛等铜像。

经堂北侧有4个佛殿。护法神殿位于最西边，主供护法神“特乌”，特乌置身殿堂状的佛龛中，只显露出上半身，龛门雕刻飞云中舞蹈的一对人的骨架，其门两侧雕有数十具骷髅。龛中的护法神环眼怒睁，巨口忿张；殿中供奉的六臂金刚、白依怙神、十三面牛头金刚、怒神等

图3-3-24 色拉寺吉扎仓经堂的天窗（左图）
Skylights of Ji graw-tshang
图3-3-25 色拉寺麦扎仓入口（右上图）
The Entrance of Mai graw-tshang in Sera Monastery
图3-3-26 色拉寺麦扎仓经堂（右下图）
The Scripture Hall of Mai graw-tshang

塑像，也都威武可怖，整个殿堂充满了神秘恐骇的气氛。护法神殿东侧依次为罗汉殿、释迦牟尼殿（乃登拉康）、宗喀巴殿（祖拉康、宗喀拉康）。二楼的佛殿有太阳神殿（尼玛控康）、甘珠尔经殿（甘珠尔拉康）。甘珠尔拉康中原来藏有 108 部金粉书写的《甘珠尔》经和其他经典，散失后，从他处搬了千尊度母小铜像，排置在佛橱中。三楼中间为达赖卧室，两侧为扎仓强崔的卧室及其办公场所。

图 3-3-27 色拉寺阿巴扎仓入口
Entrance of the Aba graw-tshang in the Sera Monastery

图 3-3-28 色拉寺阿巴扎仓壁画
Mural in the Aba graw-tshang

图 3-3-29 热振寺环境布局
Environment of Reting Monastery

③阿巴扎仓

阿巴扎仓是色拉寺唯一的密宗扎仓，属色拉寺的早期建筑之一，1419 年由释迦也失创建，当时作为色拉寺的措钦大殿，1710 年现在的措钦大殿建成以后，就改为了扎仓。色拉寺的 3 个扎仓中，阿巴扎仓最小，总面积约为 1 500 m²，有一定数量的康村、米村。主体建筑 3 层，由经堂和 4 个佛殿组成（图 3-3-27）。

阿巴扎仓的经堂中有 42 根柱，其中 4 根长柱。阿巴扎仓经堂内主供的佛像为释迦也失塑像，这是经堂中最早的塑像。塑像两侧现供有添加的贡若坚村桑布、赤庆丹巴让吉、杰尊曲吉坚村、宗喀巴师徒三尊、十三世达赖等塑像。经堂的四壁遍绘壁画（图 3-3-28），有释迦牟尼传记、六庄严、密集金刚、西方极乐世界等题材。

经堂北侧的罗汉殿内供奉着释迦牟尼、十八罗汉和四大天王、马头金刚、忿怒神等塑像。罗汉殿的东侧即为大威德殿（结吉拉康），主供大威德塑像。据说这尊像是释迦也失请后藏雕塑家夏艾瓦塑的。塑像的腹中放有热罗扎瓦的一个拇指，塑完后释迦也失亲自主持了开光诵经仪式。大威德像两侧现供有吉祥天女、六臂依怙神、四臂依怙神、多闻天王、白梵天王等塑像。

阿巴扎仓的二楼为僧房和无量光佛殿。殿中供有无量光佛台金像、贡若坚村桑布包银灵塔、杰尊曲结坚村包银灵塔，还有一座拉藏汗出资修的善逝塔。三楼主要作为达赖的卧室。

色拉寺除了喇吉、扎仓、康村、米村外，还有众多的下属寺院，例如惹坠（修行寺）、喇让（活佛公署）等，分布在卫藏各地。著名的热振寺、策默林、帕邦卡等都是色拉寺的下属寺院，仅在色拉寺周围就有格桑拉让、普布觉拉让、曲桑赞丹林惹坠、扎西曲林惹坠、帕隆惹坠、热卡则惹坠、达丹松布惹坠、觉布惹坠、乃部端惹坠、嘎日贡巴等下属寺院。

5）热振寺

热振寺位于拉萨市林周县的唐古乡唐古村，坐落在山腰之间，是藏传佛教著名寺庙，也是风景秀丽的游览胜地（图 3-3-29）。热振寺为 1057 年由孟加拉国僧人阿底峡的弟子仲敦巴创建，属噶当派教戒派的首寺，又称创始寺[25]。其后仲敦巴继承了阿底峡的全部显密教法，并以热振寺为根基逐渐形成了噶当派。15世纪宗喀巴创立了格鲁派后，热振寺改宗格鲁派。该寺的热振呼图克图，是清代以来的西藏四大呼图之一，曾于1847年和1934年两度出任西藏地方政府的摄政。

热振寺依山而建，刚建寺时的规模较小，只有几十人，后来逐步发展成为现在的规模，占地约25亩（约1.67 hm^2），有几百人。热振寺所属的庄园有33座、寺庙7座、牧场3个。

主殿坐北朝南，占地约1亩（约0.07 hm^2）（图3-3-30）。第一层为大经堂，专供扎巴念经和进行各种佛事活动的场所。其四周有一些小经堂，藏有佛像和经卷。其墙壁为夹壁，内壁为经书架，有《甘珠尔》和《丹珠尔》，外壁为石墙。第二层设有供达赖和摄政来寺庙时的专用居所、供佛像的小经堂、拉康以及仓库。热振拉章（私邸）位于主殿的西侧，占地约1亩（约0.07 hm^2）。又分为热振寺拉章和拉萨拉章两处。建筑共分3层，但现已经毁坏。第一、二层原为仓库，第三层为热振活佛的卧室以及举行各种仪式的大小经堂。僧舍呈半圆形，占地约5亩左右（约0.33 hm^2），为1层或2层建筑。

热振寺的组织机构[26]基本与其他的黄教寺庙一样，但其不同之处在于没有设立扎仓和康村。寺院内的所有政教大权都掌握在热振活佛的手中，活佛之下依次为堪布—吉米—格贵—聂巴、恰玛。堪布代理热振活佛之职，其掌管全寺政教事务；吉米掌握财务；格贵主管清规戒律，有权处置寺庙内的任何喇嘛；聂巴和恰玛则负责掌管寺内的钱粮和放茶施粥。

热振传统的宗教节日为“帕邦塘廓”节[27]，即热振寺羊年大典。最初只是转经活动，后来逐步发展成现在的包括商品交换、文体活动在内的综合性活动，传统的热振赛马、抢措和跳神也是其中必不可少的项目。

“帕邦塘”又称“圣道”，位于热振寺的西侧。根据藏族的民间传说，藏历羊年的7月15日，卡珠玛等很多女神会在此超度众生。所以每逢这一天，各地虔诚的信徒们会远道而来，献贡品、念经祈祷平安（图3-3-31）。每逢热振的“帕邦塘廓”节，转经的人流围绕着磐石，场面宏大。 热振赛马时总会有一匹白马和一位着白色服装的选手，为示吉祥会最先到达终点，

图 3-3-30 热振寺主殿
The Main Temple of Reting Monastey

图 3-3-31 热振寺羊年大典
Year of the Sheep Ceremony in Reting Monastery

图 3-3-32 热振寺羊年大殿赛马
Horse Race in Reting Monastery

其他选手则身着各色服装（图3-3-32）。比赛结束后会由热振寺的高僧献哈达、颁奖品给胜利者。“措”就是一座供奉祭祀品的石盘坛，为梯形，其花边用酥油花装饰，中间是轮回因果。“措”身摆放有一排排的糌粑，周围有糕点和糖果。按传统能分到一点“措”的贡品就可以带来吉祥，所以人们会一拥而上抢“措”。

6）甘丹寺

(1) 简介

甘丹寺藏语直译为“喜足尊胜洲”，是格鲁派六大寺之一，位于拉萨市以东的达孜县，海拔约3 800 m。由

藏传佛教格鲁派的创始人宗喀巴于 1409 年亲自主持修建，也是宗喀巴圆寂的地方（图 3-3-33）。与哲蚌寺、色拉寺并称为拉萨三大寺，也是其中创建最早的一座，距今已有近 600 年的历史。甘丹寺的宗教、建筑、艺术等方面在格鲁派各寺庙中占有重要的地位。

明永乐七年（1409 年）藏历元月，宗喀巴在拉萨的大昭寺首创了纪念释迦牟尼的大祈愿法会[28]，这次法会标志着宗喀巴宗教领袖地位的初步确立，随后甘丹寺被作为实现其宗教改革主张的实验场修建起来。传召和建寺，标志着格鲁派的正式诞生。1409 年底，甘丹寺的拉基大殿和赤多康等近百间殿堂和僧舍修建成，其余的许多殿堂也基本上奠基完成。宗喀巴圆寂前常在甘丹寺主持法座，该寺成为格鲁派的根本道场。

(2) 建筑布局

甘丹寺坐落在拉萨东面约 45 km 的卓日吾其山的旺古尔山顶，其建筑依山而建，坐西向东，由经堂、佛殿、数以千计的僧舍和游廊等建筑组成，共有约 50 个建筑单位。从寺门到顶层的弥勒佛殿，整体建筑由低而高，寺宇红壁金瓦。

(3) 建筑各部分组成

措钦大殿（图 3-3-34）也叫拉基大殿，为甘丹寺最大的大殿，可同时容纳 3 500 人诵经。其建筑面积约为 1 600 m^2，有 108 根大柱。最初的规模是一座三层的大殿，后加盖了金顶，再经过扩建才形成了今天的规模。大殿中主要供奉着弥勒佛和宗喀巴的铜佛像以及较有特色的密集、胜乐、金刚界等密乘本尊佛像。人们最崇拜的是据传为释迦牟尼亲自雕刻的象牙佛像、龙树以恒河泥沙塑成的佛像、以宗喀巴头发装塑的宗喀巴像以及宗喀巴的肉身灵塔等。

赤多康（图 3-3-35）是甘丹寺最早期修建的殿堂之一，为宗喀巴以及历任甘丹赤巴的卧室。后经过了扩建，并加建了金顶。因其保存有宗喀巴和历任甘丹赤巴的衣物，所以又被称作存衣殿。

阳八井为甘丹寺的护法神殿，其得名源于后墙的一块巨石。相传这块石头是从印度的阳八井来，所以得名。阳八井位于措钦大殿左侧，建筑高四层，殿内有柱 72 根，面积约为 800 m^2，经院底层南面的墙上有一组宗喀巴徒弟克珠杰也就是班禅一世画的佛像和佛本生的壁画。

图 3-3-33 甘丹寺布局（左图）
Layout of Gandan Monastery
图 3-3-34 甘丹寺措钦大殿（右图）
Tshogs-chen Temple in Gandan Monastery

图 3-3-35 甘丹寺赤多康（左图）
Che-rdo-khang in Gandan Monastery
图 3-3-36 甘丹寺上孜扎仓（右图）
Shang-rtse Graw-tshang in Gandan Monastery

灵塔殿是甘丹寺的另一座建筑，高3层，面积约360 m^2，与阳八井紧密相连。宗喀巴圆寂后，其弟子修建了这座灵塔殿，并在殿内修建了一座银塔用于安放宗喀巴的肉身，后被改为金塔。历任甘丹赤巴去世后都会在殿内修建银塔，20世纪40年代末时已有95座银塔。

甘丹寺有上孜扎仓（图3-3-36）和下孜扎仓（图3-3-37）两大扎仓，23个康村，20个米村。上孜扎仓建筑面积约为1 000 m^2，其经堂内有大柱88根。下孜扎仓建筑面积约为930余平方米，经堂内有柱84根。两大扎仓均可容纳约1 500个喇嘛同时念经。甘丹寺的康村基本上都有各自的经堂，一般这些经堂为2层，面积为400 m^{2}左右，可同时容纳二百多喇嘛念经。

甘丹寺最重要的传统节日被称为“甘丹昂却”，意为“燃灯节”。每年的藏历十月二十五日是宗喀巴的忌日，白天甘丹寺会展挂大佛像，晚上全寺则会燃灯示敬，仪式非常隆重盛大（图3-3-38）。

7）直贡提寺

直贡提寺（图3-3-39、图3-3-40）位于墨竹工卡县工卡镇东北100 km处的门巴乡仁多岗村，于1179年由觉巴仁布青创建，“直贡”是其所在地的地名。直贡提寺境内有多处温泉，其中德仲温泉名气最大，这处温泉水量充足，热度适中，能治多种疾病，来此旅行观瞻洗浴的人络绎不绝。

噶举派是藏传佛教较大的教派，直贡提寺是直孔噶举派的主寺，但13世纪末噶举派与萨迦派之间的战斗使得该寺的建筑几乎毁尽。后来虽经恢复，但历史鼎盛时期据说有僧人近万名的直贡提寺，现在仅有僧人约300人。寺内主供觉巴•吉点贡布佛，具有代表性的活佛是直孔切仓•琼仓。

修持“拙火定”是直贡噶举的一大特点，据说修成此功法的人具有特殊的御寒驱寒能力。直贡提寺主殿周围许多白色的小房子就是用于修禅的密室。按其规定，僧人一般要在密室中修习3年3个月 3天，最短的也需6个月。修满3年以上者，可以得到“仓巴”（禅师）的头衔。

雪绒河边的直贡提寺立于悬崖峻岭之间，巍峨壮观，主要建筑有经堂大殿、藏经楼、修禅密室。其后山上的天葬场，藏语称其为“直贡提坛城”，又被称为“世间

图3-3-37 甘丹寺下孜扎仓（左图）
Shar-rtse Graw-tshang in Gandan Monastery
图3-3-38 甘丹寺展佛（右图）
Sun the Picture of Buddha

图3-3-39 直贡提寺布局（左图）
Layout of Gri-gum-ti Monastery
图3-3-40 直贡提寺主要建筑（右图）
The Main Building in Gri-gum-ti Monastery

三大寒林之一"，是全藏最著名的天葬台。世上最著名的两个天葬台中的一个是印度的斯哇采天葬台，另一个就是直贡提寺天葬台。相传，经过直贡提寺活佛灌顶的人，死后灵魂可以出窍，进入三善趣境界，而不会下地狱。所以许多信徒不远千里送死者来此进行天葬。天葬场的不远处即为 6 位前世直贡活佛的灵塔。

直贡提寺附近有一片直贡噶举派寺院。据说，历史上曾有三十多处，但现存的仅有六七处。山涧深处的德忠寺是著名的尼姑修行地。

8）楚布寺

楚布寺位于拉萨以西 60 km 左右的楚布河上游，属堆龙德庆县的古荣乡那嘎村，海拔约 4 300 m。相传楚布寺是从印度飞来的，而楚布寺的典籍中有记载着楚布寺的建造是为了镇压苯教伏藏的溢出，在藏语中"楚布"就是溢出成沟的意思。尚•蔡邦达桑聂多修建的江浦寺经过吐蕃末期灭佛后，成了废墟。1187 年，噶玛噶举派高僧嘎玛巴•都松钦巴在江浦寺废墟的基础上修建了楚布寺。最初规模不大的楚布寺，经过扩建和修复才得以有今天的规模，现有喇嘛约 400 人。

楚布寺是藏传佛教噶举派（白教）的分支噶玛噶举派在西藏的主寺，噶玛噶举派从形成至今已有 800 余年的历史，楚布寺的创始人都松钦巴是第一世噶玛巴活佛，现在已经为第十七世噶玛巴活佛时期。噶玛噶举派的实力曾经强过格鲁派，但在格鲁派居主导后，楚布寺改宗为黄教格鲁派。作为藏传佛教活佛转世制度的发源地的楚布寺，开创了藏传佛教的领袖传承。历史上一度发展很快的楚布寺，在元朝时已经较强盛，元帝还册封法王噶玛拔希为国师，赐予了金缘黑帽，以楚布寺为中心的黑帽转世传承系统从而形成，噶玛拔希成为了噶玛噶举黑帽系的创始人。在藏传佛教信徒的心目中，楚布寺是一个神圣的地方，一辈子只要去过一次就可以在心中留下佛根、修得福分。

楚布寺的庞大建筑群（图 3-3-41、图 3-3-42）就坐落在楚布曲河北岸，坐北朝南，中心建筑为高达 5 层的措康大殿，佛堂、经堂、护法殿、佛学院、僧舍等都位居其周边，呈错落分布。楚布寺所在的吉钦波神山上分布有天葬台、静修室以及历代噶玛巴的闭关洞。静修室位于山腰，为白色，是僧侣成为高僧前要闭关静修三年的地方。屋内的光线较为昏暗。

楚布寺分为楚布上寺和楚布下寺，都是 1187 年由第一世嘎玛巴•都松钦巴创建。其中楚布上寺内主释迦吐巴佛，具有代表性的活佛是杰措仁布钦，寺庙最多时有僧人约 900 名。楚布下寺内主供帕朗银佛，具有代表性的活佛是十七世嘎玛巴伍金•赤列多吉，历史鼎盛时期曾有僧人万余名。

上寺注重的是宗教的修养，但其规模、僧侣数量和经济不如下寺。上下两寺有各自独立的管理体系。

楚布寺建筑的年代按从老到新依次为[29]：顿级康（嘎玛巴•都松钦巴创建）—措康大殿—塞东清波—银清清波。空住佛是楚布寺的镇寺之宝，是八世噶玛巴活佛为了纪念其上师，所修建的银像。相传这尊银佛铸成后悬浮于空中 7 天，所以得名"空住佛"。楚布大佛高达 6 m，八世噶玛巴活佛时期铸造，为国家级的文物。

9）拉萨印经院

拉萨印经院共有东西两座，其建造年代、建筑规模迥异，均在布达拉宫南侧山下的城墙以内。东印经院，位于城墙内的东北角紧靠东城墙处。规模较小，占地面积 400 m^2。与布达拉宫的白宫基本上属于同期建筑，始

图 3-3-41 楚布寺主要建筑入口（左图）
The Main Building in Churbu Monastery
图 3-3-42 楚布寺近景（右图）
Close View of Chubu Monstery

建于5世达赖时期。其藏语原名为“噶甘平措林”，意为“幸福乐园”。由印经堂、藏经库、孜仲住室、马厩等建筑组成，大门南向。其主体建筑是一藏式两层楼房，底部为印经堂。印经堂内有30根柱子，面积225 m^2，后部正中升起小天井用以采光。刻版、印刷等工序即在此殿堂内进行。二层中间是天井，四周有9间房屋，原住印经院主持“孜仲”和其他工作人员。堂前东侧是两间藏经库，原藏有大量木刻经版。

印经院的经版大多为核桃木等坚硬木板雕刻而成，正反两面均刻字，两端的侧棱上刻标题、编码。东印经院的经版目录原存噶厦政府档案中。据藏文《全藏木刻板耳录》中所载，东印经院原来计有以下经版（现已基本毁坏），见表3-3-2。

表3-3-2 东印经院经版统计表

经版名称	数量（块）
《宗喀巴传》十八部	7 589
《杰策•塔玛仁钦传》八部	3 029
《克珠•格列白桑传》十一部	5 903
《宗喀巴高僧传》	337
《五部遗教》	353
《高僧传简要》	199
《“高僧传简要”补充》	360
第五部	338
第六部	384
《五世达赖自传》	69
《金太阳》（高僧传）	519
《五世达赖灵塔目录》	676
《寺院禁约》	11
《五世达赖灵塔•小昭寺•三圣殿简述》	111
《老玉妥•云丹贡布语录》	149
《新玉妥•云丹贡布语录》	18

东印经院刻版较早，而且印经量大，经过长期的印刷，其经版磨损较多，再加上规模小，到后来远不能满足需要。到1926年，开始着手筹备新的印经院即西印经院。西印经院开始选址在布达拉宫的后面，但因为地势太过陡峭，又处于山阴，印经、晒经极不方便，就改在布达拉宫南侧的山脚下。

东印经院建筑工程和经版刻制、铜像铸造同时进行。刻版、铸像均在罗布林卡完成。其中，《甘珠尔》经版以日喀则“那塘版”为范本，稍加修饰，在格桑颇章内刻制。当时第九十一代甘丹赤巴尺强巴曲扎为印经院铸造了佛像并曾向噶厦政府捐银万两，去世后，印经院为他建立了灵塔以示纪念。西印经院建成后，十三世达赖命之为“冈坚朋地登尊康”（意为雪域福利大藏库）。

西印经院的建筑规模要比东印经院大得多，其主体建筑靠近西城墙，依山而筑，共计6层。大门开在二层，门向正南，有石阶通上，石阶两旁雄踞一对石狮。底层隔为数间，用作库房，二层为藏经殿，三层为印经殿。二层的藏经殿，其门前有八个亚字形廊柱的门廊，廊壁上彩绘有四大天王。殿内面积560 m^2，共有36根柱，沿四壁置放经架，架高十余层。三层的印经殿，西边开侧门，由石阶通上，殿内的面积比二层大一倍，因供有强巴佛塑像，故亦称“强巴拉康”。殿东西两侧置经版架。印经殿后部中间原供强巴佛、阿底峡、宗喀巴三尊铜像，两侧须弥座供无量寿佛、墀松德赞、莲花生、堪钦菩提萨、白度母等塑像，这些铸像、塑像已毁坏无存。印经殿收藏有《甘珠尔》经全套刻版共48 189块。印经殿顶上的后部上为“吉儿拉康”（护法神殿），高3层，共12柱，原供十三尊大威德和时轮金刚塑像，壁画尚完好。

西印经院现在为自治区档案馆，珍藏有大量的研究西藏历史、文化、宗教的第一手资料。藏经殿的经版严格按藏文字母顺序编号排列上架，井井有条。现藏经版有大、中、小《般若经》、《布顿佛教史》、《西热甲措活佛传》、《土更活佛传》、《雪•顿云克珠传》、《将甲赤松传》等。西印经院原藏的十万多块木刻经版，现在仍然保存完好。其中全套的《甘丹珠》近五万块经版，是除了“德格版”外唯一现存的全套经版。

10）大清真寺

清真寺是生活在拉萨的穆斯林进行宗教活动的主要场所，拉萨的清真寺有两座，一座在大昭寺以东一里处，还有一座在大昭寺东南一里处，人们习惯称大昭寺东侧的清真寺为“大清真寺”，而称大昭寺东南的清真寺为“小清真寺”。大清真寺的使用者为来自于内地的回族，而小清真寺的使用者则主要为来自于克什米尔的回族。

建于1716年的大清真寺，最初的规模并不大，建筑面积只有约200多平方米，到乾隆五十八年（1793年）平定了廓尔喀以后，大清真寺进行了维修和扩建。在这前后，大清真寺还购买了周围一些店铺作为寺产。现在的清真寺围墙内总面积约 2 600 m^2，建筑面积 1 300 m^2。整个院落东西长南北短，平面布局不很规则。其建筑主要由大门、前院、宿舍、宣礼塔、礼拜堂和浴室等组成。大门北向，牌楼式木结构，高大雄健，庄严肃穆。上书“清真寺”金字横额，并饰有彩绘、雕刻，精巧华丽。大门内则是 380 m^{2}的四合院。西进过道门上悬挂大匾一方，额书“至教永垂”。

进前院的西门，经过小院和过道，就是大清真寺的主体建筑礼拜堂。礼拜堂建在高 1 m 的台面上，坐西朝东，共有 13 柱，东西长 22.6 m，南北宽 12.6 m，建筑面积达 285 m^2。礼拜堂内洁净清雅，地板上铺有华贵的地毯，西壁中央壁龛内悬挂有丝织成的麦加天房壁毯。龛北侧，置放一木制四阶椅座，为领经、宣讲经义的“阿訇”宣经用的台座。此礼拜堂可同时容纳 250 人礼拜。穆斯林每天礼拜 5 次，即晨礼、晌礼，晡礼、昏礼、霄礼。拉萨大清真寺平时一般只有五六十人做礼拜，而每星期五午后的主礼拜，也叫“聚礼”，则有五六百人来此做礼拜。每年的开斋节和宰牲节，即所谓“会礼”，在此做礼拜的人就更多了。

宣礼楼也被称作邦克楼，为大清真寺内的主要楼塔，是穆安津（礼拜员）按时登临召唤穆斯林进行每日 5 次礼拜的地方。拉萨大清真寺的宣礼楼修在寺内东北角的墙边，为 4 层六角塔，高 13 m，周长 13 m，石木结构。建筑别具一格，精巧富丽。

穆斯林在做礼拜以前有一种洁净的宗教仪式，包括沐浴、净衣、洁处等，所以，浴室是一般清真寺必不可少的设施。大清真寺的浴室位于礼拜堂的西南角。

11）小清真寺

拉萨小清真寺是 20 世纪 20 年代，专门为给在拉萨做买卖、短住或长住的克什米尔、拉达克、不丹、尼泊尔、英国等国信奉伊斯兰教的人做礼拜而筹资、捐资修建的。在此之前，做礼拜要去拉萨西邻的“克什米尔穆斯林墓地的礼拜堂”。

建筑坐西向东，范围南北长东西短，不规则，分为南北两部分。北边为二层藏式建筑，底层设有大净、小净的洗浴室，其中有一个用以洗尸体的专门浴室；底层几间房原来是供人居住的，后来逐渐变成了存放柴草的地方。第二层有一个较好的单间，供做礼拜时领经、宣讲经义的“阿訇”居住；还有一个有 4 根柱的面积较大的房子，是穆斯林们学习阿拉伯文的夜校教室。寺内还经常住两户人家，负责看守和打扫寺内外卫生。

通过西向门道走入南边的门，便是小清真寺的主体建筑礼拜堂。坐西向东，一层的藏式建筑。门外有外室，南北长 11.8 m、东西宽 3.1 m，设有 4 根柱子，外室的作用是方便做礼拜的人存放衣物、鞋子。礼拜堂内共有 16 根柱、南北长 11.8 m，东西宽 11.1 m。门口处两排柱子升高 0.7 m，托起高侧天窗。礼拜堂内为木质地板，并铺以长条卡垫。礼拜堂的西壁正中央，筑有宽 0.9 m、深 0.82 m、高 1.9 m 的壁龛，内挂丝织阿拉伯文的古兰经一幅，龛左右两侧，分别挂有两幅编织的麦加天房图壁毯。壁龛北侧，放置一木制座椅，为“阿訇”讲经之座。整个礼拜堂，可容纳 150 人左右。

12）磨盘山关帝庙

（1）简介

磨盘山关帝庙位于布达拉宫以西约里许的巴玛日小山冈上，海拔 3 660 m 左右。这座小山顶部平似磨盘，所以又被称为磨盘山。这座关帝庙是拉萨地区现存规模较大，保存较完整的一座古典汉式建筑，创建至今已经约有 200 年了。其内的塑像与藏族民间传说中的英雄格萨尔王相差无几，所以当地人误认为关帝庙内供奉的是格萨尔王，将磨盘山关帝庙又称为格萨尔拉康。

其初是因为清军在西藏抵抗外敌的入侵时，由于长期远离故土，思恋家乡和亲人，创建了这座磨盘山关帝庙。该庙从筹建到竣工大概只用了半年多的时间。清朝驻藏官兵原来在其兵营附近修有一座扎什城的关帝庙，但当时已损坏严重，后来也随着清军兵营的焚烧而毁掉，唯有磨盘山建造的关帝庙至今犹存。

（2）建筑布局

磨盘山关帝庙属汉式建筑，占地面积约 1 000 m^2，坐北朝南，依山而建，整个建筑处于两个不同的地平。沿南面的长石台阶步入大门，有一方形的小庭院，庭院东西两边建有两层楼房，底层是僧舍，上层是接待、办公用房。庭院中左边一侧还立有一方石碑，即关帝庙落成碑。庭院北边为关帝庙主殿和文殊殿，立于乾隆五十八年（1793 年），主要内容是描述打败廓尔喀入侵的经过和建庙缘由。

(3) 建筑各部分组成

磨盘山关帝庙的主体建筑分为山门、两侧厢房、主殿、文殊殿，整个建筑面积800余平方米。

各部分建筑的使用功能：①主殿：主要用于供奉关公（今供奉格萨尔王），是关帝庙举行佛教仪式的场所（图3-3-43）。②文殊殿：主要用于供奉菩萨。③两侧厢房：东侧楼房损毁，西侧空置。

主殿宽约13.2 m，进深10.44 m，汉式建筑。三开间，前后有廊，前廊有轩（图3-3-44），大殿正中开间五架梁，前檐一步架，后檐双步架，梁架结构体系完整。屋架上有桁条，桁条上置椽子，椽子上铺望板，屋面有举折，屋顶为两坡屋面，典型清式做法。桁条出山墙约30 cm，悬山结构，有博风板，大殿的地面用阿嘎土夯成，台基用块石垒砌，前檐外廊靠台阶有一段用土坯垒的矮墙。内檐有隔扇，每开间为6扇，做法简易，廊内的隔扇上方原有木匾，现已无存。大殿屋面铺灰筒瓦，正脊为灰筒瓦屋脊，有垂脊。

主殿主要供奉的是藏族民间传说中的英雄格萨尔王。格萨尔王头戴华冠，右手举剑，左手放于胸前，胸姿微曲，生动逼真。山墙两侧供奉着几十座莲花生像。

主殿内佛像分布如图3-3-45所示。

文殊殿的建筑风格与大殿基本相同，三开间小殿，进深四架，前檐一架，后檐三架，木构架完整，前檐每开间6扇隔扇。屋面为悬山结构，灰筒瓦屋面，屋面下铺望板，两坡屋面。房顶所用建筑材料有大板瓦、筒瓦和平瓦。屋檐有角形滴水，滴水周边饰卷云纹，中部有一精致的篆体"寿"。房檐的瓦当有云纹和涡旋纹装饰，平瓦上则饰有花草图案，板瓦和筒瓦上皆有一小孔，以便用钉固定。

其地面用阿嘎土，两边山墙用片石砌成，墙、基础均为片石，柱础为覆盆柱础。进门踏步用石块垒成。

图3-3-43 关帝庙主殿
Main Temple of Guanyu Temple

图3-3-44 关帝庙大殿前廊梁架
The Beam of Corridor of Guanyu Temple

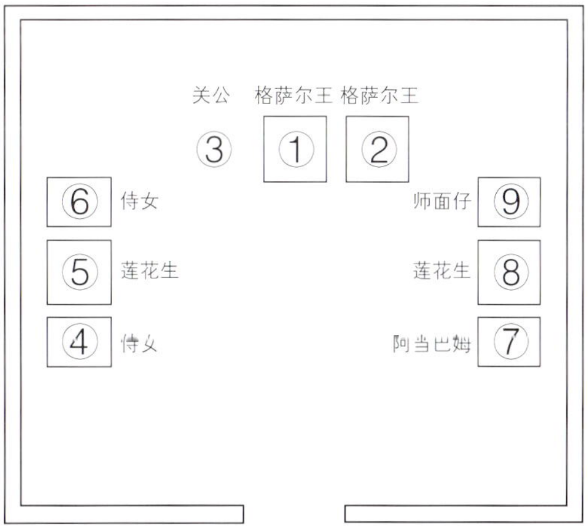

图3-3-45 主殿内佛像分布图
The Statue of Buddha in the Main Hall

此殿主供的是文殊菩萨，其头戴华冠，笑容可掬，右手持剑，左手置于胸前。殿内还供奉有金刚神、龙王佛等。（本章注释见第79页）

4

拉萨园林建筑

Gardens in Lhasa

藏族自古以来是一个崇尚自然、热爱自然的民族。藏族人民对自然的态度是尊重、谦和的，他们探求自然、亲近自然、讴歌自然，争取与自然环境间的和谐对话。对自然景观的利用以及独树一帜的西藏园林艺术就在这种观念形态孕育下，得以源远流长和不断发展，并取得了独特的艺术成就。

“林卡”，藏语音译，通常意指“园林”，但“林卡”的实际含义又要广泛得多，一片丛林也可包括在“林卡”的含意之内。事实上，藏族人民也常把“林卡”当作一种活动来叙述，它包含了在“林卡”中所进行的歌舞、野宴等一系列娱乐休闲活动。本书中所指的“林卡”即为“园林”之意。

“园林”是一个动态的概念，它随着社会历史和人类认识的发展而不断变化，不同的国家和地区对园林的界定也不完全一样，尤其在我国，园林一词所包含的内容最为丰富。本书中所指的园林概念就比较宽泛，是“指围入一定范围之内的、可独立使用的自然景观区域”[1]。

影响西藏园林艺术发展的因素是多方面的。首先，从地理位置上看，西藏地处亚洲腹地的高原，其四周自古都是亚洲文明高度发达的地区，可以说“是亚洲古文明的荟萃之所”[2]。因而在其园林艺术的形成与发展过程中，也势必要受到周边其他地区文明程度的影响。其次，西藏园林艺术的发展又与社会的经济、生产方式、文化谱系结构乃至宗教模式等多方面的因素有关。

4.1 园林发展概述

西藏的历史悠久，可追溯到数万年以前。至于西藏园林的兴建究竟始于何时，目前则尚无定论。综观西藏的历史，史学界依据政治、经济、意识形态等因素通常将其发展分为5个时期。园林艺术的发展与这些因素有着密切的联系，受其制约、影响颇深，在此我们也将西藏园林的发展历史大致分为5个时期。

罗布林卡中的藏戏表演（右图）
Tibetan Drama Performance in Norpulinka

4.1.1 原始时期：吐蕃王朝以前(7世纪前)

吐蕃王朝以前的时期，即距今5万年左右的西藏旧石器时代晚期开始，经新石器时代及青铜时代（考古学家亦称之为“早期金属时代”）[3]至吐蕃王朝建立前的6世纪左右，我们称之为西藏的原始时期。这一时期的西藏是否有园林尚无据可考。

此间，源于西藏本土的苯教已得到广泛传播。它带着早期人类对本土神灵和自然崇拜的痕迹，“在形式上具有比较明显的游牧、狩猎经济文化的特征”[4]。或许可以反映早期西藏居民对自然的态度。

4.1.2 萌芽期：吐蕃王朝时期(7—9世纪中叶)

吐蕃王朝松赞干布统治时期被认为是西藏的鼎盛时期。他迁都拉萨，统一全藏。西藏有文字记载的历史亦开始于此时。同时为了维护吐蕃王朝的统治，松赞干布开始引进和推崇新的宗教——佛教，并为此修建大昭寺和小昭寺。藏传佛教在与苯教的斗争中得以不断发展，并最终在8世纪至9世纪之时真正形成和兴起，这就是传统说法中的“前弘期”。

在与周边文化的交流中，相较于印度、尼泊尔等文化对西藏艺术的影响而言，汉族文化对其的影响要深远的多。松赞干布时期，唐文成公主入藏，此后墀德祖赞时期，唐金成公主又入藏。这不仅促进了藏汉民族间的交流，对西藏地区的经济、文化、艺术等各方面的发展影响尤甚。至吐蕃王朝时期，西藏已形成了以狩猎游牧和农业畜牧业为主的两种经济结构形式，进入了奴隶制社会。可以说西藏的文明在这段时期有了长足的进步。

在吐蕃王朝时期的古藏文碑刻上亦发现了有关西藏园林的记载，兹分段摘录于下：

(1)“达扎鲁空之子孙后世，其所有之奴隶、农田、牧场、牛畜、园林等，今后不得取消，不得消减，他人不得侵夺。”(《安兰·达扎鲁空纪功碑》(763年以后至797年，立于拉萨)，北侧第50-53列碑文)[5]

(2)“囊桑努贡之子孙后世，其所有之奴隶、农田、牧场、牛畜、园林等，设或绝嗣、或受谴罚，则勿论何时，亦不得取消，不得授予其他人。”(《明·定额增证盟碑》(798年至815年，立于拉萨东北夏拉康)，第42-45列碑文)[6]

在现存已知的吐蕃王朝金石铭刻中，可以找出这两座碑文的叙述。但对于这段时期西藏园林的具体情况，我们还没有掌握充分的资料。从早期的寺庙壁画或唐卡中或许可以找寻一点吐蕃王朝时期园林的痕迹。

汉族早期的园林多为基于狩猎、种植为造园意趣的自然园圃。发展至唐朝，园林的特点是规模宏大，不过缺乏整体布置，更多的仍是利用自然山川林木成园。其用途除了观赏之外，还有生产之功能。或许可以据此推测早期西藏园林的一点情况。

4.1.3 中断时期：西藏分裂时期(842年—1260年)

在最后一位藏王朗达玛灭佛之后的数百年中，西藏呈现分裂割据的状况，史称西藏分裂时期。处于长期分裂割据时期的西藏由于常年战乱，各方面的发展都受到严重影响[7]。从10世纪后期开始，在西藏沉寂了百年多的佛教再度崛起，并逐渐普及全藏，即所谓的“后弘期”早期(10—12世纪)。佛教的再弘，使社会的动荡有所减轻。此后，佛教在西藏的地位日益提升，并最终在西藏取得了至高无上的地位。

园林艺术在这段时期却不曾有大的发展。有关园林的文字记载甚少，实物亦无曾见。“园林是一种需要精心养护而又耗资很多的营造活动，几年不整治，就会显得荒芜不堪入目。它的发展与经济的繁荣以及社会的稳定互为表里。李格非曾称其为天下兴衰之候。”[8]由此可推知，常年的战乱在一定程度上阻碍了西藏园林的进一步发展，我们称这段时期为西藏园林发展史的中断时期。

4.1.4 发展期：萨伽巴、帕木竹巴统治西藏时期(1260年—1642年)

13世纪中叶，由于蒙古势力的介入，分裂多年的西藏很快取得统一。“元朝皇帝委任萨迦巴执掌西藏地方的统治权。”[9]历经多年战乱的西藏终于开始走向安定。也正是自萨迦巴执掌政权始，西藏正式成为中国不可分割的一部分。之后的帕竹第悉政权则受封与明朝。可以说萨迦巴、帕木竹巴先后统治西藏的时期不仅是西藏经济和文化不断向上发展的时期，也是受汉族文化影响日趋加深的时期。

萨迦巴执政之初的西藏百废待兴，园林的发展比较缓慢。这与当时元代园林的发展几乎陷于停顿状态的状况相比颇有类似之处[10]。至帕木竹巴政权之时，封建农奴制在西藏得到进一步巩固，庄园经济迅速发展。同时，随着藏传佛教最大的一个教派——格鲁派的兴起，西藏掀起了第三次建寺高潮。再者，帕竹第悉政权自大司徒绛曲坚赞始就十分重视植树造林，这些因素在一定程度上都推动了西藏园林艺术的极大发展[11]。

至今仍存的朗赛林庄园（图 4-1-1）的林卡大约就建在帕竹王朝时期。林卡内苍松古柏，垂柳翠竹，果树成阴，道旁、林间植各色花卉。于花丛中建一亭台，倍增园内景致。从西藏的唐卡中亦可见当时寺庙林卡的大略形制。例如建于 1447 年的札什伦布寺的林卡（图 4-1-2），为数不多的园林建筑掩映于繁茂树木之间，与寺中其他部分相比显得绿意盎然，景色秀丽。

众多资料表明，这段时期的造园活动已从原始的纯以利用自然山川林木为主，逐渐发展为与人工造园相结合，并开始考虑造园技巧和造园意蕴，可称为西藏园林大发展的时期。虽然当时的造园活动已非常盛行，但仍然不是以独立的园林而存在的，更多的是作为寺庙和贵族庄园的一个附属设施。其功能也比较狭窄，一般均为贵族消夏或寺庙辩经之用，同时也带有生产意义的性质，观赏仍只居于次要的地位。

4.1.5 成熟期：甘丹颇章统治时期（1642 年—1951 年）

甘丹颇章统治时期是西藏园林艺术的繁盛时期。从这段时期兴造的大批园林中，我们不难看出宗教文化、外来文化以及世俗文化等对西藏园林艺术的影响较以往各时期来得都要强烈和深远。

1）宗教文化的影响

据史书记载，1642 年五世达赖罗桑嘉措在清廷的支持之下开始掌握西藏政权，建立甘丹颇章地方政府。此后即是历代达赖统治西藏的时期，史称甘丹颇章统治时期。西藏实现了真正意义上的“政教合一”。佛教被推上藏文化的顶峰。至此，藏传佛教对西藏园林艺术的影响可谓达到极至。

从五世达赖幼时消夏的林苑——琼结县的德吉林卡开始，到历代达赖屡有兴建的罗布林卡以及众多的庄园和寺庙的林卡等，无不是佛教文化在全藏取得绝对优势地位的情况下兴建而成。佛教文化的义理在园林建筑的功用、园路的铺建、花木的选择、装饰的选用等都有不同程度的反映，后文将结合实例作详细介绍。

2）外来文化的影响

“藏族是善于吸收其他民族文化之长以补自己之短的民族，是一个向上的、朝气蓬勃的民族。”[12] 因其所处地理位置的优越，可以说历史上的藏族人民从没有

图 4-1-1 朗赛林庄园（上图）
Rnan-sras-gling Garden
图 4-1-2 札什伦布寺（下图）
Tashihunpo Monastery

图 4-1-3 罗布林卡壁画——颐和园万寿山全景图
Mural in the Norpulinka — Longevity Hill in Summer Palace

图 4-1-4 林卡中的欢乐
Happiness in the Linka

图 4-1-5 哲蚌寺晒佛
Sun the Picture of Buddha in Drepung Monastery

停止过学习和引进外族的优秀文化。远至吐蕃王朝时期，经西藏分裂时期，萨迦巴、帕木竹巴先后统治西藏的时期，至甘丹颇章政权统治西藏时，西藏与中原、印度、尼泊尔等文化之间的交流日趋加深，其中尤以与汉民族的交往为多，从史籍中的众多记载可见历代文化交流的盛况。

甘丹颇章政权时期，五世达赖、十三世达赖都先后进京朝拜，亲眼目睹当时正处于极盛时期的中国古典园林的美景，心向往之。回藏后，凭其极大的权利、财力和物力进行了大规模的园林兴建，较多地反映出了汉族文化影响的痕迹，尤以罗布林卡中的兴造最为突出（图 4-1-3）。藉由雪顿节百姓可入园观戏的缘故，其影响也深深涉入到西藏地区其他园林的兴建中。外来文化的影响成为西藏园林艺术形成的因素之一。

3）世俗娱乐文化的影响

藏族有着丰富的民族传统节日，或具有浓厚的宗教色彩，或伴以多种娱乐休闲活动。随时间的累积逐渐形成了独特的世俗娱乐文化，对西藏园林艺术的影响不容忽视，至甘丹颇章统治时期尤为突出。

西藏因地处高原，气候独特。冬季长，夏季短，全年又分为明显的两季，即干季和雨季。一般每年的 10 月至翌年的 4 月为干季，降雨稀少；5 月至 9 月为雨季，其中 7、8 月份的夏季气候最为宜人，适于户外活动。所以每当柳垂新绿，绿草如茵的时节，人们便纷纷投身到大自然中，来到拉萨城内外的林卡游乐休闲。每年藏历五月十五日，在拉萨市郊进行踏青活动，人们倾家而出，找一片林卡野宴，逐渐形成了“林卡节”。布达拉宫白宫门厅北墙壁上一幅壁画就生动地描绘了林卡中的欢乐。

每年藏历七月一日举行的雪顿节，为期四五天。“雪”在藏语中为“酸奶”之意，“顿”是“宴会”的意思，雪顿节便被解释为喝酸奶的节日。雪顿节的由来，可以追溯到 17 世纪以前，那时雪顿节是一种纯宗教活动。根据藏传佛教格鲁派的制度，僧侣在夏季不许到户外活动以免杀生，这种禁戒要持续到藏历六月底七月初。到了开禁的日子，僧徒纷纷出寺下山，世俗百姓则带着酸奶去迎接他们，还要尽情地吃喝欢乐，跳舞唱歌。17 世纪中叶，雪顿节又增加了演出藏戏的内容，每年此时，西藏各地的藏戏流派汇聚在罗布林卡进行表演和比赛，并允许百姓入园观看。雪顿节遂与藏戏表演、逛林卡（图 4-1-4）、哲蚌寺晒佛（看佛像图）（图 4-1-5）结合起来，成为一种世俗活动。此外，还有萨嘎达瓦节、沐浴节、望果节、赛马会等众多传统节日，无不与林卡有着或远或近的关系。

从清代中期有关描写拉萨的“唐卡”《拉萨画卷》中，我们亦可以看到拉萨城内外分布着为数众多的林卡。值得我们关注的是画卷中也反映了四月十五日

"萨嘎达瓦节"的盛况。这个日子是文成公主进拉萨的纪念日,又是释迦牟尼成佛的日子。画卷中拉萨居民穿着节日的盛装,到大昭寺参拜释迦牟尼和文成公主,然后逛龙王潭林卡,举行赛马和各种娱乐活动,官员和贵族也在郊外林卡中举行宴会。由此可见,当时拉萨的园林兴造已相当繁盛,数目众多。世俗娱乐文化对园林艺术影响的痕迹可见一斑。

至清代中叶西藏已初步形成具备独特民族风格的园林。园林仍以大面积的绿化和植物成景所构成的粗犷的原野风光为主调,也包含着自由式和规整式的不同布局方式。园林建筑的数目有所增加,功能复杂化。造园技巧和造园意蕴亦有了极大发展。其中的一些代表性的园林作品尚完整地保存至今。著名的有拉萨的罗布林卡、龙王潭,江孜县帕拉主庄园的林卡等。

4.2 园林类型

西藏由于长期维持农奴制的社会形态,以农奴为基础的庄园经济为西藏造园活动的发展提供了条件。大约在清代中叶,深受佛教影响的藏族文化孕育出了西藏独具特色的园林艺术。依据园林的隶属关系,西藏的园林大致分以下3个类别:庄园园林、寺庙园林和行宫园林。此外,在西藏还存在为数众多的温泉、湿地等风光优美的自然景区,在此也作一简略叙述。

4.2.1 庄园园林

庄园作为西藏农奴制度的产物,不仅是贵族、寺庙的活佛及其代理人的生活场所,也是管理的权力中心。其主人无不倾其全力,用心建设,以体现富有和威严。作为庄园附属设施的林卡亦得到主人的着力兴造,成为西藏园林的重要组成部分。

庄园的选址大多在交通方便,气候宜人,出产相对丰富的地方,而且多为城堡式建筑群。出于安全保卫的需要,常以高墙围成大院,重要的房舍如主人居室、经堂、仓库等都集中在一幢碉房式的多层建筑物内。环境比较封闭,使用也很局促。农奴主们又多讲究生活享受,因此,比较大的庄园一般都要选择邻近的开阔地段修建园林作为夏天避暑居住和消遣娱乐之用,类似于汉族的宅园或别墅园,这就是庄园园林。依据其占有者身份的不同,庄园园林又可分为贵族庄园的园林和寺庙庄园的园林两种,但这两者无论是在规模还是在园林的建造方面都大略相似。在此可划归一类论述。

庄园园林以栽植大量的观赏花木和果树为主。栽植比较多的是乡土树种柏、松、青杨、旱柳等,果树以桃、梨、苹果、石榴、核桃为多。花草亦以当地种属为主,也有从外地引种名贵花卉如海棠、牡丹、芍药之属。小体量的建筑物疏朗地散布、点缀于林木蓊郁的自然环境之中。林卡或因水成园,引进流水,开凿水池;或建置户外活动的场地如赛马场、射箭场等。其中比较著名的庄园园林有:帕拉主庄园的林卡、朗赛林庄园的林卡、甲玛赤康庄园的林卡、萨迦寺的平措、卓玛法王宫,拉萨蔡角林卡等[13]。

4.2.2 寺庙园林

寺庙园林作为藏传佛教寺庙建筑群的一个组成部分,它的主要功能并不在于游憩,而是寺庙中僧众集会辩经的户外场所,也叫做"辩经场",又称"僧居园"。所谓"辩经"即对佛经中的奥义展开辩论,通过辩论来彼此论证,互相学习,进而达到对于佛教经纶的融会贯通。这是西藏喇嘛学习佛经的主要方式之一,也是喇嘛晋级、取得学位的考试手段。

辩经活动之所以在户外进行,大概是因为喇嘛们常年在香烟缭绕、光线幽暗、通风不良的经堂里面诵经礼佛,非常需要见见阳光、呼吸一些新鲜空气。但其宗教上的用意更为明显:仿效佛祖释迦牟尼在旷野的菩提树下说法、成道的故事,模拟佛经中所描写的西方净土"七重罗网、七重行树、花雨纷飞"的景象。所以,寺庙园林的植物配置一般都是成行成列地栽植柏树、榆树,辅以红、白花色的桃树、山丁子等,于大片绿阴中显现缤纷的色彩。僧侣辩经时可坐可立,地面上铺满了卵石,不沾泥土。常在场地的一端,坐北朝南建置开敞式的建筑物"辩经台",既作为举行重要辩经会时高级喇嘛起坐的主席台,同时也是寺庙园林里的唯一的建筑点缀[14]。

拉萨哲蚌寺的罗赛林扎仓的僧居园、色拉寺的色拉吉扎仓的僧居园、昌都强巴林寺的辩经场等都是一些极好的实例。

4.2.3 行宫园林

行宫园林作为达赖和班禅的避暑行宫，多建在前藏的拉萨和后藏的日喀则地区。相对于庄园园林和寺庙园林而言，行宫园林的兴建有着雄厚的经济实力和权力的支持，其规模宏大，内容最丰富，也最具西藏园林的特色，可谓藏族园林艺术的集大成者。其形成时间也相对较晚，大约在甘丹颇章统治西藏的时期。

行宫园林内栽植的花草树木品种相当繁多，不仅有当地的乡土树种，亦有引进的外地名贵花卉树木。例如仅罗布林卡现有的花卉树种就多达百余种，其中不乏珍稀植物，如八仙花、文冠果、喜马拉雅巨柏等。行宫园林内的建筑比较多，不仅具有生活起居的功用，亦增添了园林的景致。

位于拉萨市西郊的罗布林卡可称为西藏行宫园林的代表（在后面实例中将重点介绍）。此外位于布达拉宫之阴的龙王潭、日喀则东南郊的“功德林林卡”和南郊的“德谦林卡”也都属行宫园林之列。

图 4-2-1 德仲温泉自然景区
Dezong Hot Spring

图 4-2-2 拉鲁湿地
Laru Swamp

4.2.4 温泉

西藏地处喜马拉雅地热带，强烈的水热活动和高耸的蓝天、皑皑雪山相辉映，孕育了众多风景旖旎的温泉景区，堪称世界屋脊之奇观。西藏的众多温泉不仅景色优美，还有奇妙的医疗保健功能，对此许多史书、医学书都有记载，文人墨客亦不吝笔墨，颂扬温泉的诗词歌赋不绝于书。其中知名的温泉有：墨竹工卡县的德仲温泉、堆龙德庆县的雄巴拉曲、曲松县的沃卡温泉等。

位于拉萨墨竹工卡县的德仲温泉自然景区（图 4-2-1）海拔 4 500 m，水温常年都在 40℃左右，水中含硫磺、寒水石、石沥青、款冬花、煤等多种对人体有益的矿物质。常在此地洗浴，不仅可以治疗多种疾病，还有调气血、通筋络、强身瘦体等功效。春秋两季，来此沐浴的人络绎不绝。引人入胜的自然风光亦是其特色所在。这里山涧小溪，怪石嶙峋，飞瀑直流而下；林中牧场，草肥水美，鸟语花香。满是悬崖峭壁等天然景观，令人目不暇接。

4.2.5 湿地

湿地是一种重要的自然生态环境。湿地的多少与退化与否是衡量一个地区生态环境好坏的主要指标，有“大地的肺叶”之誉。地处青藏高原的西藏因其独特的地质、环境等因素形成了为数众多的湿地。其中最著名的当数拉萨的拉鲁湿地（图 4-2-2）。

拉鲁湿地位于拉萨城西北方向，平均海拔 3 645 m。“拉鲁”，是历史遗留下的称谓，过去是贵族拉鲁家的领地，现在则是一块水草丰美、面积最大、海拔最高的城市天然湿地。它不仅是拉萨市区重要的氧气补给源和最大的空气净化器，同时对增加市区的湿润度，吸尘防沙，美化环境，维持生态平衡也都起着十分重要的作用。因此被藏族人民亲切的称为“拉萨之肺”。这里湿润的气候和丰美的水草在高原上十分难觅。植物种类很多，主要是高原特有的水生和半水生及草地植物。动物种类之繁多亦实属罕见。常有赤麻鸭、黄鸭、斑头雁、棕头鸥、戴胜、百灵和雪雀等大批各种野生鸟类在此嬉戏。静谧的拉鲁湿地有珍禽相伴，绿满衣衫，清新翠绿，疑似天堂。

4.3 园林要素

中国古典园林包含着丰富的园林要素，如山、水、建筑、花木以及各种园林小品等。相比较而言，西藏的园林要素似乎要简单些，最明显之处是在古典园林中占重要地位的山石在西藏园林中的罕见。除此之外，同样的要素所表达的意蕴亦有所差异，而这也是西藏园林能形成自己独特风格的重要原因。西藏园林中常见的要素为：建筑、植物、水、园路和铺地以及盆栽等。

4.3.1 园林建筑

当建筑作为园林要素存在的时候，除了原有的使用功能之外，它的作用有二：构成独立的景观；与其他景观相结合，构成完整的景观体系。因而建筑在西藏的园林中占有比较重要的地位，它是其他各种内容的依托。无论是从其材料的使用，结构的类型，还是从其风格上讲，园林建筑都与西藏的自然条件有着密切的关系，体现着西藏独特的文化体系。

拉萨园林建筑由于使用功能的不同而类型较多，如经堂、佛殿、书室、辩经台、宫殿、观戏楼、库房、马厩、花房，还有亭、阁等。造型多样，变化丰富。又因园林建筑受藏族、汉族等文化的影响而表现出的不同特色，大致分为三类：

（1）采用传统的藏式作法。如辩经场的辩经台（图4-3-1）、庄园林卡中的别墅等，这类园林建筑具有强烈的民族和地区特点。

（2）采用藏汉合并的做法。如罗布林卡的西龙王宫，其建筑细部，如柱廊、檐口、门窗等部位采用藏式做法，而屋顶及斗栱采用汉式做法。

（3）仿汉式做法。如罗布林卡中的措吉颇章就属于此种类型。但此类建筑中又常掺和合一些藏式建筑的传统做法，如屋脊、屋角的镏金饰件等。或者做一些变化处理，与正规的汉式做法稍有区别，从而与园中其他建筑取得呼应。

4.3.2 植物

植物在西藏园林中占有极其重要的地位，这不仅是西藏独特的高原气候所要求的，也是藏族人民热爱自然习俗的体现。园林中的绿化从单纯的利用自然山川的花草树木发展到与人工造园相结合，其设计颇具匠心（图4-3-2）。

拉萨园林在花木选择和配置上多首选乡土树种和花卉来构成园内植物配置的基调，借以突出地方特色。利用花木在枝干形态，花容叶貌上的区别，塑造不同的风景性格。利用花木的时令变化，借以突出四季景色。讲究花木的层次对比，避免单调。

西藏园林的花木选择和配置因受到宗教观念的影响而有着鲜明的民族特色。大多数园林都依照宗教上的惯例或西藏的传统风俗进行配置。花木亦性格化，被赋予了宗教的含义。例如，罗布林卡园内树木以柏为尊，因为释迦牟尼及其弟子曾以“柏子充饥”。同时，它又是长寿、永恒的象征。再者，观音是手不离莲花的，而达赖又是观音的化身，故园内不能无莲等。

4.3.3 水

水是园林中最富生气的要素，在西藏园林的兴建中同样占据着重要的地位。西藏不少园林就是因水成园兴建而成的，更有引水入园，开挖水池以增添园内景

图 4-3-1 罗布林卡辩经台
Forum of Disputation of Buddhist Scripture in Norpulinka

图 4-3-2 园林植物
Plant in the Garden

致的。利用天然水面或泉水成景的例子很多，比较著名的有位于布达拉山之阴的龙王潭（图 4-3-3），以及众多自然风光优美的温泉林卡等。

图 4-3-3 龙王潭水景
Waterscape in Dragon Pool

图 4-3-4 园林水景
Waterscape in the Garden

图 4-3-5 林卡中的园路铺地
Pavement in the Linka

图 4-3-6 拉萨民居中的盆栽
The Potted Plant in Folk House of Lhasa

水在园林中的功用很多。除了水本身具有的湿润凉爽，可调节气候，可养殖动植物，水戏等特点之外，更可通过各种理水手法来增添园内的景色。作为观赏对象的水，利用倒影，增加园景及产生空阔的感觉，使园景更加生动。作为组织手段的水，利用水体的灵活变换，从而更有效地将众多景观要素融为一体。这些都是西藏造园中最常用的手法（图 4-3-4）。

4.3.4 园路和铺地

园路和铺地是园林中非常重要的部分，起着组织空间和导向的作用。园路和铺地的布置不仅可以增强园林的趣味和艺术性，而且可以反映出一定的文化意蕴。例如罗布林卡的主要道路呈环状，类似西藏佛寺中的转经道，就反映出宗教文化的影响。

藏式园林中的一些路径往往采用直线布置，笔直无弯，与内地园林道路的蜿蜒曲折所营造的“山重水复疑无路，柳暗花明又一村”的意境颇不相同（图 4-3-5）。然而由于对路旁绿化的重视，又常配有花池或雕花石栏等小品，虽是直道，却不单调乏味。林间道路，还常与水渠相结合，显得园景十分生动活泼。

藏式园林的铺地，常根据环境的不同和观赏的要求，采用不同的材料铺砌，并组合成各种花纹图案，富有装饰性。园林铺地有沙土路、条石路、青石板冰裂纹路、黑白卵石路，大理石铺面路等各种材料的拼装路面。根据不同的园林景区情况选取不同的材料铺地，或者通过变换路面的手法，给游人造成身迁数境的感觉，可加强园林的艺术效果。

4.3.5 盆栽

由于高原气候条件的限制，对于藏民来说，营造一个绿色的环境是长期生存的依赖和需求，养花种树，不仅可以赏心悦目，同时也创造了一个小气候。但由于受经济实力的制约，大多数的平民百姓无力辟地造园，栽种大量的花木。所需费用不高的盆栽便受到平民的青睐。许多藏民家中都栽植有各种植物盆栽（图4-3-6）。它们或散布于院中，或悬于碉房走廊，或堆放于平顶之上。同时，在园林的建筑中及其周边也布置有形色各异的盆栽。数量众多，景致各异，极大地美化了建筑的环境。

4.4 拉萨地区的园林

拉萨在西藏的特殊地位使其园林的发展有着其他地区不可比拟的优越条件，因而拉萨地区的园林艺术也最能代表整个西藏的园林艺术水平。园林数量之多亦居西藏前列，“如拉萨大小林卡就有 50 多处，占地约 7 800 余亩”[15]。著名的有罗布林卡、龙王潭、色拉寺的色拉吉扎仓的僧居园、哲蚌寺的罗赛林扎仓的僧居园、拉萨的江罗坚贵族庄园林卡、尧西林卡、扎基林卡、卡基林卡、惜德林卡、甲玛林卡等。

4.4.1 罗布林卡

罗布林卡，藏语意为“宝贝园林”，位于拉萨市布达拉宫西南侧三里许的拉萨河畔，占地 36 hm^2，这里郁郁葱葱，花团锦簇，景色秀丽，是达赖喇嘛专用的园林。历经 200 余年，其建筑、生态环境依然基本完好，集中体现了藏族园林、建筑、绘画、雕塑等方面的艺术风格和成就，也体现了汉文化和其他民族文化的鲜明影响，是一处独特的建筑艺术、宗教艺术与园林艺术相结合的西藏艺术的杰作。

1）历史沿革

18 世纪初期，即建园之前，这一带柳棘丛生，野兽出没，人称“拉瓦采”（“灌木丛林”之意）。拉萨河的古道从这里流经，景色甚佳，形成了许多水塘，还有一眼清泉。相传五世达赖罗桑嘉措执政期间，时常到这里搭帐消夏。七世达赖格桑嘉措在哲蚌寺学经期间，也常来此沐浴治病，疗效很好。

18 世纪，清朝中央政权设立了驻藏大臣，授权七世达赖与驻藏大臣共同处理西藏地区政务。驻藏大臣根据朝廷旨意，在“拉瓦采”为七世达赖修建了第一座行宫建筑名叫乌尧颇章（乌尧意为帐篷，颇章意为宫殿，故又名帐篷宫，亦称凉亭宫），供其休憩，这是罗布林卡建园之始。

七世达赖深爱这片水清林茂的地方，于是他在 1751 年亲政后，在乌尧颇章东侧修建了一座宫殿，并以自己的名字命名为格桑颇章（贤劫宫），同时把“拉瓦采”正式改名为“罗布林卡”。此后，历代达赖在未执政之前，先在罗布林卡习文、学经、修法。执政后，每年藏历四月到九月在此消夏、处理政务，举行庆典及进行宗教活动等。罗布林卡便成为历代达赖喇嘛的夏宫。

1781 年，八世达赖强白嘉措执政。他醉心于在此风景优美之地静坐安禅，遂着力扩建罗布林卡。这一时期增建了格桑颇章后苑的辩经台、鲁康奴（西龙王宫）、措吉颇章（湖心宫）等，主曾颇章（持舟殿）以及宫墙等，同时，园中大量种植了花草树木。罗布林卡始具园林规模。

九世至十二世达赖喇嘛的 70 年（1805 年—1875 年）间，罗布林卡没有增加新的建筑，只是进行过一些修整。

到了十三世达赖喇嘛土登嘉措（1876 年—1933 年）时期，罗布林卡又得以大规模扩建。土登嘉措在 1908 年入京朝觐，得以游览了皇家宫苑，这对罗布林卡的发展产生了深刻的影响。他执政期间，首先完善了格桑颇章与措吉颇章两个景区，尔后又指令规划兴建金色林卡。于是，在罗布林卡西侧的空地上，建造了金色颇章（宠幸宫）、格桑德奇颇章（贤劫福旋宫）和其他附属建筑。全园的围墙也是这时建成的。其美曲溪颇章（不灭妙旋宫）修建于 1930 年之后，1933 年土登嘉措在该宫圆寂。

1954 年—1956 年，由中央人民政府资助，十四世达赖丹增嘉措在措吉颇章景区之北，修建了达旦米久颇章，俗称新宫，意为佛法永存不灭，或永恒不变。至此形成了今天罗布林卡的规模。

1988 年 1 月 13 日被公布为全国重点文物保护单位，一直由文管会、文物局直接加以保护。2001 年以布达拉宫的扩展项目列入世界文化遗产名录。

2）建筑

建筑在罗布林卡中占有很大的比重，且功能多样。按其使用功能的不同，园林建筑可分为如下类型：宫殿、经堂、佛殿、书室、政府机关、观戏楼，辩经台以及库房、牛圈、马厩、动物笼舍、花房，还有亭、阁等等。除其使用功能外，还起着组织景观，点缀装饰风景的作用。因而建筑造型多样，变化丰富。现择重点介绍如下：

（1）格桑颇章（贤劫宫）——达赖处理政教事务的场所（图 4-4-1）。位于宫苑东区的东南角。1755 年，

图 4-4-1 格桑颇章（贤劫宫）（左图）
Kelsang Po-trang (Bhadrakalpa Palace)
图 4-4-2 格桑颇章（贤劫宫）室内（右图）
Interior of Kelsang Po-trang (Bhadrakalpa Palace)

图 4-4-3 乌尧颇章（凉亭宫）
Vu-yao Po-trang (Summer-House Palace)

图 4-4-4 金色颇章（宠幸宫）外景
Exterior of Golden Po-trang (Patronize Palace)

七世达赖时始建，初为二层，十三世达赖时增修了第三层，为罗布林卡最早的建筑之一。在金色颇章和达旦米久颇章修建前，达赖喇嘛均在此办理公务，这里是罗布林卡的政治活动中心。

格桑颇章的形制与寺庙扎仓建筑颇为相似。楼高三层。底层为经堂，名曰“大日光殿”，即取佛如日光普照大地之意。经堂面阔七间，进深八间，其中间为一长方形的天井，呈半开敞式。经堂不仅是达赖的办公地点，也是会见驻藏大臣，接见噶厦官员的地方，有时也在殿内为喇嘛讲经或举行大典。殿前宽敞的抱厦廊道，则是僧俗官员觐见等候之所（图 4-4-2）。

廊西南处有扶梯可直达二、三层。二层有乃堆拉康（罗汉殿）、贡布康（护法殿）及达赖的阅经室。建筑居北，只占底层面积的 1/4 左右；南面均为晒台。建筑东南角是达赖的阅经室。房间虽然不大，但室内布置十分舒适，西壁全为槅扇窗门。东部是“贡布康”护法神殿，内供六臂依怙佛像，历代达赖多以此为卧室。佛殿西侧为十六罗汉堂，常有喇嘛在此为护法神念经祈祷。三层设有达赖批阅公文，召见高级官员的经堂。其东南有一小屋是达赖的休息室。东部是存放经卷、文告的库房。西面为侍卫值房。

（2）乌尧颇章（凉亭宫）——达赖打坐念经的地方。该殿为两层的藏式建筑，造型古朴简洁（图 4-4-3）。底层低矮，相当于半地下室，只能放置小件杂物。这种将地坪架空抬高，以防潮湿的做法，在藏式建筑中比较常见。实际使用的只有乌尧颇章的二层，大门东向，外有雕花石阶。宫内的每个房间均有当时西藏著名画师精心绘制的壁画。

在金色颇章修建之前，十三世达赖时常在此休息、念经。乌尧颇章旁的大槐树，相传即为十三世达赖亲手栽植。

（3）金色颇章（宠幸宫）——十三世达赖喇嘛专

用的宫殿，修建于1922年。“金色”藏语为“受宠者”。据说主持修建者是十三世达赖的亲信，人称“金色工比拉”，宫殿修成后随以“金色”命名，也即“受宠者的宫殿”，简称宠幸宫。这是一座庭院式的建筑，院内置有花果树木，规模甚大。主殿高3层，金描彩绘，殿顶饰镏金法轮、经幢，极其富丽堂皇，为罗布林卡三大宫殿之一（图4-4-4）。

底层日光殿是十三世达赖每日朝会听政的大殿，也是举行盛大庆典，会见贵宾和宗教礼仪的场所。每年琼久节时，哲蚌寺、色拉寺的喇嘛分别于藏历七月三十日、八月初一到这里为达赖诵祝寿经，并在达赖主持下辩经斗法和考格西学位。“波罗密多经”法会时，两大寺喇嘛又云集于此，接受达赖摩顶。大殿门外有僧俗官

图4-4-5 金色颇章（宠幸宫）西入口
West Entrance of Golden Po-trang

图4-4-6 金色颇章（宠幸宫）室内木雕——八仙过海（部分）
Woodcarving in Golden Po-trang — the Eight Immortals Cross the Sea

员朝觐候点的门廊，两侧还有朝房。

由金色颇章西面（图 4-4-5）的石梯进入二层。二层中为一天井，天井北是底层大经堂天窗。天井南是观戏楼，东南西三面为窗，十分空透。演出藏戏之时，达赖便在此处观看。第二层也是受接见人士的休息室。

三层有小经堂，顶开天窗，堂中用雕花槅扇分为南、北两部分。这里是达赖给三大寺活佛受戒的地方。平时则作为十三世达赖阅经、休息之用。

金色颇章内有许多出色的雕塑、木刻和壁画艺术。如大白伞盖镀金塑像；八仙过海和福禄寿喜图案木雕装修（图 4-4-6）；万寿山、五台山全景图以及四喜儿童壁画等等，皆出自西藏名匠之手。它们既表现出一定的艺术水平，又反映了汉藏的文化艺术交流。

（4）达旦明久颇章（新宫）——十四世达赖喇嘛的宫殿。始建于 1954 年，1956 年竣工。新宫坐北朝南，是罗布林卡中体量最大的一幢藏式宫殿建筑。整体布局比较严谨，平面与立面均采用对称的形式，道路及植物配植也以中轴对称手法，围绕中心宫殿，体现了权力的集中，政权的统一（图 4-4-7、图 4-4-8）。

新宫的立面为两层楼，上层两重檐相叠，平顶黄瓦金饰，再加上雕琢精细的大理石栏板，五光十色的彩画，檐口女儿墙上绛红色的边玛草和各种装饰，甚是华丽壮观。

新宫底层为一些附属功能的房间，主要房间设在二层。小经堂和大经堂分踞二层南、北。其室内布置吸收了现代建筑的一些手法，但更豪华富丽。小经堂南面全为落地窗棂，北设佛龛，是十四世达赖处理政教事务的地方。大经堂中设纯金雕花宝座，达赖常在此为喇嘛讲经或举行小型庆典活动。东侧除小客厅外，均为达赖母亲的卧室与卫生间。西南角为达赖的卧室、起居室及侍卫人员住房。大经堂东为达赖批阅文件的办公室，西是达赖修密法的密室。该建筑虽然平面布局极其紧凑，但由于巧妙地设置了天井和天窗，较好地解决了房间的采暖、采光问题（图 4-4-9、图 4-4-10）。

达旦明久颇章以精致的装修和瑰丽的壁画而著称。尤其是二层“思西堆古”的小经堂，其内壁画以连环画的形式展现了西藏的历史和人物传记，每组壁画下都有藏文说明。壁画由 301 幅组成，讲述了从藏族祖先由猴变人的传说，至西藏和平解放时上下数千年的重要历史事件和历史人物，有一定的参考价值。

（5）措吉颇章（湖心宫）——游玩休息之处，为一小阁建筑，与内地的水榭建筑类似（图 4-4-11）。修建于八世达赖时期，每逢达赖生日，宫内举行隆重典礼，达赖在此接受四品以上僧俗官员的祝贺。

措吉颇章平面长方形，灰白大理石座，木构架，琉璃瓦歇山顶。建筑造型轻盈小巧，却颇显稳重。室内按汉族生活方式布置。家具亦皆为汉族传统式样，为清帝所赐。殿顶饰以金色神像和金幢筒，表现了汉藏建筑艺术相结合的特色。

（6）鲁康奴（西龙王宫）——供养人面蛇身八大龙王之所。位于措吉颇章之北。按藏族习惯，凡是有树林、水面的地方均应供奉龙神，以祈求保护。这是一座兼有汉、藏风格的混合建筑。其平面为正方形，三开间，周有回廊，上置镏金镶边重檐四角攒尖顶。殿顶采用了莹顶式，铜瓦、金脊饰，檐下施斗栱，屋顶飞檐翘角，汉藏建筑艺术在此结合得非常融洽（图 4-4-12）。

（7）鲁康厦（东龙王宫）——存放祭祀龙王祭器

图 4-4-7 达旦明久颇章（新宫）正立面（左图）
Front Elevation of Tar-dan-ming-ju Po-trang (New Palace)
图 4-4-8 达旦明久颇章（新宫）背立面（右图）
Back Elevation of Tar-dan-ming-ju Po-trang (New Palace)

的地方，同时也是一座龙王供庙。位于措吉颇章之东，建筑南向，三开间，为单层平顶藏式建筑（图4-4-13）。

（8）格桑德吉颇章（贤劫福旋宫）——位于金色颇章西北侧、罗布林卡的西北角，也是附属于金色颇章的一座小型宫殿。面积 370 m²，楼高两层（图 4-4-14）。

底层是十三世达赖喇嘛私人的金银宝库。收藏有大量金银珍宝、历史文物和贵重礼品，据说十三世达赖灵塔上所饰金银珠宝皆取于此库。两面有白色大理石雕成的石阶直达二楼。门斗檐部覆盖金黄琉璃瓦。造型轻盈大方，色彩雅丽清新。二楼的经堂是达赖接待贵宾的厅堂，用槅扇分为两部分。经堂西面是达赖等候客人的休息室。东面是侍卫值房。

（9）其美曲溪（不灭妙旋宫）——十三世达赖晚年常居之处。位于格桑德吉颇章的西侧。建筑为两层，底层为半地下室，层高很低，是放小件杂物的库房。二层东南的房间是十三世达赖喇嘛的卧室。宽大的拐角窗，使室内非常明亮。十三世达赖喇嘛深爱此处，于 1933 年在这里圆寂（图 4-4-15）。

图 4-4-9 达旦明久颇章（新宫）内景之一
Interior of Tardan-ming-ju Po-trang 1 (New Palace)

图 4-4-10 达旦明久颇章（新宫）内景之二
Interior of Tardan-ming-ju Po-trang 2 (New Palace)

图 4-4-11 措吉颇章（湖心宫）（左图）
Tcho ji Po-trang
(Mid-lake Palace)
图 4-4-12 鲁康奴（西龙王宫）（右图）
Lu-khang-nu (West Dragon King Palace)

图 4-4-13 鲁康厦（东龙王宫）（左图）
Lu-khang-shar (East Dragon King Palace)
图 4-4-14 格桑德吉颇章（贤劫福旋宫）（右图）
Kelsang De-ji Po-trang

（10）准增颇章（持舟殿）——达赖效法观音菩萨修行习法的道场。殿在措吉颇章区水池的西边，类似喇嘛精舍建筑，分为两层。底层为经堂，内供十一面观音，并收藏了大量经籍图书。顶层东为平台，西是达赖静坐的专用房间。每年达赖在此修法期间，不见任何外人，也不出楼门一步（图 4-4-16）。

（11）恰意（辩经台）——是幼年达赖随师习经的地方。在格桑颇章的北面，建筑南向，半开敞，用槅扇分割内外。

（12）奔若朗玛（观马宫）——是达赖观赏马的地方，分为内观马宫（图 4-4-17）和外观马宫（图 4-4-18）。内观马宫在措吉颇章景区的西南角，外观马宫在内观马宫的西面。两组建筑均为院落式，由二层观马殿与马厩组成，达赖的观马殿在二层正中。马厩为廊式建筑，墙壁上有壁画（图 4-4-19），檐口覆盖琉璃瓦。观马宫在其他园林中未见。

（13）康松司伦（威镇三界阁）——是达赖观看藏戏的地方。这是包括戏台在内的一组建筑。布局以康松司伦为中心向外展开。主体为东向二层楼阁式建筑，底层为游廊，二层中部为敞厅。

敞厅北侧为达赖经师特座，南侧是侍从值房。建筑立面采用对称格局，体形、体量与环境协调。由于设置了双重镏金镶边飞檐，建筑显得轻巧活泼。其雕梁画栋与周围绿树丛林形成对比，加强了建筑的华丽感。

戏台在观戏楼的正前方，是由青石板铺地而成的广场。平台东、南、北三面植有松柏、榆树、山定子，形成完整的空间。台下为榆树丛林。作为“雪顿节”及重大庆典时演出藏戏和舞乐之用。达赖喇嘛和僧俗官员就

图 4-4-15 其美曲溪（不灭妙旋宫）
Immortalisation Palace

图 4-4-16 准增颇章（持舟殿）
Cun-zeng Po-trang

图 4-4-17 内观马宫
The Inner Watch Horses Palace

图 4-4-18 外观马宫（左图）
The outer Watch Horses Palace
图 4-4-19 内观马宫壁画（右图）
The Mural of the Inner Watch Horses Palace

在康松司伦的二层楼上观看演出（图 4-4-20）。

（14）厦旦拉康（祝寿殿）——诵经和进行祈福消灾的宗教法事的场所。位于格桑颇章东北约 220 m 处，这一组院落式建筑，主体为二层藏式楼房，其内为殿堂，分前后两部分。前面主殿堂共 24 柱，一层，利用三面高窗采光；后殿室内有 4 柱，二层，面积较主殿堂要小的多。紧接殿堂的西墙修有楼梯直通主殿堂的屋顶，可由此进入后殿的二层。二层楼梯口和后殿的二层入口处都建有亭，使这组建筑倍增生气（图 4-4-21）。

（15）乌斯康玻璃亭——达赖洗头的地方。亭之平面为圆形，立柱间均系窗棂，满镶玻璃，屋面系八角攒尖顶。因建筑坐落在圆形水池之中，故又称湖心寓。

罗布林卡中的建筑囊括了西藏园林建筑的 3 种类型：如格桑颇章、乌尧颇章、金色颇章等采用的都是传统的藏式作法；西龙王宫则属采用藏汉合并做法的典范；仿汉式做法的最佳实例是措吉颇章。

罗布林卡园林建筑的造型、立面处理，亦有许多成功的手法。如宫殿建筑在园内比重很大，造型的优劣直接影响着园林的艺术效果。作为宫殿建筑，要求有庄重的性格；作为园林建筑，又要求自由活泼。这个矛盾在罗布林卡中解决得较好。宫殿的体形、体量一般都简小，尺度适宜。庄重、严肃的气氛，是通过建筑物局部的轴线对称手法造成的。金色颇章南立面就是如此处理的，而其东向立面，则结合林阴小道，设计得比较平淡。西入口立面，因面对庭院空间用了台阶和富于变化的门斗，显得十分丰富、活泼。这些不同的处理手法，使建筑物既庄重又自由而不呆板。格桑德吉、其美曲溪的处理，更趋于因地制宜、精巧灵活，甚至突破了宫殿建筑的固定格局。

3）藏式园林艺术的杰出代表

罗布林卡是西藏高原园林艺术的代表作品，无论是规划布局、园林建筑，还是植物配置、道路设计都有许多特点，形成鲜明的地方特色，它是西藏地区藏族文化遗产。罗布林卡的成就是在西藏特定的历史条件下，长期演变和发展的结果，这有力地说明了藏族人民的智慧和艺术才能。同时，罗布林卡的营建时代，正是我国造园活动的活跃时期，即清代皇家造园的盛期。因此在造园思想和设计手法上，都明显地受到内地园林艺术的影响，与我国自然风景式园林属同一范畴，是中国园林体系中独具风格的一支。

（1）布局特点

罗布林卡的建筑与布达拉宫、大昭寺相比较，既有相似的宗教与文化内涵，又有各自独特的建筑风格。布达拉宫由红宫、白宫、噶厦三部分组成，体现了政教合一。它依山而建，气势巍峨，表现了它在西藏政治中的地位。大昭寺地处拉萨河谷，填湖而建，与布达拉宫东西相望，位于老城八廓街的中心，体现了西藏宗教的世俗性。而罗布林卡建造在布达拉宫的西面风景秀丽而幽静的灌木林中，园林气氛浓厚，各组建筑布局严谨，体现了宫殿建筑与园林的完美结合。

罗布林卡是自七世达赖喇嘛以后的各历代达赖

图 4-4-20 康松司伦（威镇三界阁）前的藏戏表演
The Tibetan Drama Performance Before Overawe the Three Kingdoms Pavilion

图 4-4-21 厦旦拉康（祝寿殿）
The Wish Longevity Hall

喇嘛夏天居住的离宫别墅，即夏宫。达赖亲政前，由正、副经师陪伴在这里习经学法。执政后，每年藏历三月十八日经皇帝批准，从布达拉宫移居罗布林卡，藏历九月底或十月初再返回布达拉宫。园林的功能要求主要表现在三个方面：政治活动、宗教法事和休息游乐。因此它的布局都是围绕上述的功能要求，即实用性和风景性而展开的。

罗布林卡的宫苑布局按照现存的规模可分东西两大部分，每一部分包括多个相对独立的景区，形成了园中园的布局特点。东部由宫殿区、办公区、戏台和榆林园四部分组成。宫殿区以格桑颇章（贤劫宫）、措吉颇章（湖心宫）、达旦明久颇章（新宫）为核心组成 3 个景区，在空间上既分割又联系，外面用一个围墙将它们联系在一起。办公区为噶厦机关等，由厦旦拉康（祝寿殿）、松岗康（祈祷殿）为主体，占地 9 000 m^2。宫殿区的东侧为戏台，由康松司伦（威震三界阁）即观戏楼和露天戏台组成，占地 2 200 m^2。榆林园中种植了大片的榆树，树龄在百年以上，是人们休憩散步之处，占地约16 000 m^2（图 4-4-22）。

罗布林卡的西部由宫区、杏园和草地 3 个景区组成。宫区由金色颇章（宠幸宫）、格桑德吉颇章（贤劫福旋宫）、其美曲溪（不灭妙旋宫）3 组建筑成环状布置，形成了一个较大的院落空间，幽静自然。东部为杏园，占地 5 hm^2。在其周围有大片的草地，雪顿节时人们在这里搭起帐篷，游玩歌唱，直至夜深。

图 4-4-22 罗布林卡中的景色
Scenery in Norpulinka

图 4-4-23 湖心宫与西龙王宫
Mid-lake Palace and West Dragon King Palace

（2）汉藏建筑艺术融会的杰作

罗布林卡是西藏建筑艺术、宗教艺术与园林艺术相结合的典范，建筑造型以藏式建筑为主，融入了汉族等多民族宫殿建筑、园林建筑的诸多建筑特征。它充分吸收外来建筑艺术和技术，尤其是中原内地园林建筑的布局和局部处理方法。

宫殿区中的措吉颇章（湖心宫）由八世达赖喇嘛主持建设，是一座典型的藏汉结合的园林建筑，布局很有特点。平面为一长条形水池，占地 4 059 m^2（99 m × 41 m），在这大池之内，南北分列 3 个方形小岛，在岛的周围和池岸绕以石栏杆，颇似汉族古典园林中“一池三岛”的布局方式，只不过在此处更整齐化了而已。这正是汉藏两种文化相结合的表现。水池中有湖心宫和西龙王宫（图 4-4-23），通过跨水石桥既相连两宫，又可从中心岛通达两岸，体现了汉式园林小桥流水的意境。湖心宫南侧一个小岛则孤立于池中，岛上只种一些树林以保存野趣，与颐和园南湖中的皇埠墩类似。

湖心宫的屋顶采用了歇山式，黄琉璃瓦屋面。其建筑细部，如青灰大理石雕刻的栏板、望柱，木雕的门窗槅扇以及彩绘上都使用了汉式。湖心宫北面的西龙王宫是汉、藏风格的混合结构，在攒尖屋顶的下部采用了汉式的斗栱结构，屋顶亦飞檐翘角，汉藏建筑艺术在此结合得非常融洽。

十三世达赖喇嘛曾专派工匠去北京学习装修的各式作法与布置方式。罗布林卡园内建筑的槅扇、窗棂的形式及纹饰、雕刻等，基本上采用了内地的处理手法。金色颇章中的图案如八仙过海、福禄寿禧、龙凤花草等，都与内地相同。就连罗布林卡大门口一对可爱的石头狮子在造型和雕刻风格上也与内地如出一辙。

（3）良好的生态环境

罗布林卡的园林布置继承了西藏造园的传统，注重绿化，园中的绿地覆盖面积达全园总面积的 83%，它是西藏园林的典型，具有鲜明的个性和地方色彩。这个特点的形成，是西藏“林卡”演变和发展的结果。

西藏由于高原气候条件限制，海拔 5 000 m 以上植物难以存活，这里城镇的海拔一般都在三四千米以上，拉萨市的平均海拔为 3 650 m。对于藏民来说，营造一个绿色的环境是长期生存的依赖和需求，造园活动以贵族庄园林卡和寺庙林卡最为活跃，在修建住宅和寺庙的同时，辟地造园，植树种花成为一种时尚。

罗布林卡吸取了贵族林卡和寺庙林卡的特点，带有较为浓厚的宗教文化特色。园内不用堆土成山，"地势自有高低"，榆树木采取"纵横成网络"的布局，都是依照佛经中极乐世界的"地面平如手掌"、"布局呈棋盘方格"模式安排的。

罗布林卡现有各类树种 162 种，其中有国家一、二级保护树种喜马拉雅巨柏、雪松、大果圆柏、文冠果、热带植物箭竹、合欢，有珍稀花种八仙花等（图 4-4-24），还有 200 年以上树龄的参天古木。花木可分为观花类、观果类、观叶类。在宫区的东南，有一动物园，饲养着西藏的珍贵野生动物——马熊、梅花鹿、白唇鹿等[16]。多年的大面积造林，形成了良好的小区气候和生态环境，为植物和动物的生长创造了良好的条件。根据测定，罗布林卡的气温变化和缓，空气湿度指数也比拉萨市区高。这里的空气含氧量高出市区，像一个天然的氧吧。

(4) 巧于借景和对景

拉萨市是世界海拔最高的城市之一，地处拉萨河中下游的河谷平原上。罗布林卡离拉萨河岸约 500 m，河的南面是山，高度四千多米，城市的北面也是山脉，挡住了北方的寒流，这里夏无酷暑，冬无严寒，气候宜人，年日照时数 3 000 h 以上，有"日光城"美誉。从罗布林卡望出去，远山近水，尽收眼底，园内绿树葱郁，与周围的群山浑成一体。这种借景的手法在内地的江南园林造园中应用广泛，但是像罗布林卡这样成功的实例并不多。

罗布林卡的正门位于东侧，一条叫罗布林卡的东西向道路将园林和市区联系起来。从入口向东望去，一座孤山跃然眼底，这就是药王山，海拔为 3 746 m。高出罗布林卡 100 m（罗布林卡海拔 3 650 m），在空间视觉上形成了园林的一个很好的对景。山上早先是被称为药王庙的门巴扎仓所在地，药王山由此得名。药王是释迦牟尼佛的一个化身，相传能治百病。过去药王庙集中

图 4-4-24 罗布林卡的花卉
Flowers in NorPulinka

了一批学识渊博的藏医，大约在 17 世纪发展为藏医学府，府上的高僧亦为达赖喇嘛的保健医生。据藏文文献记载，七世达赖喇嘛因常常患病，而罗布林卡的灌木丛中有一眼清泉，故每年夏天他常到此处沐浴疗疾。药王庙距这里也很近，往来十分方便。药王山与罗布林卡因七世达赖喇嘛的治病而联系起来，罗布林卡也就继布达拉宫后成为西藏宗教、政治、文化的中心。

从罗布林卡的园中向西看去，远处 5 hm 以外的一座造型奇特，颇似黄山的山峰，与药王山、园林 3 点可连成一条线，这是罗布林卡西面的对景，这座山峰形似笔架。每当气候变化，云雾缭绕之时，给园林增添了又一变幻的自然景观。

4）震撼强烈的装饰艺术

西藏高原因海拔高、空气稀薄，尘埃和水汽含量少，空气的透明度高，辐射较强，这里的天特别的蓝，色彩表现随阳光而变化，因此藏族的建筑及艺术品喜欢用一些原色来装饰。建筑上常用镏金的屋顶和装饰构件，在阳光下闪闪发光。檐墙用赭红色的边玛草，大门和柱则用红色，窗套用黑色，窗罩和门罩用白色，彩画用青绿色，大片的墙面用黄色，在蓝天的衬托下这些色彩十分协调，使得建筑充满生机，震撼人心。

(1) 外檐装饰

罗布林卡的装修标准与布达拉宫相同。因其园林建筑的高度一般为 2~3 层，体量并不大，为了突出建筑，屋顶的处理尤为讲究。金色颇章、威震三界阁、达旦米久颇章等都采用了镏金的屋顶，这种镏金的屋顶用于西藏宫殿和寺庙的最主要殿堂，称金顶。顶上有金光闪闪的金鹿、法轮、灵兽、胜幢、胜幡、金瓦，产生了强烈的艺术效果。在建筑的檐墙采用涂成赭红色的边玛草，

图 4-4-25 格桑德吉颇章（贤劫福旋宫）门廊装饰
Ornament on the Porch of Kelsang De-ji Po-trang

它是宫殿建筑身份的象征。

门廊是建筑装饰的重点。罗布林卡的门廊取消了鹏、狮等列兽和经文，消除了寺庙的紧张氛围。门廊的梁柱、雀替采用精美的木雕（图 4-4-25）。

外墙的墙体多用花岗岩条石砌筑而成，墙体厚实，从下向上进行收分，建筑外观十分稳重，这也是西藏建筑的特点。

(2) 内部装饰

罗布林卡的内部装修，受内地的影响很大，槅扇、木窗在图案和制作工艺上，基本采用内地方法。金色颇章以精美的雕刻著称，与布达拉宫白宫东日光殿的雕刻相同，有透雕的特点。

罗布林卡的建筑中，绘有大量的壁画，内容主要是历史、人物和宗教。园林中最早的建筑乌尧颇章面积为 179 m^2，各个房间均有画师精心绘制的壁画。内观马宫的墙面上数十幅表现马的壁画，形象生动。金色颇章中颐和园万寿山全景图，达旦米久颇章中的西藏历史和人物传记壁画等都是保存完整的实例。

(3) 细部装饰

藏式建筑注重细部的装修，在宫门的两侧，各挂虎鞭一条，用虎皮或豹皮缝制。相传由吐蕃王朝墀松德赞的先锋勇士执掌，以后演变成达赖或大喇嘛外出时用于驱赶行人，将其悬在门口表示威严。

门廊、窗檐多用墨竹工卡烧制的琉璃装饰。门廊前檐挂以牛毛织造或棉布制成的幔帐，上有盘长百结的图案，既可以遮挡阳光，又起到装饰效果。门帘或窗帘则用白布，加以蓝色边框，悬挂在门外或固定在窗外。

4.4.2 拉萨地区的其他园林实例

1）龙王潭

龙王潭，藏语曰“鲁康”，是拉萨著名的园林。始建于六世达赖时期。传说六世达赖曾从墨竹工卡迎请墨竹赛钦和八龙供奉于此潭中，所以称龙王潭。该园林中心有一面积较大的潭水，此潭水坑形成的比较早，系五世达赖时期修建布达拉宫白宫和第巴桑结嘉措修筑布达拉宫红宫时，从山脚大量取土所致。

1791 年，八世达赖喇嘛强白嘉措对龙王潭进行了维修，塑造传说当年随同文成公主进藏的护法大王和

宝瓶坛城供奉于阁楼神殿中。并且为安置廓尔喀投降后向清廷进贡的 4 头大象建造了位于潭水西南约 80 m 处的象房，取名为“圆满乐园”，并指定了看守大象和管理园林的人员。

十三世达赖时，鉴于龙王潭内道路年久失修，园林遭到一定的破坏，曾对龙王潭进行过一定的维修。

解放后，龙王潭得到了相应的保护。1965 年配合城市建设，将原位于布达拉宫前的康熙《御制平定西藏碑》和《十全记功碑》移至龙王潭南门内侧西边；1980 年和 1984 年又对龙王潭进行了大规模的修葺和改建工程。现名为宗角禄康公园。

龙王潭，位于布达拉宫山阴，园林依着布达拉的山势灵活布局，平面呈不十分规则的形状。园林东西长 610 m，南北最宽处 303 m，最窄处 205 m。中部潭水范围东西长 270 m，南北宽约 112 m，呈长方形状。潭水中有一孤岛，为不规则圆形，直径约 42 m。岛上建有阁楼。潭水四周林木茂盛，一派葱绿，映衬着湖光山色，拱桥重阁，景色秀丽如画，美不胜收。

潭水中的阁楼，是按照佛教仪规中坛城的模式建造起来的。阁楼三层，南向。第一层平面是全对称十字形布局结构，其中心为四柱小殿，周有回廊。第二、三层建筑平面相同，为内四明柱的佛殿。佛殿四周亦有一周沿廊，顶层为六角形小殿，上覆以六角攒尖屋顶。整个建筑结构合理，以斗栱承檐，富丽细腻，建筑内外构建装饰繁华，雕梁画栋，反映了藏族人民较高的设计建造及艺术水平（图 4-4-26）。

连接潭水间的小岛和四周陆地的是一座五孔石拱桥。桥长 24.67 m，宽 3.5 m。循此登上小岛，于楼台眺望，园林风光，尽收眼底，亦是游园一趣[17]。

2）哲蚌寺罗赛林扎仓的僧居园

坐落在拉萨西郊约 10 km 外的拉萨哲蚌寺是格鲁派六大寺庙之一，系宗喀巴的著名弟子绛央曲杰于 1416 年创建。罗赛林扎仓则是哲蚌寺最大的扎仓。该扎仓中的喇嘛也最多。用于喇嘛辩经之用的僧居园就位于该扎仓南面的山坡下。“因地形缘故，该园平面呈不规则形。周有矮墙围绕，东、南、西三方设门。正北面的三层台阶上，有两座小建筑物，一为达赖听僧侣辩经之座，一为主持辩经的堪布的座处。南为僧侣盘坐的广场。广场内植榆树，杂以少量柏、桃和山定子等树种。从现存树木位置看，当时的树木栽植成行成网，‘方格如棋盘’。该园虽几经破坏，现在仍然老树成阴，遮蔽半个广场。”[18]（图 4-4-27）

3）拉萨的江罗坚贵族庄园林卡

“拉萨的江罗坚贵族庄园林卡建造虽比较晚，但代表了贵族住宅林卡的布置特点。占地 1.2 hm^2，四周种植藏青杨和汉柳。别墅内分四个区域，西北是住宅区，东北和西南区为果园，内植苹果与桃。东南区为菜圃，其中建有花房和浇地水井。居住区内，贵族居住的

图 4-4-26 龙王潭景色——阁楼与五孔石拱桥
Scenery of Dragon Pool-pavilion and Arch Bridge

图 4-4-27 哲蚌寺罗赛林扎仓的僧居园
Garden of the Monks' Dormitory in Ro-se-ling Graw-tshang

图 4-4-28 卡基林卡
Kaki Linka

主楼位于中央部位，主楼南面为一草坪，方形。草坪四周植菊花、月季、鸡冠、牡丹等花卉，四角各植一株榆树，四边对称地种植柏、苹果、山定子等树种，并设有 4 个玫瑰花架，形成一个花园。草坪当中，植一株柏树，围绕柏树植一圈花卉。虽然草坪面积不大，但布置得十分精致。坪之东、南两面，果树林立，造成林木森森的气氛。"[19]

4）卡基林卡

卡基林卡位于布达拉宫西 3 km 许，是拉萨回民的一个聚居点，这里有回民住宅、墓地和两座清真寺。藏语"卡基"即为回民之意。相传 17 世纪，达赖喇嘛派人在这片绿洲"射箭赐地"给一位穆斯林阿訇，让回民居住。故卡基林卡又名"强达康"。"强"，即远处，"达"指箭，卡基林卡就是箭飞越的地方。卡基林卡大约有 200 余年的历史。林卡即位于河坝林清真寺礼拜殿之西，植有槐树、核桃、苹果和柏树等花木[20]（图 4-4-28）。

4.5 小结

随着历史的发展，人们的自然观通过神话、宗教、科学甚至人类价值观体现出来，影响着人们的许多行为方式，并作用于建筑艺术，构成了建筑文化的一个重要组成部分。园林艺术作为建筑艺术中的一个重要分支，必然也受到自然观的影响。

在藏族人民自然观影响之下孕育而出的藏族园林艺术极具特色，独赋魅力。西藏园林的兴造更多采取的是对自然尊重的态度，充分利用自然条件，突出本地区的自然景色。绿化面积所占比重之大也是其他各民族的园林所无法相比的。这是在西藏特定的历史条件下，长期演变和发展的结果。一个民族的文化遗产，总是离不开它的自然条件、政治制度、宗教思想、风俗习惯和文化传统。兴造园林的成就，有力地说明了藏族人民的智慧和艺术才能。

注释：

1 潘谷西，《江南理景艺术》，南京：东南大学出版社，2001 年，第 1 页。
2 童恩正，"西藏考古综述"，载于《文物》，1985 年第 9 期。
3 参见童恩正，"西藏考古综述"中有关"早期金属时代"的论述："这一时代可能开始于公元前 1000 年，而结束于 6 世纪，即吐蕃王朝兴起之前。"载于《文物》，1985 年第 9 期。
4 李永宪，《西藏原始艺术》，石家庄：河北教育出版社，2001 年，第 241 页。
5 转引自常风玄，"古藏文文献中所见奴隶的社会地位与历史作用"，载于《藏族学术讨论会论文集》，1984 年，第 57 页。
6 同注 5。
7 恰白·次旦平措、诺章·吴坚、平措次仁，《西藏通史简编》，北京：五洲传播出版社，2000 年，第 109 页，"由于战乱不停，广大牧民群众的正常的生产活动一再中止，不可避免的对西藏的经济产生了严重的破坏，经济急剧衰败。"
8 潘谷西主编，《中国古代建筑史（第四卷）》，北京：中国建筑工业出版社，2001 年，第 387 页。
9 同注 7，第 110 页。
10 同注 8，第 387 页，"从现有的资料来看，有关元代私园的记载很少，与宋时的盛况相比，园林的发展几乎陷于停顿状态。"
11 同注 7，第 129 页，第 161 页。
12 【法】海瑟·噶尔美著；熊文彬译，《早期汉藏艺术》，石家庄：河北教育出版社，2001 年，第 2 页。
13 参见西藏工业建筑勘测设计院编，《罗布林卡》，北京：中国建筑工业出版社，1985，第 148 页。
14 参见周维权，《中国古典园林史》，北京：清华大学出版社，1999 年，第 580 页。
15 参见《西藏风物志》，拉萨：西藏人民出版社，1999 年，第 129 页。
16 参见《罗布林卡（拉萨布达拉宫—大昭寺·罗布林卡扩展项目）》，中华人民共和国国家文物局，2000 年，第 7 页。
17 参见西藏自治区文物管理委员会编，《拉萨文物志》（内部发行），1993 年，第 75 页。
18 引自西藏工业建筑勘测设计院编，《罗布林卡》，北京：中国建筑工业出版社，1985，第 148 页。
19 同注 18。
20 同注 17，第 89 页。

第3章注释：

1 参见陈履生，《西藏寺庙》，北京：人民美术出版社，1994年，第8页。

2 引自统计数字见拉萨市民宗部门有关资料。

3 参见杨嘉铭、赵心愚、杨环，《西藏建筑的历史文化》，西宁：青海人民出版社，2003年，第130页。

4 参见姜安，《藏传佛教》，海口：海南出版社，2003年，第158、159页。

5 参见王尧、陈庆英主编，《西藏历史文化辞典》，拉萨：西藏人民出版社、杭州：浙江人民出版社，1998年，第311页。

6 参见易华，"佛教与藏族传统科技关系简论"，《中国藏学》，中国藏学研究中心，1997年第1期总第37期，第26页。

7 同注3，第132页。

8 同注4，第109页。

9 同注3，第134页。

10 参见潘西谷主编，《中国古代建筑（第四卷）》，北京：中国建筑工业出版社，2001年，第344页。

11 同注10，第134页。

12 同注4，第55页。

13 同注10，第349页。

14 同注3，第130页。

15 同注4，第59页。

16 参见姜怀英，"从布达拉宫看西藏寺庙建筑演变中的几个问题"，《古建园林技术》，1994年第1期。

17 曼陀罗：梵语Mandala，也被译为坛城、曼荼罗等，源于印度的佛教密宗。曼陀罗的形状多种多样，传统上主要有四种：大曼陀罗（mahamandala）、三昧耶曼陀罗（samaya-mandala）、法曼陀罗（dharma-mandala）、羯摩曼陀罗（karma-mandala）。其中大曼陀罗常为平面绘画的形式而羯摩曼陀罗则是用雕塑立体的方式表现佛的形象，与佛教美术的关系尤为密切，在西藏藏传佛教寺庙的院内或殿内被经常使用。同1，第248页。

18 同注4，第105页。

19 参见闫振中，"帕廓街的转经路"，《西藏民俗》，2003年第1期。

20 风马旗：汉语发音为"隆达"，又称经幡。通常为红、黄、蓝、绿、白五种颜色，上面印满了六字真言或其他咒语。卫藏农耕区多在藏历新年初三在屋顶和村头插挂风马旗；藏东南林区多在竖起的长杆上拉系印有佛经的长约丈余的宽幅布系，五六个一簇，如同旗帜；藏北及甘肃牧区多在每年藏历四月祭祀山神时将风马旗系在箭杆上插于石垛（敖包）上，或将印有群马图案的纸片在山顶上抛洒，称为放风马。

21 六字真言：藏密经咒"**唵、嘛、呢、叭、咪、吽**"6个音，是藏传佛教中的一句佛语，翻译成汉语就是"如意宝呀，莲花哦！"的意思，表现出对观世音菩萨的无限的赞美。藏传佛教视六字真言为一切的根源，认为循环往复地诵念就能消灾积德。

22 参见西藏自治区文物管理委员会编，《拉萨文物志》（内部发行），1985年，第18~34页、第54~59页、第77~79页。

23 参见曲吉建材、林树义，西藏古建筑(上)，《西藏科技》，1995年第1期。

24 柽柳墙：又叫"卞白墙"、"边玛墙"，寺院、寺庙、宫殿一般要砌筑女儿墙，并且在其外侧作一圈用灌木柽柳枝砌筑的卞白墙。柽柳墙的使用有严格的等级要求，只有具备"佛、法、僧"三宝的寺院、寺庙和达赖、第巴、高僧喇嘛即大呼突克图的宫殿才能使用。卞白墙上装饰有"八端相"、"七政宝"等，装饰得庄严肃穆。八端相的材料为黄铜镀金，包括：宝伞、胜利幢、白海螺、金鱼、宝瓶、吉祥结、金轮、妙莲。七政宝的材料为黄铜镀金，包括：金轮宝、玉女宝、主藏臣宝、将军宝、绀马宝、白象宝、神珠宝。

25 参见邓侃，《西藏的魅力》，拉萨：西藏人民出版社，1999年，第58页。

26 同注5，第208页。

27 同注25，第68页。

28 同注5，第94页。

29 参见宿白，《藏传佛教寺院考古》，北京：文物出版社，1996年，第46页。

5 拉萨传统居住建筑

Traditional Residential Buildings in Lhasa

5.1 藏族传统民居建筑概述

5.1.1 藏族传统民居建筑的发展历史概说

1）原始洞穴时期

对于藏族的起源，在大量的藏文历史名著中，如：《国王遗教》、《西藏王统记》、《智者喜筵》、苯教史《雍仲苯教目录》、佛教史书《红史》都大体类似地记载了这样一个广泛流传于民间的神话传说：藏族的祖先是观世音菩萨的化身父亲猕猴（又作神猴）绛曲塞贝和尊度母的化身罗刹女（又作岩魔女）结为夫妇后生下的猴崽。这些猴崽后来演化为四部，即四氏族：赛、穆、顿、东，或再加上查、楚，称作六氏族或六人种，其发源于现在的西藏山南地区雅鲁藏布江南岸的泽当。在泽当贡布日神山上有一个“摘邬洞”，相传为猕猴当时居住的地方。这虽然是一个神话传说，但也揭示出了原始人类的居住方式。

居住是伴随着人类的产生而同时出现的人类行为之一，而作为居住行为的物质载体——建筑，也几乎是同时出现的。在青藏高原，与内地相同，人类最初也是居住于天然洞穴之中。藏族土著宗教——苯教著作《法原》中提到“此前人鬼未分时，已有六大之世纪，无数年间人居住，地洞岩穴为人家”[1]。而著名的意大利东方学家G•杜齐在20世纪40年代先后8次到西藏进行田野考察后所撰著作《西藏考古》（又名《穿越喜马拉雅》）中也曾多处提到了史前时期西藏的先民们居住的洞穴。

大量的考古资料证实，从远古时期直到旧石器时代晚期，原始社会已经进入了母系氏族公社，人类的寓所还是一直拜自然所赐，或据天然洞穴，或以树枝、兽皮为掩体。这个时期是藏族建筑的原始时期[2]。

这种居住于洞穴的习惯似乎一直保存到后来。传说吐蕃时期布达拉宫内的松赞干布修行的“法王洞”和药王山上的查拉鲁甫石窟以及桑耶寺内僧人修行的洞穴——青朴，都或多或少的体现了洞居的遗风。换一

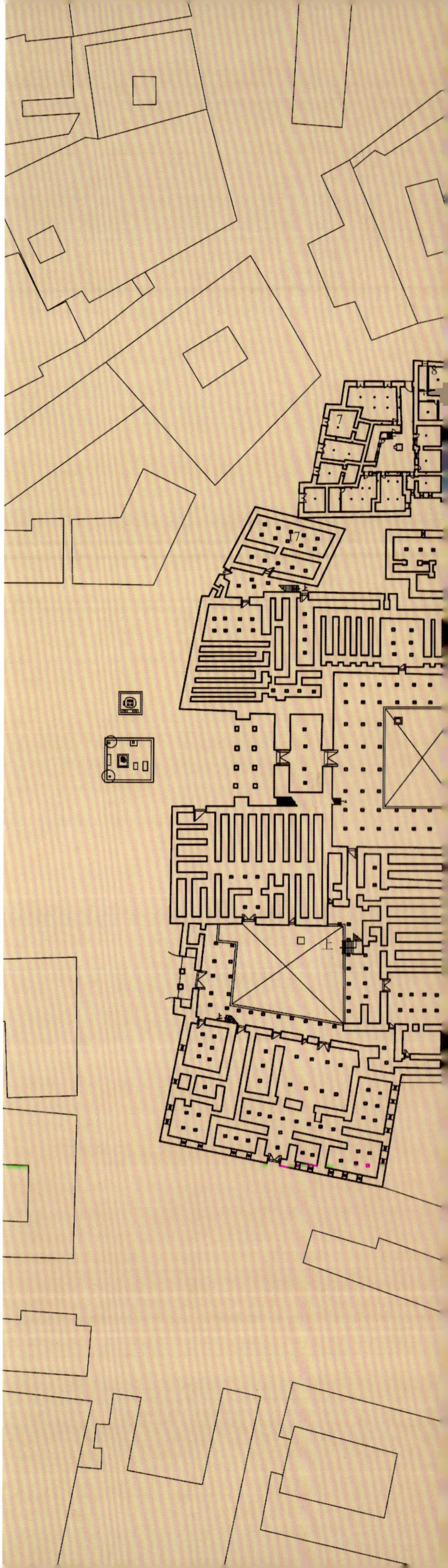

八廓街古建筑遗存平面图（右图）
Plan of the Antique Building in Barkhor Street

9
10
11
12
4
3
1
13
2
14
15
20
21.24
32
16
22.23
25.29
28

个角度来看，洞居影响到的另一个方面就是与住宅相对，被视为"阴宅"的坟墓。因为无论"阳宅"还是"阴宅"，都是生人所建，所以早期的石棺墓也在一定程度上折射出原始洞居文化的影响[3]。

2）藏族建筑的萌芽时期

在距今约 5 000 年前的新石器时代，青藏高原上的藏族先民们开始用智慧和双手有目的地建造自己的家园，并且达到了一个较高的技术水平。目前在藏区内发现的多处文化遗址中，昌都卡若文化遗址、丹巴县中路文化遗址和甘青卡约文化遗址较有代表性[4]。

1977 年夏在西藏昌都卡若村发现的卡若文化遗址中，有 31 处建筑遗址。这些建筑毗连而建，入口朝阳，以东、东南、西南为主。其中有两座规模较大的公共性质的建筑，说明在卡若遗址中，建筑的类型已有区分，日常生活的住宅作为一个单独的建筑类型开始出现。通过对这些建筑遗址的考古发现，在建筑的选址、平面、结构、构造、地基处理等多方面，都反映出了较高的营建水平。在其建筑发展的早、中、晚 3 个阶段，建筑逐渐由早期的半地穴、单室、以方或圆形平面为主的窝棚式，逐渐发展到后期的以地面建筑、双室、组合平面为主的建筑形式，并出现了干栏式楼居。从其结构系统来看，可以划分为窝棚式、井干式和碉房式 3 种类型。其中碉房式建筑的出现，成为后来独具特色的藏式碉房建筑的母型，对藏式建筑产生了深远的影响[5]。

1988 年在四川甘孜州丹巴县发现了丹巴中路文化遗址，其中建筑遗址 7 座。与卡若遗址相比，住宅建筑的类型比较单一，平面为方或长方形，石砌而成，与卡若文化后期的碉房式建筑十分相似。而在甘青地区的卡约文化遗址中，建筑受到西北黄土文化的影响，采用泥土夯筑而成。

图 5-1-1 拉萨八廓街街景
Barkhor Street in Lhasa

3）藏族民居建筑的发展、形成时期

进入新石器时代晚期，随着金属工具的出现，社会生产力提高，使得谷物的产量增加，氏族社会内分配不均导致了氏族社会的分化。伴随着这种分化，原始氏族社会的性质也逐渐发生了变化，形成了众多的"小邦"，据敦煌文献和藏文史籍所载，藏区最初有 44 个"小王"，后又有"十二小邦"[6]。

小邦时代的一个显著特点，就是出现了一些"堡寨"。这些作为小邦统治中心的"堡寨"建筑集中地体现了藏族传统碉房建筑的风貌，其建筑技术与建筑风格则来源于居于主体地位的民居，代表了当时最高的建筑水平。此时，碉式建筑风格已基本形成，并成为其后一直影响藏族传统建筑风格的一根主线。建于距今 2 100 多年前的藏族历史上第一座宫殿——雍布拉康是这个时期的标志性建筑。雍布拉康在今西藏自治区乃东县雅隆河东岸的觉姆扎西次日山上，是雅隆王统的第一代赞普聂墀赞普所建。在民间就广泛流传着"地方莫早于雅砻（隆），宫殿莫早于雍布拉康，国王莫早于聂墀赞普"的说法。与其他"小邦"一样，雍布拉康也是一座堡寨式的宫殿，它承袭了此前"小邦"堡寨的功能与特点，同时又对传统碉式建筑的发展起到了启后的作用。

建造碉房的技术并不限于雅隆地区，在同一时期的其他藏区——四川的甘孜和阿坝，碉房建造技术也十分发达。汉文典籍《后汉书•南蛮西南夷列传》、《北史•氐传》和两《唐书》均对此有过记载[7]。

约 633 年，雅隆王统第三十二代赞普松赞干布定都拉萨，西藏历史进入奴隶制的吐蕃王朝。松赞干布执政时期，吐蕃对外交流活跃，藏族文化大发展，藏式建筑也是在这一时期发展成熟的。松赞干布定都拉萨后，开始了大规模的城市建设，布达拉宫和大、小昭寺均建于同一时期。围绕大昭寺，沿着八廓街（图 5-1-1）逐渐建设起来的众多的贵族、僧侣和平民的住宅和商店不仅构成了拉萨的城市雏形，也标志着藏族传统碉房式民居建筑形成并发展成熟。在此后一千多年中，这种民居建筑形式并没有太多的变化[8]。

5.1.2 拉萨老城区传统藏式民居建筑的特点

在拉萨这样一个特定的环境中，作为与人民日常生活密不可分的民居建筑必然受到气候、地理、材料、技术、宗教、文化等多方面因素的共同制约与影响，呈现出以下特点：

1）气候的影响

拉萨（图 5-1-2），地处拉萨河谷平原西端，海拔 3 658 m，日照强烈，特别是在正午前后，有无日照的地方温差明显，故有“头上热滚滚，脚下凉飕飕，日照胸前暖，风吹背后寒”的说法。拉萨全年气候温和，变化不大，但日温差较大，因此俗话又说“一年无四季，一日见四季”。

由于地处拉萨河谷，风向以东西向为主导，雨量中等、晴日较多，故拉萨城内的古民居多朝向南，以二至三层外廊式院落建筑为主。墙体用花岗岩毛砌或土夯筑而成，沿街道一侧有明显收分，室内一侧垂直壁立，厚度约在 40~80 cm，具有良好的保温隔热功能，冬暖夏凉。屋顶皆为平顶，用藏族传统的建筑材料“阿嘎土”夯打而成，略有坡度，屋顶边缘高起约 15~20 cm，以便组织排水。为了保证排水的顺畅，屋顶上很少有堆积物（图 5-1-3）。

2）地形的影响

拉萨地处河谷平原地带，城内地势平坦，稍有起伏。民居建筑平面不追求严格的轴线对称，只是依据地形，根据生活需要自由发展形成均衡的构图形式。

3）材料、技术的影响

拉萨城内的传统藏族民居是用土、木、石 3 种材料建造而成，采用土木或石木混合承重的结构体系。外部以夯土墙或石墙承重，内部以木构架承重，木构架柱网尺寸多为 2 m×2 m 左右，房间的面宽与进深大体上以 2 m 为模数。建筑的层高普遍较低，多在 2.2~2.4 m，因结构层较厚，室内颇显低矮，成年人往往伸手可及屋顶（图 5-1-4），多层住宅的一层往往更矮。由于石砌、夯土的墙体过于厚重，外墙的门窗洞口一般不大，上下层间对齐，像居室这样的主要房间为了获得较大的采光面积，往往采用一面墙全部开为落地窗的办法，而窗框亦有承重的作用（图 5-1-5）。

图 5-1-2 拉萨市鸟瞰图
Bird's Eye View of Lhasa

图 5-1-3 民居的屋顶
The Roof of Residential Building

图 5-1-4 拉萨老城内贡桑孜（民居）室内
Interior of Traditional Dwelling

图 5-1-5 拉萨老城内盘雪（民居）的落地窗
French Window of Pan-shear

图 5-1-6 容扎（民居）的经幡
Scripture Flag in Rong-zha (Folk House)

图 5-1-7 经堂室内
Interior of the Scripture Hall

图 5-1-8 回廊内的楼梯（左图）
Staircase
图 5-1-9 居民在回廊内劳作（右图）
Residents are Working in the Cloisters

4）宗教的影响

藏族多崇信佛教，因而佛教对民居建筑的影响也随处可见。在拉萨人们有在门前的地上、墙上划出日、月、卐等被称作“雍仲”的图案的习惯[9]。在建筑的屋顶，多设有宝瓶、香炉，有的还在外墙转角位置设有小段高起的墙垛，用来固定系经幡的树枝（图 5-1-6）。藏族民众除常去寺庙进行宗教活动外，还要在家中诵经礼佛，因而家家都有经堂、佛龛、唐卡（图 5-1-7），像贵族、领主、僧侣等条件好的家庭会专辟一间房间用作经堂，条件差的家庭也会在居室的显要位置设置木质的佛龛，悬挂唐卡，有的佛龛两侧设有壁橱盛放法器、经卷。

5）文化与习俗的影响

拉萨现存的藏族传统民居多为低层四合院式建筑，较大型的是由两个或更多个院落组合构成。其中，院子与院子间有门联通，各个房间则是由向内院开敞的回廊来联系的。回廊宽约 2 m 左右，一侧有柱，大型住宅会更宽一些，联系楼层上下的楼梯设在回廊内，但比较分散，不像现代的建筑把各层的楼梯集中在一起，使人能够连续上下。木质的楼梯很陡，倾角大都在 60°以上，宽约 0.8~1.1 m，因而占用面积不大（图 5-1-8）。除了交通的功能外，一些简单的家务和手工劳作也常常在回廊里进行（图 5-1-9）。

居室是整个建筑中最主要的房间，承担了多种功能：起居、睡眠、储藏等等，因而在建筑中处于最好的朝向和位置，也往往是最宽敞明亮、陈设最好的房间（图

5-1-10）。居室的门多开在一侧，有的在入口处设玄关，室内有一到多根柱，梁的走向多与房间的走向一致，梁、柱刷红漆，柱头和梁上绘有黄、绿、蓝色为主的彩画[10]（图5-1-11）。贵族、领主和上层喇嘛的大型住宅多将卧室单独设置。

传统的藏式厕所是旱厕（图 5-1-12），因而住宅内的厕所往往设在最高一层的一角或与建筑离开一段距离单独设置，这种情况下用一天桥连接。厕所在底层设置粪坑，从街巷一侧进入。若院落中设有不止一个厕所的话，厕所将会被分设在建筑的不同层面和不同位置上。

拉萨的民居是城市型住宅，故在一层没有畜圈。在居住不拥挤的情况下，一层用作仓库、作坊等。

由于日照强烈，晾晒一类的活动多在平屋顶上进行，这里绝不仅仅是顽童的天地，因此藏族住宅的屋顶与群众生活的关系远比汉族的要亲近得多。阿嘎土夯打成的屋顶干净整洁，几乎所有的住宅都有通向屋顶的楼梯，上下十分方便（图 5-1-13）。

白色在藏族文化中象征着“圣洁”、“神圣”，有着特别的意义。所以藏族传统民居建筑的色调以白色为主，外墙大都被涂成白色，只在靠近檐部的地方用红褐色刷一条装饰色带。在外墙门窗洞口的周围，涂有黑框，黑白对比强烈，明显而醒目。整个建筑的外立面看上去简洁大方（图 5-1-14）。

图 5-1-10 拉萨老城内顿旺（民居）一居民家中
Interior of Tun-wan (Folk House)

图 5-1-11 盘雪的室内
Interior of Pan-shear

图 5-1-12 矗立在建筑一角的藏式旱厕
The Tibetan-style Toilet

图 5-1-13 屋顶的楼梯（右图）
Staircase on the Roof
5-1-14 建筑的白色外墙（左图）
White External Wall

5.1.3 藏式民居的室内陈设

藏族的家具主要有炉灶、藏桌、藏床、藏柜和佛龛等。藏桌多为长方形，有一种称为"火盆桌"，由 3 个方桌组成，中间的一个设置火盆，用于取暖和煨茶[11]。藏床，又叫"卡垫床"，较低矮，高 30 cm 左右，一般长 2 m，宽约 80~90 cm，多由一个或两个没有底的木箱组成，上铺宽 45~60 cm 不等、长度与床相等、厚约 10 cm 的卡垫和藏毯，可坐可睡。卡垫可折叠、拼接，靠墙即可组合成低靠背的座位。藏柜高约 1.2~1.3 m，也有的较低，约 0.8 m 左右，可以单独或组合设置，柜子雕饰精美、繁缛，用色鲜艳。佛龛多为木质，上下有雕饰、彩绘十分精美的龛帽和底座，中间纵向分为多格，每格内可放一尊佛像，有的每格还装有平开的门扇，上镶玻璃，佛龛大小依佛像而定。

由于受到生活习惯、文化传统和建筑形式的深刻影响，在室内家具陈设方面，传统藏式民居有着十分独特之处。绝大多数藏式民居室内都有柱，柱子的存在一定程度上制约着室内的布局和家具的摆放。虽然汉式传统民居室内也有多根柱子，但在重要的房间内柱子多是对称布置的，在设计上也总是力争拉大中央开间的尺寸，使柱子不至于落在室内重要的部位，汉族追求使用的是柱间的空间。而藏式民居则不同，柱子往往落在室内中央的位置上，而且中央开间尺寸与其他开间尺寸无异，甚至在只有一根柱房间内，柱子就落在室内的中心位置上。同时，藏族传统文化把居室看成世界的缩影，居室中的木柱被看作世界的中心[12]。因此，藏族民居室内的家具是围绕柱子布置的。

图 5-1-15 拉萨老城区达东夏（民居）室内
Interior of Tardongshar

图 5-1-16 拉萨老城区岗嘎夏（民居）室内
Interior of Kang-kam-shar

藏桌一般贴着柱子放置在室内的中间部位，藏床则多平行于藏桌贴墙放置，两者距离较近，与桌子形成一个组合单元。在面积较大的居室内，会连续摆放多个这样的组合单元，或者围绕着一根柱子摆放成 L 形（图 5-1-15），形成主要的待客、起居活动的空间。来客较多时，会在藏桌的另一侧对着床摆放活动的座椅。由于居室的窗一般较低矮，故藏床大多会设在开窗较多的墙壁一侧，而藏柜多设在对应的另一侧或没有开窗的墙壁一侧。佛龛都置于柜上，一般偏在居室的一角。龛前会整齐地摆放有许多盛满清水的铜碗（图 5-1-16），为供佛之用，每到晚上将碗里的水倒光，并把碗倒着叠放起来。大的佛龛高可及梁下，条件好的家庭有多个装饰精美的佛龛，有时甚至铺满一片墙面。没有放置佛龛的藏柜上会摆放电视机等一类的家电或其他生活用品。

5.2 拉萨城内藏式传统民居建筑遗存解析

5.2.1 丰富的藏族城市型居住建筑遗产

拉萨作为西藏的政治、经济、文化中心，自 7 世纪中叶松赞干布迁都至今，经历了 1300 余年的漫长发展过程，积淀了深厚的藏族文化底蕴，为后人留下了大量的历史文化遗产。在拉萨的古建筑遗存中，作为文化的一个重要载体，相当数量的古民居得到了较好的保留，并仍然鲜活地存在于人们的生活中。据拉萨市文物局于 2000 年公布的《拉萨老城区保护管理暂行规定》的附录内容显示，在拉萨老城（东至林廓路，南至江苏路，西至朵森格路，北至林廓北路）1.3 km^2 的范围内，至 2000 年仍然留存有 93 处古民居建筑，分布上以八廓街一带为主（表 5-2-1、图 5-2-1），拉萨市文物局对这些

表 5-2-1 拉萨古建筑调查名录(1-93)

序号	名称	序号	名称	序号	名称
1	奴玛　　（实例 38）	33	日苏夏	65	桑东
2	嘎米达热	34	日苏奴　（实例 50）	66	盘雪　　（实例 32）
3	嘎结夏　（实例 42）	35	坡容卡　（实例 51）	67	角那仓　（实例 55）
4	根布夏　（实例 43）	36	帕拉	68	加措扎西
5	娘容夏　（实例 44）	37	卓康	69	摘冻
6	门吉林	38	德吉康萨（实例 52）	70	吉麦
7	查齐夏　（实例 28）	39	玛朗巴	71	杰吉林　（实例 56）
8	曲尺岗	40	喜嘎夏	72	琼结崩唐（实例 57）
9	措那从康（实例 45）	41	喜嘎奴	73	卡尔旦　（实例 58）
10	冲赛康	42	吉日拉扎	74	唐嘎　　（实例 59）
11	罗崩夏　（实例 46）	43	吉吉康琼	75	赤江拉让
12	独康强　（实例 40）	44	吉日卓康（实例 27）	76	冲巴卡　（实例 60）
13	墨如宁巴（实例 8）	45	阿康	77	顿旺　　（实例 33）
14	达东夏　（实例 29）	46	朗色康萨（实例 62）	78	思木苏
15	朗嫫嫫　（实例 47）	47	门孜康	79	玉岗强朗卡奴
16	朗苍强　（实例 48）	48	敏珠强	80	维色拉章
17	崩达仓	49	贡桑孜	81	朗奴　　（实例 34）
18	夏扎　　（实例 49）	50	果嘎宁巴	82	夏幅嘎布（实例 35）
19	普章萨巴	51	岭苍　　（实例 53）	83	岗嘎夏　（实例 36）
20	俊巴　　（实例 30）	52	鲁固果瓦康萨	84	曲苏
21	热堆康赞（实例 31）	53	乃乌夏	85	林仓达热
22	果赤从康（实例 37）	54	雍宫夏	86	森碑
23	北京从康（实例 37）	55	扎康　　（实例 39）	87	玛尼塘
24	果瓦康赞（实例 31）	56	加央吉	88	拉定
25	左母热　（实例 30）	57	旺堆康萨	89	惜德林　（实例 21）
26	阿康	58	思目康琼	90	清宫
27	丹康夏	59	赤松阿旺拉章	91	宅康
28	拉囊宁巴（实例 23）	60	平康　　（实例 54）	92	热振达热
29	拉宁它仓	61	尊母康萨	93	哲布林
30	加卡夏	62	哲康		
31	桑珠颇章	63	岗旦康萨		
32	容扎　　（实例 26）	64	策默林寺（实例 22）		

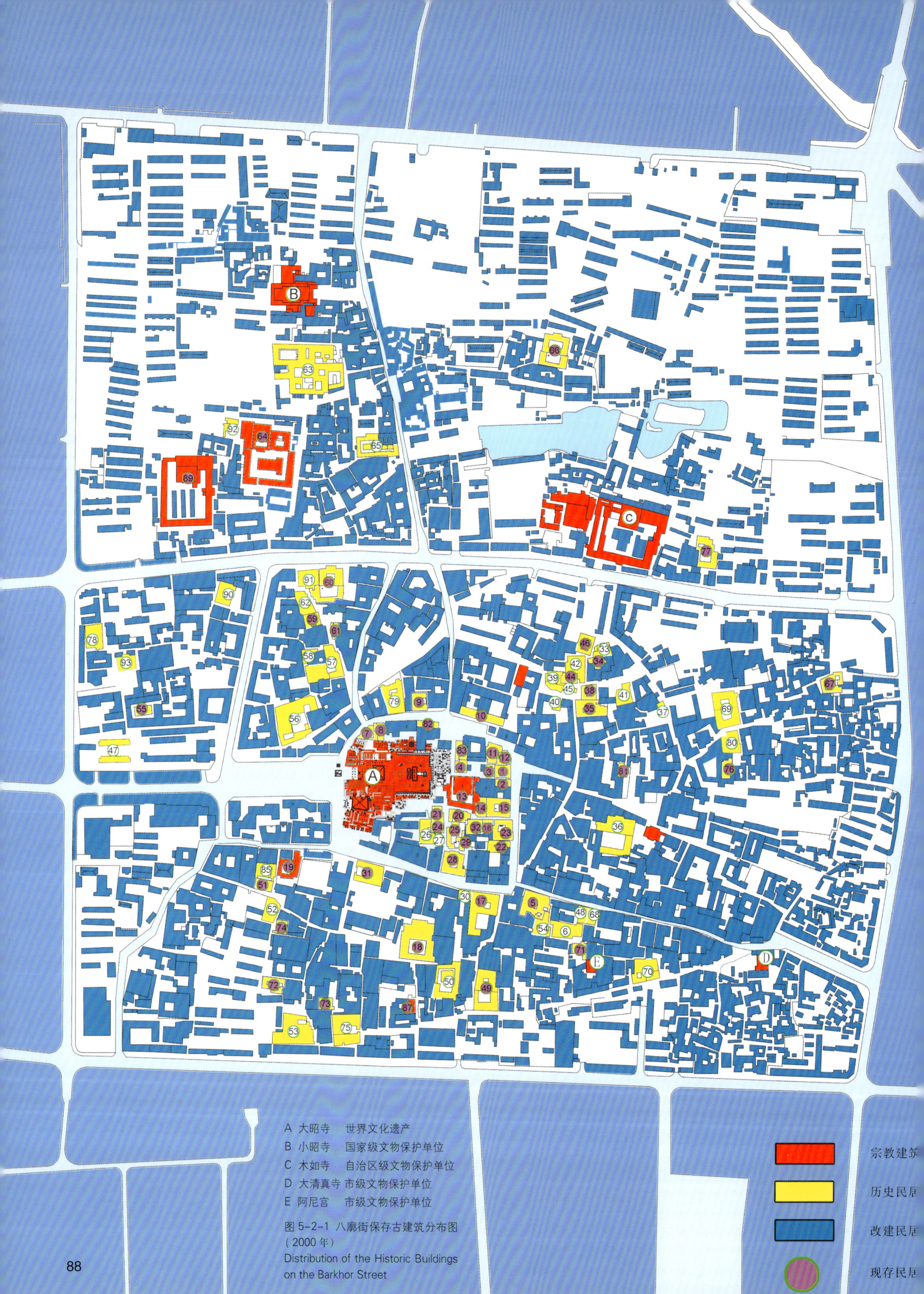

A 大昭寺　世界文化遗产
B 小昭寺　国家级文物保护单位
C 木如寺　自治区级文物保护单位
D 大清真寺 市级文物保护单位
E 阿尼宫　市级文物保护单位

图 5-2-1 八廓街保存古建筑分布图
（2000 年）
Distribution of the Historic Buildings on the Barkhor Street

古建筑予以挂牌保护。2003年夏，拉萨市文物局与南京工业大学建筑与城市规划学院合作，利用近40天的时间，对这些古民居建筑进行了大规模的调查和测绘。调查发现，截至2003年9月，老城区内尚有保存较完整的古民居53处（图5-2-1）。

依据现有的民居遗存来看，在当时等级森严的社会中，拉萨城内民居建筑的规模、质量、装饰装修的档次与主人或居住者的身份、职业、社会地位有很大的关系。这些住宅大体上分为4类：活佛阶层的官邸——喇让；贵族、领主的宅邸；普通僧侣和平民的住宅；商业户、手工业者的商店、作坊。依据2003年的调查记录和测绘图纸，对这4类住宅和其中有代表性的实例做介绍和说明。

5.2.2 保留至今的传统居住建筑类型解析

1）喇让——活佛的官邸

喇让，又称“林”，是活佛的私人公馆。活佛在旧西藏社会中是个非常特殊的阶层，在政治上拥有很大的特权，在民众中拥有极高的社会地位。喇让的原意是指上层僧侣私人公馆中管理行政事务的机构，后习惯上连同整个公馆一起称作“喇让”。喇让出现得很早，但大规模兴建喇让的风气却是在十八、十九世纪。当时活佛转世的制度泛滥，大大小小的喇让林立。凡是具备活佛资格的人都有自己的喇让。这也正是西藏“政教合一”制度的一个反映。

喇让的建筑形式多为方形庭院，占地较广，主体建筑在北侧，二至四层，与藏式寺庙类似，包括门廊、经堂、佛殿等。门廊在主体建筑前部的正中，作为室内与室外过渡的灰空间，常常三间一进或三间两进，对外开敞，中间一开间较大，有踏步连接室外地面，内侧墙壁上绘有佛经故事和吉祥图案的壁画。同时，门廊也是组织一层与二层交通的部分，从门廊的一侧或两侧有楼梯上下二层。经堂在门廊后，通常在建筑的中心位置上，通过门廊与室外连接，开间数和进深数依整个主体建筑的规模而定。经堂的前部在二层作为走道，中部是一个二层通高的共享空间，在二层的南侧位置开有一排高侧窗来解决整个经堂的采光，为室内营造出神圣、静谧的气氛（图5-2-2）。从建筑上讲，由于经堂处在建筑平面的中心位置，周围均有其他房间包围，使得经堂本身是一个“黑房间”，在一层没有采光面，而这种高侧窗采光方式比较好地解决了室内的采光问题；也有另一说：这样开窗是为了保证僧人在诵经学习时能够专心致志，而不会东张西望，才有意如此建造。经堂内还常常绘有大量的佛教壁画。佛殿穿套在经堂之后，进深往往不大，横向连通或根据开间划分为不同的室，彼此有门联系，高度有的仅为一层，有的两层。经堂两侧为配室，用作储藏、厨房或联系楼上楼下的交通空间。主体外的其余三侧为二层外廊式平顶建筑，建筑开间和进深都不大，作为僧舍、厨房、仓库等。

众多的活佛由于其特殊的政治地位，拥有大量的财富，因而也有能力建造有如寺庙一般的喇让。在这些喇让中，最具代表性的就是俗称“四大林”的贡德林、策默林、惜德林和丹结林，它们分别是西藏历史上“四大活佛”济咙、策默、热振、第穆的驻锡之地。这四大活佛在地位上仅次于达赖和班禅，均出任过西藏噶厦政府的“摄政佛”[13]。四大林的建筑规模宏大，各具特色，有很高建筑艺术价值。

（1）贡德林，又名丹雪曲科林，建在磨盘山南麓，是济咙活佛系统的驻锡地。济咙活佛系统是过去西藏除达赖和班禅外最有影响的活佛系统，不仅在宗教领域有很高的地位，自六世济咙活佛起，在西藏的政治领域也有重大影响。在11位济咙活佛中，以第八世意喜罗桑丹贝贡布功绩和影响最大。贡德林就是1792年反击廓尔克人入侵胜利后，由时任摄政佛的第八世济咙活佛意喜罗桑丹贝贡布主持修建的，同时兴建的还有山腰的关帝庙和山顶的文殊佛殿。

贡德林的范围很大，其中树木繁茂，建筑参差相映。主楼高四层，为石砌墙体。主楼中央是五进五间的

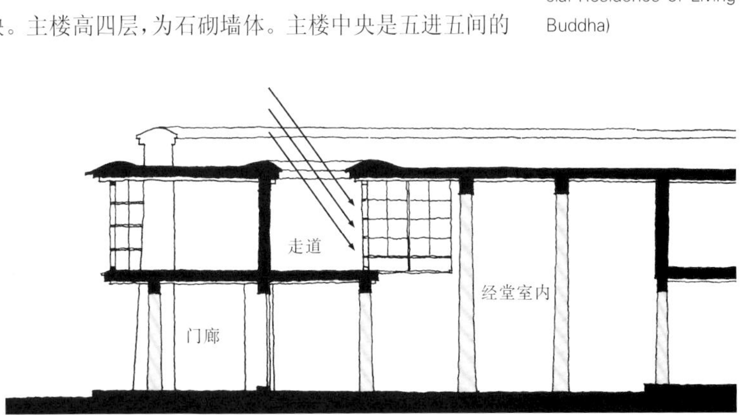

图5-2-2 喇让主体建筑局部剖面示意图
Section of Larang (Official Residence of Living Buddha)

经堂，经堂正中部分有四柱支撑，高三层，气派非凡。经堂后是佛殿，佛殿分为 3 间，正中的主殿室内有 4 根柱，供有宗喀巴大师的等身像；两侧的配殿各为两根柱，供各种护法神像。意喜罗桑丹贝贡布圆寂后，原供宗喀巴像的主殿改作灵塔殿，分供八世、九世、十世济咙活佛的灵塔。同时经堂的布置也有所改动，中间设八世济咙的宝座，并供奉宗喀巴师兄的镀金铜铸像和意喜罗桑丹贝贡布的等身银铸像。经堂之上的四层为多间卧室。

贡德林前建有碑亭，琉璃瓦顶，碑高 3.4 m，用汉藏文字书写驱逐廓尔克入侵和建设贡德林的经过。贡德林多匾额，其大门、门廊、各殿、卧室甚至仓房都悬有匾额。清朝皇帝至驻藏大臣及其属下都曾赐送过匾额。如今，贡德林已彻底毁坏，亭、碑、匾等皆不存。

（2）策默林，又叫策木林、措美林，位于小昭寺西，与惜德林相邻，是策默活佛系统的驻锡地。策默活佛系统起步较晚，但发展很快，影响也较大，很快跻身于四大活佛之中。策默活佛之中，以第一和第二世之政绩最为显著。阿旺楚臣是摄政佛制度建立后的第二位摄政佛，任职 10 年；阿旺疆贝任此职务更是长达 25 年。策默林正是随着策默活佛系统的崛起而兴建的，又是伴随着其衰落而衰败的。

图 5-2-3 策默林红宫
The Red Palace of Ce-mu-ling

图 5-2-4 红宫经堂内壁画局部
Part of mural in the Scripture Hall in the Red Palace

整个策默林坐北朝南，占地 6 240 m²。建筑的平面基本为方形庭院，主体建筑在庭院北侧，是两个并联在一起的庙宇式建筑。在主体的西、东、南三侧绕有二层外廊式平顶房。主体的两个部分的层高并不相同，在相接的地方有踏步，以联系不同高度的平面，因此两个部分并非同时建造而成的。东半部建造较早，是时任噶厦政府“摄政佛”的第一世策默活佛阿旺楚臣于 1777 年主持兴建的，称为“白宫”。西半部建造较晚，是第二世策默活佛阿旺疆贝主持修建的，称为“红宫”。

白宫的建筑面积约为 1 396 m²，占地 716 m²，建筑通面宽和通进深分别为 27.6 m 和 25.95 m。门廊为三间一进，用 12 角柱[14] 2 根，进深 3.4 m。经堂面宽 11 m，进深 13.25 m，五间五进，中部室内净高 6.6 m，整个经堂使用了 24 cm×24 cm 的方柱 16 根，另有 2 根 28 cm×28 cm 的方柱直通屋顶。经堂后为佛殿，内供有数尊护法神神像。一说佛殿内供的是二世活佛阿旺疆贝和三世活佛贡觉丹贝坚赞的银质灵塔。经堂两侧的房间基本对称，原作厨房和库房，属次要房间，故在建筑上较为粗糙，室内皆用圆柱，柱头和托木的装饰彩绘也较简单。二层有护法神殿，主供马头金刚佛及其他六尊护法神像。另有活佛卧室和经书室。

红宫的外墙被涂成红色，建造时间较白宫略晚，故与白宫在建筑上风格一致（图 5-2-3）。但比起前者来，红宫的规模更大，布局也更严整，雕饰更精细、繁缛，乃前者所不及。建筑通面宽和通进深分别为 24.8 m 和 35.5 m。其门廊为三间两进，用 12 角柱 4 根，进深 5.5 m。经堂面宽 15.3 m，进深 13.8 m，五间五进，中部室内净高 6.9 m，整个经堂用 24 cm×24 cm 方柱 12 根，并有 4 根 33 cm × 33 cm 方柱直通屋顶，四壁遍绘佛教壁画，但技法一般（图 5-2-4）。经堂内原来还设有历世策默活佛的宝座。经堂的左右两侧各有一个狭长的配室，由经堂进入。佛殿的部分除主室外，还有两个护法神殿和一间药王殿。二层的空间较为复杂，是历世活佛的卧室等。

策默林现属哲蚌寺的罗赛林扎仓管理[15]，但已明显破旧，远失往日风采，红宫部分仍在使用，二层为喇嘛居住；白宫则已破败不堪，几成危房，部分房顶、地面严重破损，无人居住；周边僧房也破坏严重，喇嘛多住在庭院中临时搭建的简易房中。2003 年 6 月，拉萨城关区政府出资对策默林的建筑进行了维修、保护（图 5-2-5）。

（3）惜德林，又名惜德嘎贝桑丹林，还称惜德寺、呼徵寺，坐落于小昭寺西南方，与小昭寺相距一里左右，现占地约 6 200 m^2，是热振（又名呼徵阿齐图）活佛系统的驻锡地。据《七世达赖格桑嘉措传》记载，惜德寺是吐蕃赞普墀祖德赞在大昭寺周围修建的 6 座拉康之一，时名嘎瓦。在当时规模较小，仅有 4 名扎巴。至 842 年，吐蕃第九代赞普朗达玛禁法灭佛，惜德寺也遭到了破坏。元代，在蔡巴万户长的支持下，惜德寺才在原址上有所扩大，僧人编制增加至 20 余人，并确定了固定的供养制度。惜德寺初为藏传佛教红教派，在八世热振活佛时改为黄教派，隶属色拉寺的吉扎仓，并作为热振活佛的驻锡地。

热振活佛共传十余世，一至七世仅为一般的宗教领袖，并无太大影响。八世热振活佛开始在政教界崭露头角，并获得很高的地位，得到了清廷授予的“前辈诺门罕” 称号。八世热振活佛在世时主持了惜德寺的维修、扩建，并获御赐的寺名——凝禧寺。而惜德林的大规模扩建是在九世热振时期。九世热振曾在清道光、咸丰年间先后两次出任摄政佛，前后共 17 年，被咸丰皇帝加封为“呼徵阿齐图呼图克图”[16]，并被著准转世。惜德林就是在此时期扩建形成的格局，成为著名的“四大林”之一，“惜德嘎贝桑丹林”的名称也由此时始。

惜德林的主要建筑是一个近似方形的庭院，包括经堂、佛殿、僧舍、厨房、仓库等。与其他喇让类似，主体建筑坐北朝南，居庭院北侧，东、南、西三侧是用作僧舍的二层外廊式平顶建筑，在东侧与主体相接的部分为局部 3 层。僧舍共百余间，这部分建筑的进深不大，连外廊在内约 8 m。主体建筑共 3 层，规模较大，其平面呈倒“凸”字形，中间的经堂、佛殿布局十分规整严谨，除经堂、佛殿外主体还另有东、西两翼。建筑的室内外高差在 1.5 m 以上，突出了主体，再加上厚重而有收分的墙体，给人感觉庄严宏伟。入口处的台基使用了塔和楼阁常用的平座，台基面层下有平座斗栱，属于早期的做法（图 5-2-6）。门廊为三间两进，用 12 角柱 6 根，两侧有耳室。经堂宽 24.4 m，进深 16.2 m，据记载为九间七进，用柱 48 根，四壁彩绘装饰，颇显气派，左右两侧没有配室。经堂后是佛殿，中为正殿，左右有偏殿，三殿互通，共有柱 12 根。在建筑的二层围绕经堂应有庭院或回廊以及其他神殿，三层主要是活佛的卧室。但由于惜德林在历史上曾遭受过两次大的破坏，现在已彻底毁败，主体建筑的西翼和经堂、佛殿部分全部坍塌，仅余残垣数片壁立（图 5-2-7、图 5-2-8），剩下东翼的 3 层建筑尚在，故建筑的真实情况已难以考证。

图 5-2-5 策默林维修公告
Repair Announcement in Ce-mu-ling

图 5-2-6 惜德林平座台基
The Base of Hi-de-ling

图 5-2-7 惜德林现状一
The Status Quo of Hi-de-ling 1

图 5-2-8 惜德林现状二
The Status Quo of
Hi-de-ling 2

（4）丹结林，是四大林中最早的一个，位于大昭寺的西南方向，始建于 1757 年，是第穆活佛系统的驻锡地。1757 年，七世达赖圆寂后乾隆皇帝命第六世第穆活佛阿旺降白迭热出任摄政佛，这是“摄政佛”制度之始。丹结林也于同年破土动工，翌年建成。但到第九世第穆活佛阿旺罗桑成列热结晚期，由于其被卷入阴谋加害达赖喇嘛的案件中，第穆呼图克图的尊号遂被废除，阿旺罗桑成列热结本人也很快囚病而死[17]，第穆活佛系统遂至此终。原属第穆的寺庙、庄园、田产皆被没收。

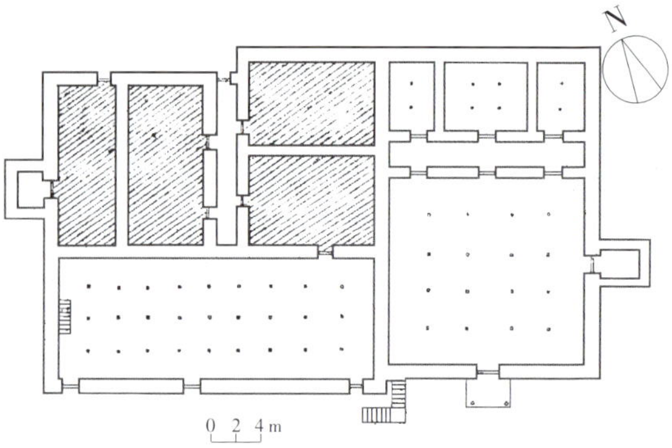

图 5-2-9 丹结林早期测绘图
Early Plotting Chat of Ten-gho-ling

据载丹结林的占地规模和建筑规模都十分宏大，但经噶厦政府的几次没收，仅余一座三层楼房，且经过多年的沧桑后，楼房的格局也已经发生了很大的变化，很难再找到旧时的痕迹。根据自治区文物管理委员会 20 世纪 80 年代初的测绘简图显示（图 5-2-9），这座 3 层楼房大体上坐北朝南，面阔 46 m，进深 27 m 余，占地面积约 1 270 m^2。建筑分为东西两个部分，东部一层为经堂和 3 个拉康。经堂平面近似方形，五间五进，用柱 16 根；经堂后是一条宽约 1.8 m 的东西向走道；走道后是并排的三间拉康，居中者较大，宽 6.8 m，用柱 4 根，两侧的较小，宽约 4 m，用柱 2 根。与其他喇让和寺庙在经堂后直接穿套佛殿的布局不同，这种用一个走道作为过渡空间的布局方式十分少见。西半部的布局也很特别，前部为一个横向伸展的长方形经堂，十间四进；而经堂后是并没有按中轴线对称布置的四间房间，有资料称其曾作为库房。在西半部的顶层还有一个护法神殿，面阔 10.1 m，进深 15 m，前部为经堂，后部为佛堂，地面高于前部 60 cm 左右。西半部曾被划归萨迦寺管理，用作印经室。

图 5-2-10 东半部拆除后新建的院落
The New Courtyard

2004 年 5 月再次调查时发现情况比 20 世纪 80 年代又发生了变化。东半部的建筑已被拆除，在原址上新建了一座三层混凝土框架结构的院落（图 5-2-10）。新建院落比原来的部分略大，一部分用作喇嘛的僧舍，一部分用于出租。院子向东直接对外开门。三层的南侧有佛殿一座，由于是钢混结构，仅使用了 40 cm×40 cm 的混凝土方柱两根，佛殿的开间、进深尺寸都较传统建筑更大，开窗的尺寸也较大，与传统佛殿相比室内更明亮（图 5-2-11）。梁柱仍然做成藏族传统式样，柱头有托木和弓木，彩绘也为传统藏式。西半部的情况也有了较

图 5-2-11 新建院落内的佛殿
The Hall in the New Courtyard

大变化，原来经堂后面的部分房间被拆除，改建成为一个院落，院门开在北面，院子大部分用于出租。原西半部三层的护法神殿尚存（图 5-2-12），现已处在东西院之间，佛殿于不久前经过修葺（图 5-2-13），室内壁画为新绘。西侧院落中与其相邻的一间也被辟为偏殿，里面的佛龛、神像、壁画皆新。神殿前有门廊，门廊也作为东西院间交通之用，门廊之外是室外平台，平台外设有一部室外楼梯，来人可经此梯上至二层的屋顶后直接进入神殿。

除了四大林外，在拉萨较有名的喇让还有策觉林。

（5）策觉林，位于拉萨河南岸不远处，为八世达赖喇嘛的经师蔼钦·益西坚赞于 1782 年修建（图 5-2-14）。策觉林四周群山环抱，风景优美。1781 年，乾隆皇帝命八世达赖亲政，次年蔼钦·益西坚赞即筹资兴建了策觉林。工程耗银 22 100 余两，由于准备充分，资金充足，工程仅 5 个多月就竣工了。

策觉林的主要建筑采用了四合院形式，坐北朝南，平面呈长方形，东西向展开，建筑面积约 7 000 m²，规模较大。院落向东开大门（图 5-2-15），大门门廊为三间一进，入口两侧的墙壁上绘有壁画（图 5-2-16），门上使用门斗栱。在南、西两侧另有门可出入院子，南门的形制也较高。在院内中央位置正对着大门有一座白色喇嘛塔（图 5-2-17）；在院子的西侧还有两棵古柏树，树龄均在百年以上（图 5-2-18）。院落南侧主要是一层的厨房和僧舍，据载共有 68 间，主体建筑在北边，自西向东分为三个部分，主要是经堂和佛殿。主体西侧是一个二层建筑，外墙涂饰成红色。建筑的内部空间较为复杂，一层用作经堂和佛殿，除经堂中部为二层通高外，

图 5-2-12 尚存的护法神殿
The Extant Protective Gods Temple

图 5-2-13 护法神殿内景
Interior of Protective Gods Temple

图 5-2-14 策觉林
Ce-jo-ling

图 5-2-15 策觉林大门（左图）
Gate of Ce-jo-ling
图 5-2-16 大门内的壁画（右图）
Mural Inside the Entrance

图 5-2-17 策觉林内正对大门的喇嘛塔
The Lamaist Pagoda in Ce-jo-ling

图 5-2-18 策觉林院内的两棵百年古树
Two Age-old Trees in the Courtyard

图 5-2-19 一层佛殿部分高出二层的地面
The Ground in the First Floor of the Temple is Higher than the Second Floor

图 5-2-20 策觉林内已毁的部分建筑（左图）
Part of Buildings Damaged in Ce-jo-ling
图 5-2-21 厨房（右图）
Kitchen

后面佛殿部分亦突出于二层的地面约 1.5 m 左右（图 5-2-19），向南辟高窗为佛殿采光，这种手法在一些寺庙建筑中也有使用，由于佛殿内供奉的佛像较高的缘故。佛殿内供有三世如来的塑像之上还有一间小殿。二层的房间由一条通廊联系前后，空间丰富多变。

紧邻这部分东侧的又是一个小型的院落，也是策觉林主体建筑的中间部分。该院落中轴对称，北部原为三层，现已大部分塌毁，从地面遗留的柱础来看，此处应为体量较大的建筑（图 5-2-20）。院落的其他三翼是回廊，东面和南面有房间，回廊与塌毁部分连接。主体建筑的东部是一个三层的白色建筑，紧邻大门，一层较低矮。

策觉林的厨房很有特点，紧靠着东入口处单独设置，室内用四柱，柱子上半部是木柱下半部为石质，以防炉灶溅出的火种引发火灾，灶台在四根柱子的中间，上面是高起屋面的天窗，作为通风排烟之用（图 5-2-21）。

喇让是一类十分特殊的居住建筑。首先，它的规模宏大，远胜于普通的民居，纵使一般的贵族、官吏的宅邸也难以与之相比；其次，从布局和形制上接近于寺庙，有专门的经堂和佛殿以及数量众多的僧舍，喇让的主人都是社会地位很高的活佛，因而在建筑上都使用了一些能够明确标志身份地位的材料与构件，如所有喇让无一例外的都在主要建筑的外墙使用了边玛草，在主要的入口处使用了门斗栱；再次，建筑的装饰华丽、繁缛，室内雕梁画栋，大量使用彩绘和壁画。这些都是一般的民居，乃至贵族的宅邸所不及。因而有些资料也将喇让归入寺庙建筑一类中。

尽管喇让与寺庙十分相像，但是它们在中心内容和目的上是有区别的。寺庙是以礼佛、传经、弘法和招收门徒为第一目的的，是佛、法、僧俱全的三宝道场。而喇让的兴建与存在都是以某个活佛为中心，紧紧地围绕着他们的起居生活、礼佛理政等活动来运转，为之服务的，与活佛的命运息息相关。喇让里除了经堂、佛殿外，还有活佛日常起居、处理政教事务的场所、休息的卧室、私人的书房和经室以及侍从们的居室。因此，它是产生于西藏这样一个特殊的社会环境中的一类特殊的居住建筑。

喇让作为一种重要建筑文化遗产，在设计、建造、装饰装修等方面达到了较高的技术与艺术水平。在一定意义上，可以说代表了藏族传统居住建筑的最高水平。"四大林"的兴建或是大规模扩建都是在四大活佛出任噶厦政府的执政佛之后。因此不难看出，喇让的兴衰与相应活佛系统政治上的起落有着密切的关系，他们凭借手中掌握的宗教、政治权力得以大量的聚集财富，才能够在短时间内大兴土木，建设宫殿般富丽堂皇的喇让。尽管大小喇让的主人是形形色色的活佛，但喇让却是藏族广大劳动人民智慧与汗水的结晶，是中华民族大家庭优秀传统文化的宝贵财富。

图 5-2-22 夏扎大院入口
The Entrance of
Bshad-sgra Courtyard

图 5-2-23 夏扎大院
Bshad-sgra Courtyard

2）贵族的豪宅

旧社会贵族、官吏的豪宅是拉萨建筑文化遗产中的一个重要部分。据《西藏自治区概况》记载[18]，至1959年西藏实行民主改革前，在经历了长期的兴衰变化后，曾被分封的400余家贵族只剩下197家。

通过对2003年老城区民居的测绘图纸分析发现，在拉萨城区的范围内，贵族的宅邸不论其大小，都有着类似的布局形式，一般都是由主楼和前院组成[19]。主楼是主人一家起居所在，基本上都是坐北朝南，多为三至四层，房间众多，建筑空间丰富多变，一般都至少有一个天井。天井的大小视主楼的规模而定，多是在二层以上。主楼的底层用作各类仓库，通常层高很低，仅容一人直立，建造和装饰都十分简单，有的甚至没有任何雕饰，多使用圆柱，靠近街面的房间还可能用于出租。二层设经堂、日常理事及召开会议的用房、客房、厨房等。三层是主人的起居、卧室、专用的经堂、餐厅以及亲随的卧室等，也是装饰最为精美的地方。前院多呈方形，是由带回廊的二层平顶建筑从东、南、西三面围合而成的院落，院落大门，也是宅邸的大门，并不一定都设在南面，亦有的设于东西两侧。前院建筑的一层用作仓库和奴隶、佣人的寓所，二层一般是管家一家的用房。有的还会在这部分设置一些客房[20]。下面将通过三个实例进一步介绍。

（1）夏扎，位于八廓街地区鲁固一巷（图5-2-22），始建于18世纪，占地2 421.6 m²，总建筑面积则超过5 500 m²，规模很大。从名称上来看，原为西藏大贵族之一的夏扎家族所有，现属区政协，里面居住了数十户人家。建筑是一座近似方形的庭院，坐北朝南，宽约50.8 m，长约55 m，中轴对称（图5-2-23）。三层的主楼在北部，前院的另外三侧是2层的回廊式平顶建筑，大门向南开在中轴线上。门上的斗栱与常见的样式不同，规格较高（图5-2-24）。前院回廊宽2.4~3.1 m，较一般民居的为宽，前院东西两翼的房间尺寸也较大，进深约7 m，共三进；南翼的房间相对较小，室内只有一柱，两间两进，4 m见方。在建筑顶上靠近院子一侧有高约70 cm的木栏杆，显然屋顶也是用作交通、活动和工作的场所。在西侧靠近主楼的位置有一个两层高的房间，前为门廊后为房间，从其位置和形式来看，此处应为一处佛堂，

图 5-2-24 夏扎大门上的门斗栱
Dou-gong Bracket in the Gate of Bshad-sgra

图 5-2-25 夏扎的主体建筑
Main Building of Bshad-sgra

图 5-2-26 盘雪院景
The Courtyard of Pan-shear

图 5-2-27 盘雪的主楼
Main Building of Pan-shear

内曾供有较大的佛像。

主楼的规模、体量都很大，设计布局比较严整（图5-2-25）。一层满铺于地基上，除了入口门厅外，其余全部为库房，该层高 2.7 m，相对较高。二层的前中部有一东西向的天井，天井窄而长，南临一条宽 2.1 m 的开敞长廊。一层门厅的楼梯通至长廊的中部，天井的东西两侧则对称布置两部楼梯上至三层，前院的回廊也连接至此。这是一种常见的设计手法，对于平面比较方整且单层面积较大的建筑来说，需要一个公共空间作为组织上下层间交通和联系本层各房间的重要枢纽，同时它还可以解决一些房间直接对室外采光、通风的问题。天井南侧是 3 个较为狭长的房间，中间在门厅正上方的一间略大，突出于墙面，装有宽大的落地凸窗，采光良好。天井北侧是并排的 4 间房间，这 4 间都较大，中间的两间柱网整齐，梁柱雕饰精美。在这后面，还有由一条短走道联系在一起的 3 间小房间，3 个小房间的墙壁上都绘有壁画。这部分的两大、三小，5 个房间正处在主楼和整个建筑的中轴线上。据此估计，正中两大间的隔墙是后来所建，这部分原应是小型的经堂和佛殿。另在天井的西侧还有一间不大的房间，应为主人家的厨房。主楼三层的房间数量较多，且都不太大，是主人的居室和卧室等用房，多用大片的落地窗，因而也有多个小天井来保证这些房间的采光。

（2）盘雪，位于老城区的石桥巷，离八廓街稍远，建造年代不详，占地 1 656.8 m²，总建筑面积 3 622.5 m²，规模中等。据当地住户说，此地原为日喀则白朗的贵族盘仲学巴家族在拉萨的宅邸，现有多户居民，2001 年拉萨市文物局投资 45 万进行了维修。建筑坐北朝南，几乎严格的中轴对称，平面方整，布局十分严谨，是标准的贵族豪宅的布局形式。

长方形的前院（图 5-2-26）由 3 层的主楼（图5-2-27）和 2 层的外回廊式建筑围合而成，东西向展开，院子大门在前院南侧中轴线位置上，门斗栱也使用了规格较高的形式。与夏扎相仿，前院建筑的东、西两翼较宽，进深方向为三进，室内空间较大，而南翼仍然较小，进深方向仅两进，约 3 m 左右。主楼居院子北侧，面宽 35.5 m，进深 28.4 m，体量中等。一层满铺，在正中位置设门厅，三间三进，与院门正对，门厅的左右各有耳房一间，其余皆为库房，可由东侧的耳房和前院的东西回廊进入。库房内不用柱，而是用多道纵横墙承重。由门厅上至二层后即进入内庭院。内院十分的方整，与前院等宽，中间是露天部分，四周围有柱廊（图5-2-28），东西两侧的柱廊内对称地设有两部通向3层的楼梯。前院二层两侧的回廊延伸至主楼内成为贯通南北的内走道，并与内院连接，共同构成了整个建筑在二层的环形交通。这也是体现盘雪的设计工整严谨的一个方面。二层内院的南北各有3间房间，北侧居中的一间为五间四进，东西各带有一个耳室，应是经堂之所在。三层围绕内院的四周有多个房间，开间进深都不大，采光良好，多做起居和卧室，北侧是3间正室，门前开阔，为主人居所。

（3）容扎，位于八廓街核心区的卧堆布巷，具体建造年代不详，但历史在一百年以上，占地476 m²，总建筑面积1 160 m²，规模较小。据当地住户介绍，容扎原系一印度贵族家庭所有，后主人一家返回印度居住，现有18户人家居住在这里。其中一家的女主人名叫仓觉，2003年时35岁，仓觉的祖母以前就曾是这家印度贵族的女佣，主人一家返印后，仓觉的奶奶就一直居住在这里，直至去世。

容扎坐南朝北，主楼在西，前院居东，建筑主入口没有正对主楼，而是设在前院北侧紧贴主楼。前院很小，仅50 m²，院内有一石砌楼梯，可由此上至前院的二层（图5-2-29）。东、南两侧是藏式二层平顶建筑，由于用地有限，这部分没有回廊，室内亦显得局促，特别是南翼，仅有一进，尚不足2 m。北翼的尺寸略大且共有3层，在其二层有短廊与主楼连接，并有进深两进的房间，三层的一部分应是比较重要的房间，柱头的托木和弓木较前院其他部分精致。前院的建筑均比较简陋、粗糙，一层多用圆柱，旧时应为库房或佣人的寓所，北翼的一层由于临街，现为甜茶馆，其余皆是住户。主楼的体量不大（图5-2-30），面宽20 m，进深14.5 m。一层满铺建造，门厅在东面，与前院连通，建筑的层高很低，在梁下的净高仅1.9 m，开门则更低，须俯身进出，显然原为仓库。为了安全的需要，一层对外几乎没有开窗。二、三层中部有一东西向展开的狭长天井，长约6.6 m，用以组织主楼的交通和房间，一层的楼梯即上至此处。门厅上方的部分处在前院和天井之间，除了少量房间外还有交通的功能，三层在天井两侧的房间主要由此联系，二层通向三层的楼梯也在此处。各层的房间多南北朝向，围绕天井布置（图5-2-31）。主人的用房占据了三层的大部，

图5-2-28 盘雪主楼的内天井
The Courtyard of Main Building of Pan-shear

图5-2-29 容扎狭小的前院——可以清楚地看到向北开的院门
Narrow Front Yard of Rong-zha

图5-2-30 容扎主楼建筑局部
Part of the Main Building in Rong-zha

图 5-2-31 容扎主楼的内天井和朝南的主要居室
The Courtyard in Main Building and the Room Facing South

图 5-2-32 查齐夏紧邻着著名的大昭寺
Trepchi-shar Adjoins the Famous Jokhang Monastery

图 5-2-33 查齐夏院内喝甜茶的场景
Scene of Drinking Tea in the Yard of Tr-cpchi-shar

集中在三层北侧，并延伸到前院的北翼。

综上所述，贵族的宅邸以其设计、建造水平之高，装饰装修之美，在传统居住建筑中占有一席重要的地位，是传统居住文化的宝贵遗存。

3）平民、普通僧侣的住宅

除了活佛的喇让、贵族的豪宅外，在居住建筑中，真正处在主体地位的是大量的普通民居。它们的主人和使用者一般是处在社会下层的平民和少数普通僧侣。

与前两种类型相比，传统的普通民居的建筑规模都较小，设计和建造上也不及它们规整、精细，在室内外的装饰上则更是无法同日而语。普通民居中二、三层的占绝大多数，一般只有一个院落。由于城市内用地紧张，所以这些建筑几乎都采用的是四合院形式，以尽可能的多建房间，这也使得院落变得很小。有的更小的甚至没有院落，只是在顶层开有小天井来为主要房间采光。这类民居的平面布局往往十分自由、灵活，大多是循地形、因需要建设而成，没有什么“轴线”，也不讲究什么“构图”，庭院就是建筑的“中心”，实用、经济就是建设的第一原则。下面将通过若干实例做进一步介绍。

（1）查齐夏，位于八廓北街，紧邻大昭寺北墙，是八廓街上现存的几座最古老的建筑之一，也是顺时针进入八廓街后的第一栋建筑（图 5-2-32），占地 531.6 m²，总建筑面积 1 397.6 m²。对于“查齐夏”的名字，当地的住户作了这样的一番解释：在藏语中，“查” 是僧人；“齐”是四；“夏（也作厦）”是房子。所以，查齐夏就是“四个僧人的住宅”的意思。此宅原属色拉寺的阿巴扎仓所有，现属私房，里面居住有 14 户。

建筑为三层的四合院式平顶建筑，平面很不规则。庭院在一层中部偏北的位置，出入院子的大门在北侧，直接开在八廓街上。建筑一层西侧沿街的是 3 家出售藏饰的商店，没有对院内开门，北侧沿街部分则是一个甜茶馆的店面（图 5-2-33）。由于市口很好，甜茶馆常常顾客盈门，有时不得不把来喝茶的客人让到院子里和一层南侧的一间房间里。一层的北侧、西侧原来应是回廊，现在则被改成了甜茶馆的厨房。一层的层高很低，只有 2.3 m，而室内梁下的净高仅仅 1.9 m 左右，故商店和甜茶馆都将室内地面下挖，以增大房间的净高。建筑的一层最初应是仓库一类的次要房间，这点可以从甜茶馆室内的梁柱没有雕饰、柱子有方有圆，甚至有弯曲的柱子这一点看出。建筑二层的西、南、北三侧有开敞的室外回廊，廊的柱、梁都十分简练、古朴，只有一些彩绘，没有过多雕饰。三层没有回廊，通过露天平台联系，平台很宽敞，也作为一些户外活动的场所。三层东南角的一户人家还拥有一个属于自家的内院。二三层都是住户，多数家庭占用两个房间，一间作厨房，一间作居室和卧室，两个房间或穿套或相邻，是一种典型的藏族传统居住模式。屋顶与相邻建筑的屋顶毗连在一起，成了孩子们嬉戏的重要场所。

（2）曲尺康，位于八廓北街，是查齐夏的东邻（图5-2-34），始建于16世纪，占地约346 m^2，总建筑面积约665 m^2。据说曾是色拉寺某位高僧传经说法时的法座所在地，曲尺康又分东西两处，西为制作法会祭品的场所，属色拉寺管理，现为公房，有4户人家居住。

曲尺康的历史悠久，为典型的藏式传统建筑风格。建筑平面相对比较方整，基本呈倒转的L形，南北向展开，上下共两层。一层北侧临八廓街的部分是并排的3间商店，其余部分和二层皆为住户。建筑没有院落，仅在二层开有两个小的天井解决房间的采光问题；也没有统一的公共交通部分，在此居住的每户人家都有自己独立的楼梯可以上至二层。西侧的店铺很小，主要销售藏饰（图5-2-35）。东侧的店铺经营布匹生意。

（3）达东夏，位于卧堆布巷，始建于1740年，占地272 m^2，总建筑面积约719.6 m^2。其名称的由来是最初建设时此处长有一棵核桃树，遂由此得名“达东夏”。另据民间传说，此处的基址原为7世纪吐蕃国王松赞干布修建大昭寺时同期建设的旅店，供外地来拉萨办事的官员居住之用。民间又有一关于此处的传说是西藏历史上有名的活佛强巴从昌都来到拉萨先居住于此，后搬离此处居住于寺庙。此后又有一名活佛龙冬也曾在此处居住过。两人相识后得知曾居住于同一住处，并且居住十分舒适。两人遂达成共识，决定将此住所赎回，以备每年大昭寺传召大法会时居住之用，政府也同意将房屋卖给他们。平常普通居民居住此地，每年藏历正月二至二十四日的“祈愿大法会”[21]期间，两位活佛和随从喇嘛们就居住在这里。

达东夏是一座三层的四合院式建筑，平面为长方形，坐北朝南。与其他民居的不同是它的布局比较严整，有一条南北向的中轴线。建筑平面的中部有一个纵向狭长的天井，房间围绕这个天井布置，大门正对着天井开在一层的南侧。多数房间为南北朝向，天井的东西两侧除房间外，上下一至三层的楼梯也分布在这里。该建筑的一个特别之处是在二层靠近天井的交通平台被斜着切去了一角（图5-2-36），这也是建筑平面中唯一的一根斜线条。这种做法在当地居住建筑中十分少见。建筑并不临街，仅仅作为住宅使用，现有六、七户人家居住在内。

图5-2-34 曲尺康
Chotri-khang

图5-2-35 曲尺康的旅游用品商店
Shop in Chotri-khang

图5-2-36 达东夏院内一角
A Corner of Courtyard in Tardongshar

(4) 俊巴，位于卧堆布巷（图 5-2-37），建造年代不详，占地约 1 226 m^2，总建筑面积约 1 700 m^2。据传说此处始建于 7 世纪建造大昭寺时，原是为建寺的民工磨糌粑[22]的磨房，至 20 世纪初时院内尚保留一小庙，庙中保存有当年的磨盘，后此处又成为藏军一个代本[23]的住所。现为公房，用作民居，共住有 17 户。

俊巴沿南北向展开，但平面极不规则，建筑布置显得相当零乱，只有北侧的一角相对规整。其实它并没有自己单独的院落，而是与西面的容扎和南面的左母热共同围合出两个院落。建筑共 2 层，分为若干部分，每部分相对独立，体现出民居建筑自然生长、发展的随意性和灵活性。与其他民居建筑不同之处是它的院落较开敞，院落与建筑间的比例关系较协调。

图 5-2-37 俊巴大院局部
Part of Jun-pa Courtyard

图 5-2-38 北京从康
Peking Cung-kang

图 5-2-39 北京从康主人居室内富有汉式风格的家具
The Han-style Furnishings in the Master's Room

4) 商人、手工业者的寓所

在众多的居住建筑中，商人和手工业户的住宅也是一个不能被忽略的重要组成部分。一部分较为富有的商人、小手工业主出于经营的需要，凭借他们相对雄厚的经济实力，往往租赁、购买或者自建临街的住宅。这类住宅的一个显著特点就是集居住、经营、生产、库存等多种功能于一体，面积比普通平民的住宅较大，大多数都会有一个比较宽敞的院落。下面引用几个八廓街上的实例加以具体论述。

(1) 北京从康，位于八廓东街，约建造于 20 世纪初期（图 5-2-38），建筑占地约 459.4 m^2，总建筑面积约 778 m^2。从康，在藏语中意为“商店”；北京从康，即“一个北京汉人的商店”的意思。该处建筑属于私房，据住在这里的女主人介绍，此处宅院是她的父亲在 16 岁来拉萨经商发迹后，于 20 世纪初所建，后来他们家就世居于此地。

北京从康是一座二层的藏式四合院建筑，坐北朝南，东临八廓街，大门开在院子的南侧偏东，由八廓街经一条短巷进入。内院偏在一层的西侧，这样保证了在东翼有更大的面积临街以用作店铺，一层其余部分用作仓库。院子东北角和南侧各有一部楼梯可以上至二层，另在建筑东翼的室内也有一部楼梯上至二层。建筑的南翼很窄，没有房间，仅有一条走道，一层可以用作露天临时堆放货物的场所，在二层作为交通联系用的平台，厕所也在二层的这个部分。二层的其余部分是居室、卧室和经堂，正房朝南，在建筑的北翼。

现在建筑一层的东翼被划分成三间铺面出租，南侧的一家是来拉萨经商的回族，院内的仓库也租给一经营布匹生意的商人做屯货和临时居住之用。二层的部分房间作为寓所出租给来拉萨经商的人居住，主人自己则占据了整个北翼朝南的房间和东翼的一部分。主人是汉族，但信奉藏传佛教，东翼的房间就专辟为经堂。主人居所内的部分家具和门有早期的汉式风格，上面绘有传说故事和象征祥瑞的花鸟图案（图 5-2-39）。

(2) 果赤从康，位于八廓东街，是北京从康的南邻，建造年代不详，占地约 264 m^2，总建筑面积约 470.9 m^2。

果赤从康的规模很小，共二层，由于用地的限制，建筑东西向展开，呈狭长的条形，长 28.2 m，宽 9.2 m，东侧临街。临街的一层是两家卖藏饰的商店，商店后面是储放货物的仓库和临时居住的卧室。建筑西侧的部分由与北京从康共用的短巷进入，进入大门后是一个门廊，门廊与天井相接，并有上下二层的石楼梯。天井很小，仅 12 m^2，颇显局促，其西、北、东三侧均有房间，有的是利用原来的回廊改建的。西侧是两间较大的房间，其中一间是几个搭伴来此做小生意的回民居住。二层只在天井的东西两侧有房间，各住有一户人家，天井的南北是交通用的平台、廊子和楼梯。厕所在二层，与楼梯相邻。

（3）夏幅嘎布，位于八廓北街，占地 264.6 m^2，总建筑面积 517.5 m^2（图 5-2-40）。由尼泊尔人巴苏然纳建造于 20 世纪 30 年代。巴苏然纳刚开始时做羊毛生意，与尼泊尔交换糖果，后来在拉萨创西藏首家羊毛洗涤厂。除卖羊毛，还做青油、酥油等生意，盈利颇丰。它在鼎盛时期，实力很强，西藏的第一辆汽车就是他们从中尼交界的喜马拉雅山口运进西藏的。

夏幅嘎布坐南朝北，共二层，平面为东西向展开的长方形，十分规整。建筑没有天井或内院，因此也就没有统一进出的大门，而是分为东、中、西三个彼此独立的部分。一层面向八廓街的一侧全部为商店，由于进深仅 9 m，一层余下的部分多用作仓库、厕所、楼梯等辅助空间。建筑外立面的窗上都设有木质挑台来摆放花盆，属典型的尼泊尔风格。夏幅嘎布室内的地面要高于街道 60 cm，门口有三级踏步，这与其他藏式住宅室内外地平相平，甚至室内低于室外的做法很不同，应也属尼泊尔的建筑风格。

建筑的东部是夏幅嘎布中最大的一部分，占了建筑的 40%左右，属一尼泊尔人所有。这户人家的条件较好，一层是他的店铺，销售尼泊尔的佛像、弯刀、转经筒、饰物等工艺品，经营已有八九年之久，店铺后有浴室、厕所、楼梯等和一个较小房间，店铺西侧是一条较宽的走道，与店铺后面的部分相连，使里面和楼上的人可以不经过店铺直接来往于大街之上。二层有一个两米见方共享空间，与一层连通，使得楼上楼下的空间穿插、流动，给人感觉活跃有变化，围绕这个空间是厨房、餐厅和四间较大的卧室（图 5-2-41）。

建筑的中部最小，属于一户做羊皮、羊毛生意的康巴人家。一层有两间店面，一间较大的出租，一间偏小的自用，店面之后是仓库、楼梯。二层除厕所外是一个通间，三间四进，室内摆有多张卡垫床，起居、休息、待客、餐饮等活动都在这里进行。这家康巴商人还在屋顶上搭建了一个简易棚，雇佣了三四个工人，他们住宿和加工毛皮的地点就在屋顶。这种布局是一种典型的手工业户的家居模式。

建筑的西部属于一户做服装、帽子生意的藏族家庭。一层有三间店面，较大的两间出租，东侧较小的自用，铺面后是楼梯和厕所。二层有两间朝北的居室以及厨房、上下屋顶的楼梯间等辅助用房，厨房与居室相邻，但作了分隔，经堂设在居室内。（本章注释见第 139 页）

图 5-2-40 夏幅嘎布
Shar-fu Ka-bu

图 5-2-41 尼泊尔商人家中
Nepalese Merchant's House

6 拉萨历史建筑的细部与装饰

Detail and Decorection of Historical Architecture in Lhasa

6.1 综述

西藏传统建筑是西藏人民的伟大创造，是中华民族建筑文化的重要组成部分，也是汉藏民族团结和文化交流的见证。在崇尚自然、适应自然、艰苦劳作、奋斗不息的长期建筑实践中，西藏人民因地制宜、就地取材，不断吸取多民族文化的精华，逐步创造了独特实用的柱网结构、收分墙体、梯形窗套、松格门框等建筑技术和建筑文化，积累了十分宝贵的建造技术和建筑经验，创造了鲜明而独特的建筑艺术形式和风格。西藏传统建筑与雪域高原壮丽的自然景观浑然一体，给人以古朴、神奇、粗犷之美感。

6.2 基本结构

西藏传统建筑大多采用土木、石木和木结构，柱网结构形式是其最大的特色。收分墙体和柱网结构是构成藏式传统建筑在视觉和构造上稳定的基本因素。建筑结构体系大多外刚内柔，即外部多采用石墙或夯土等承重墙，内部采用木梁柱结构的混合结构形式。每个单体建筑即为一个独立的结构单元，这些结构单元的平面大多是矩形或方形。平面内部按井字形（或近似井字形）布置若干上下贯通的墙体。在四周墙体内的空间，用梁柱组成纵向排架，梁上铺密椽，若需加大内部空间，则由数列纵向排架组成。上下层的梁柱排架，对齐在一条垂直线上，一般不使用通柱（图 6-2-1）。

藏式传统建筑的主要承重结构由密椽、梁、柱、墙体、基础组成。不论石木结构，还是土木结构，都有木构架。木构架除柱梁之外，还有斗、托木、弓木、椽木等，这些构件与构件之间多用暗销连接，不用铁件。拉萨市拥有西藏地区最为集中的建筑艺术和物质文明，因此下面就以墙、梁柱、屋顶、门、窗为对象来论述拉萨历史建筑的细部与装饰。

壁画（右图）
Mural

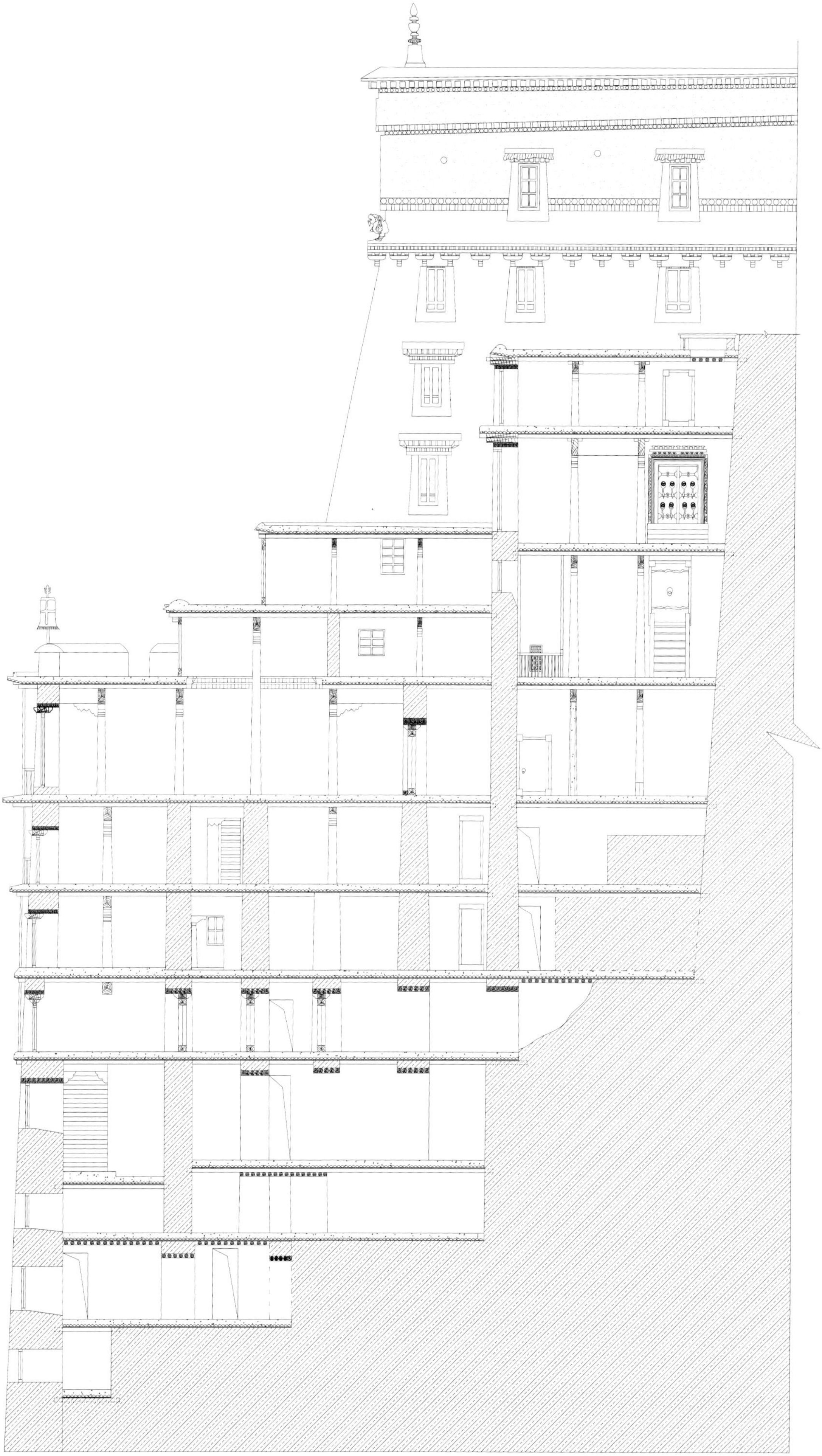

6-2-1 布达拉宫黄房子纵剖面图
Vertical Section of the Yellow House in Potala Palace

6.3 建筑的细部和装饰

6.3.1 墙及墙饰

1）墙的种类

（1）收分墙

收分墙是藏式传统建筑的典型特色之一。由于西藏特殊的地理环境，墙体收分能够使整个建筑的重心降低，提高抗震能力，增强建筑物的稳定性。一般外墙厚度在 0.5~2 m 之间，最厚的外墙达到 5.5 m。工匠们砌筑的石料墙体基础宽大。上部外墙逐渐向内收分，一般角度为 6°~7°(比例为 1/10~1/60)，内部保持垂直。高山上的建筑物收分较小，开阔场地上的建筑物外墙收分较为突出（图 6-3-1）。

（2）边玛墙

边玛墙也是西藏传统建筑主要特色。“边玛”是柽柳的藏语名称。墙体由晒干后的柽柳枝堆砌而成。将采集的柽柳枝剥皮晒干，用细牛皮绳捆扎成直径为 0.05~0.1 m 的小束。每束一般长 0.25~0.3 m，最长的有 0.5 m，小束之间用木签穿插，连成大捆。然后将截面朝外堆砌在墙的外壁上，并用木锤敲打平整，压紧密实，内壁仍砌筑块石。一般柽柳与块石各占墙体一半，用碎石和黏土填实柽柳和块石之间的空隙。最后，用红土、牛胶、树胶等熬制的粉浆，将枝条涂成赭红色，目的是起保温、隔热和装饰作用（图 6-3-2、图 6-3-3）。

（3）地垄墙

地垄墙主要是在依山建筑中用作建筑物的基础部位。根据建筑物的规模和地质情况等需要确定其墙厚和层高以及层次。地垄墙主要为竖向砌筑，与外墙横向连接。依山而建的西藏传统建筑的地垄墙做法，可以节约大量的人力、物力、财力，还可以起到挡土墙的作用。因此，山体建筑采用地垄墙的做法是藏式传统建筑中极具创意的建筑手法之一（图 6-3-4）。

2）墙的装饰

藏式墙体装饰：传统建筑中墙体装饰主要有彩绘、壁画，部分建筑墙体还有铜雕、石刻等。有些地方的普通建筑则是在砌好的土坯墙面上，在用黄泥抹平的同

图 6-3-1 布达拉宫墙体剖面
Part of the Wall Section of Potala Palace

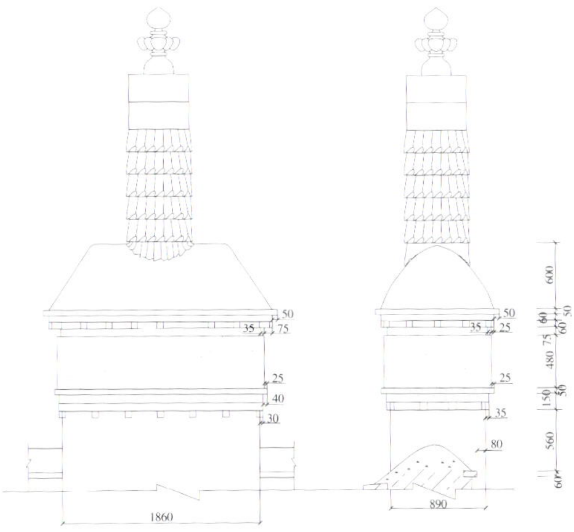

图 6-3-2 甘丹寺边玛墙（右图）
The Willow Wall of Gandan Monastery
图 6-3-3 白宫北部边玛草墙体（左图）
The Willow Wall of White Palace

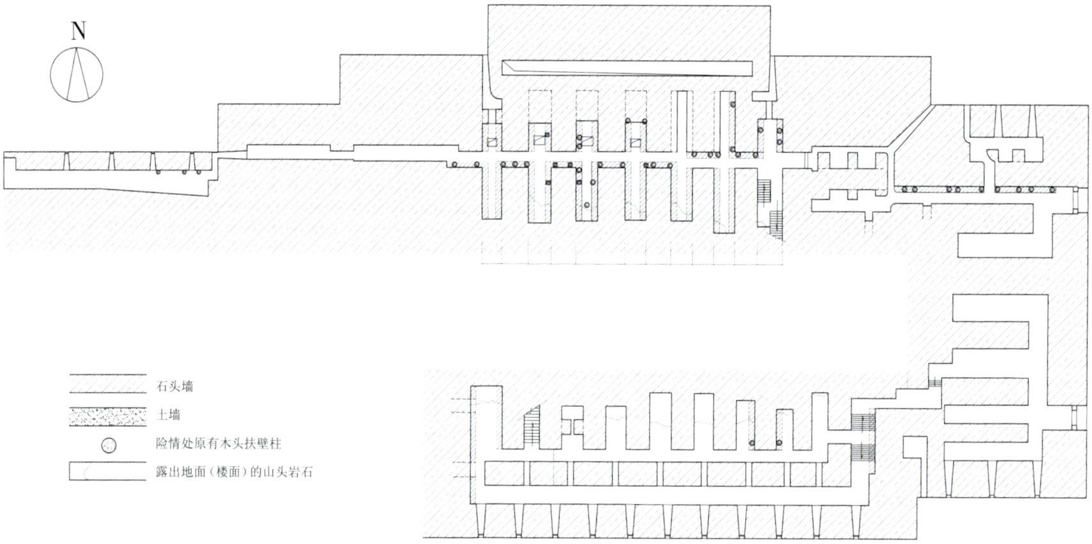

图 6-3-4 布达拉宫白宫地宫二层平面
The Second Floor of the Basement of White Palace

时用五个手指头在墙面上留下彩虹形的纹路。这种纹路被称为手抓弧形纹，除起到防止雨水冲刷墙面作用外，还有一定的美观和装饰效果（图 6-3-5），还有些则直接在石墙外涂红色涂料（图 6-3-6）。

寺院以及宫殿的内墙上多绘制壁画作为装饰。西藏壁画容量宏大，题材涉及政治、经济、历史、宗教和社会生活等领域。从佛经、教义、神话传说、历史故事、生活场面到山水花鸟、图案装饰，几乎无所不包，表现内容极为丰富多彩，但都离不开佛教，且多为本生图。如《释迦牟尼百行传》、《释迦牟尼业绩图》、《药王本生图》、《强巴本生图》等等[1]。除此之外，还有西藏神话传说及历史人物、宗教人物画图，并根据佛教教义规定了一系列的量度、姿势、手印、题材等内容（图 6-3-7）。

宫殿寺院外墙赭红色女儿墙上的铜雕装饰物，藏语叫“边坚”。铜雕上运用的图案有八吉祥图、七宝图、动物、四大天王等。石刻主要用在墙面的醒目位置，主要图案有玛尼石刻（六字真言）、虎、狮、鹏、龙等（图 6-3-8），虽然其用意是驱灾避邪，但实际上也起到了建

图 6-3-5 手抹墙（左图）
The Wall Plastered by Hand
图 6-3-6 红色涂料墙面（甘丹寺）（右图）
The Painted Wall of Gandan Monastery

图 6-3-7 色拉寺知吾康村壁画部分（左上图）
Mural of Sera Monasteny and Gri-wu Khams-tshan
图 6-3-8 红宫墙体及外转角铜质锲金护法狮大样（左中图）
Detail of the Copper Lion of the Red Palace
图 6-3-9a 墙面铜饰一（右图）
Copper Ornament on the Wall 1

筑装饰的作用。有的居民还在门两侧院墙面上装饰画有避邪的蝎子图案，其造型简洁粗犷、气势威武，如同守门的卫士。

藏式传统建筑外墙装饰手法一般分铜雕、石刻和涂色 3 种。

（1）铜雕：工艺粗犷、形象逼真。铜雕内容主要为宗教中的人物、动物和宝器等（图 6-3-9a、9b、9c）。

（2）石刻：有凸起和凹进两种形式，外表有上色的习惯。石刻内容主要为佛像、宗教图腾等，但以宗教经文为主要石刻内容。石板石刻（俗称玛尼石）主要镶嵌于墙面，或摆放于玛尼石堆，也有在鹅卵石上做石刻的。

（3）涂色：外墙涂色装饰的主要图案为宗教和当地习俗中的符号。大门入口两侧墙面常涂绘白象驮宝、狮虎护主等图案。涂色图腾主要用于民居建筑外墙。

图 6-3-9b 墙面铜饰二
Copper Ornament on the Wall 2

图 6-3-9c 墙面铜饰三
Copper Ornament on the Wall 3

6.3.2 梁柱及梁柱的装饰

1）梁柱及配件

藏式传统建筑除墙体承重外，主要还有木柱、木梁承重（图 6-3-10a、10b，图 6-3-11，图 6-3-12）。

（1）柱：由于西藏大部分地区的木材比较匮乏，加之山高路远，运输困难，木料长度一般都在 2~3 m，柱径在 0.2~0.5 m 之间。重要建筑的大殿、门厅的梁柱用比较高大粗壮的木料。建筑物的柱子断面有圆形、方形、瓜楞柱和多边亚字形（包括八角形、十二角形、十六角形、二十角形等）。多边亚字形木柱的做法，是在方形木料四边附加矩形边料；瓜楞柱则用圆木拼成。各式柱子

图 6-3-10a 尼木吉嘎曲德寺承重结构示意一（左图）
The Bearing Structure of Nyemu Ji-ka-chu-de Monastery 1
图 6-3-10b 尼木吉嘎曲德寺承重结构示意二（右图）
The Bearing Structure of Nyemu Ji-ka-chu-de Monastery 2

图 6-3-11 色拉寺措钦大殿十六角柱廊（左图）
The Corridor of Tshogs-chen Temple in Sera Monastery
图 6-3-12 目如尼巴民居柱式（右图）
A Column of Meru Nying-ba

都有收分和卷杀（图 6-3-13a、13b）。

柱顶上一般有坐斗、斗和柱头，之间用插榫连接。斗上置雀替、大弓木。雀替为拱形，一般长 0.5 m。其下垫以硬木。弓的长度不等，为柱距的 1/2~2/3。藏式传统建筑中柱距一般为 2~3 m，梁枋上密排的椽子长度也与柱距基本相等，椽子有圆形和方形两种，圆木用于地下室和一般房间。档次较高的房间内的椽子比较整齐，断面为方形，一般为 0.12 m 见方。梁枋上两边的椽子错落密排，露出椽头，以保证足够的支撑长度（图 6-3-14、图 6-3-15）。

图 6-3-13a 色拉寺阿巴扎仓二十角柱柱脚（左图）
A Column（Icosahedron）of Aba Graw-tshang in Sera Monastery
图 6-3-13b 色拉寺阿巴扎仓二十角柱局部（右图）
Part of the Column（Icosahedron）of Aba Graw-tshang in Sera Monastery

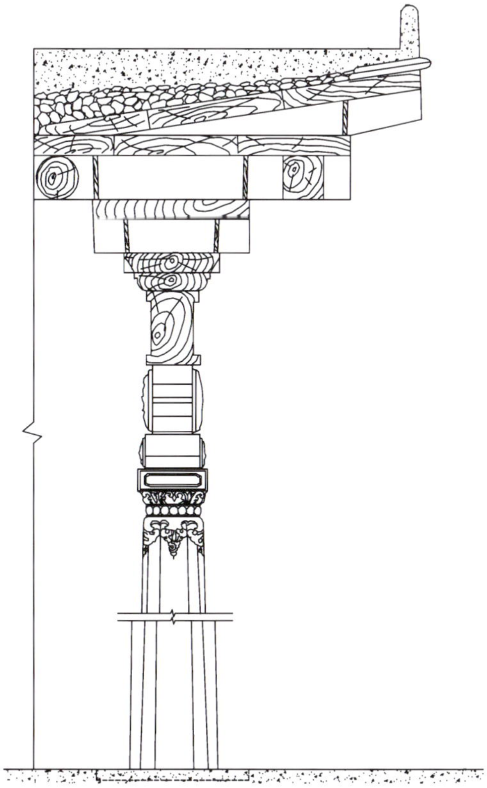

6-3-14 柱头结构（左图）
Structure of the Column Head
6-3-15 白宫大厅柱头细部（右图）
Detail of the Column Head in the Great Hall of the White Palace

此外柱础的材料多为石料，其表面雕刻方法粗犷简洁（图 6-3-16a、16b）。柱下不用基础，直接置放在地面上的做法也十分普遍。

图 6-3-16a 卓玛拉康柱础一
The Plinth of sGrolma Lhakhang 1

图 6-3-16b 卓玛拉康柱础二
The Plinth of sGrolma Lhakhang 2

（2）梁：藏式传统建筑的梁置于雀替之上。梁的长度一般为 2 m 左右，梁的高度为 0.2~0.3 m，宽度为 0.12~0.2 m。梁上叠放一层椽木，椽木上铺设木板或石板、树枝；另一种方法是在梁上叠放数层梁枋木和挑出的小椽木，以增大密椽木的支撑长度和加大建筑净空。在凹凸齿形的梁枋木上，放置的出挑各式椽头之间嵌有挡板。椽子在墙体上的支撑（埋置）长度一般为墙体的 2/3，主梁在墙体上的支撑长度则与墙体的厚度相同。柱和梁的连接方法有两种：一种是在弓木上置斗，以斗承梁；一种是柱头置斗栱，其目的是为了加大建筑净空。

（3）斗栱：主要用于主殿、灵塔殿、金顶和其他一些等级比较高的建筑物，但斗栱的形式和做法与内地明、清时期建筑上的斗栱有较大的区别。如八世达赖喇嘛灵塔殿上层柱头上都有坐斗承托纵横交叉的重翘斗栱。五世达赖喇嘛灵塔还用了双翘并列的斗栱形式，翘上直接承受纵横的大梁或环梁，没有正心枋和拽枋，“斗口”尺寸也大小悬殊，与整个建筑没有明确的模数比例关系。另外藏式传统建筑的斗栱的斗口一般都比较浅（图 6-3-17、图 6-3-18）。

（4）雀替：藏式传统建筑的雀替与内地雀替在形式上相同，但在功能作用上与柱的连接方式和装饰手

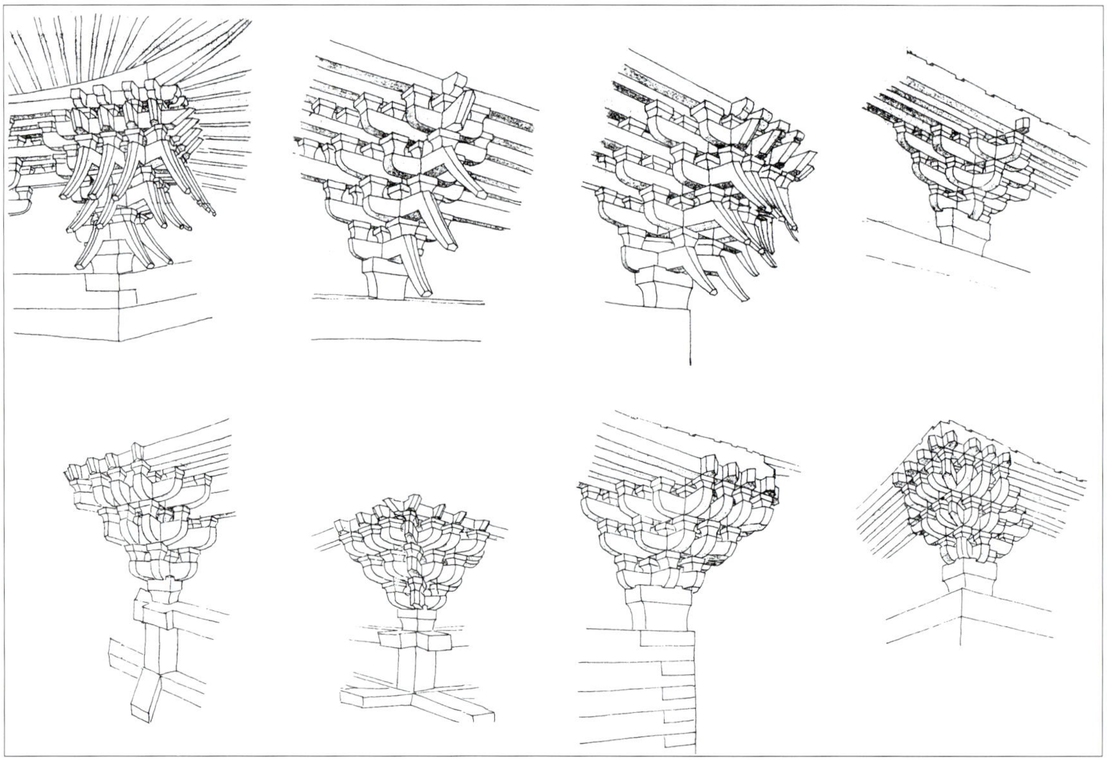

图 6-3-17 五世、十三世灵塔殿，帕巴拉康金顶斗栱
Detail of the Dou-gong Bracket

剖面图　　立面图　　梁枋交角

图 6-3-18 白宫四层内部构架

Detail of the Structure of the White Palace

法有很大的差别。藏式传统建筑构架上下之间用暗销连接，在矩形的梁架中，暗销既可以防止矩形框架的变形，又可以加强水平构件的连接力，减少剪应力，同时使其在同一净跨内承受更大的荷载（图 6-3-19、图 6-3-20）。

图 6-3-19 色拉寺恰扎康村雀替（右图）

The Sparrow Brace of Sera Monastery

图 6-3-20 冲热拉康梁及雀替大样
Column Frame and Detail of Sparrow Brace

2）梁柱的装饰

梁柱的装饰体现出精细、丰富、华丽的面貌。

（1）梁饰：藏式传统建筑中梁的装饰主要为木雕和彩绘。梁在整个室内装饰中至关重要，合理装点以求庄严、堂皇、华丽的效果。梁表面划分成大小等同的长方格，在这些连接的长方格内填写梵文、经文或绘制各种花卉、鸟兽、佛像等[2]。

（2）柱饰：柱饰包括柱头、柱身、柱带、柱础等。柱头部位装饰常用雕刻或彩绘形式，装饰图案为梵文，莲花等。其下方用长城箭垛图案。柱身主要用雕刻、彩绘等形式来装饰，主要图案为佛像、短帘垂铃等。柱带用铜雕的手段进行装点，图案为宗教法器、兽头、花卉等（图 6-3-21，图 6-3-22a、22b，图 6-3-23）。

（3）雀替装饰：藏式传统建筑对雀替的装饰十分讲究。雀替共分两层，上为长弓，下为短弓，长短两弓本身形状要精心雕刻，其表面用雕刻、着色的办法加以渲

图 6-3-21 柱头大样
Detail of Column Head

染，以求良好的装饰效果。雀替装饰有简有繁，简单雀替形状为梯形，这种不加任何雕饰的雀替多见于民居或建筑底层。宫殿或寺院建筑重要殿堂内的雀替都经过精心镂刻，尤其是雀替长弓形状千姿百态，通常见得较多的有祥云状，此外还有各种花瓣状，装饰效果相当强。除了雕刻造型外，还常在表面刻各种图案，以求得锦上添花的效果。长弓中心通常雕刻佛像，两边及边缘雕刻祥云、花卉（图 6-3-24a、24b）。

图 6-3-22a 大昭寺大殿柱头装饰一（左图）
Ornament of the Column Head in Jokhang Monastery 1
图 6-3-22b 大昭寺大殿柱头装饰二（右图）
Ornament of the Column Head in Jokhang Monastery 2

图 6-3-23 卓玛拉康柱饰（左中图）
Colum Ornament of sGrolma Lhakhang
图 6-3-24a 色拉寺吉扎仓雀替雕刻一（左下图）
Sparrow Brace in Ji Graw-tshang of Sera Monastery 1
图 6-3-24b 色拉寺吉扎仓雀替雕刻二（右下图）
Sparrow Brace in Ji Graw-tshang of Sera Monastery 2

6.3.3 屋面及屋顶的装饰

1) 屋面的形式

藏式传统建筑的屋面按照形式分，主要有：平顶屋面，歇山屋面。按照使用材料分，主要有：阿嘎土屋面、石板屋面、木板屋面、镏金铜皮屋面、芭蕉屋面等。

(1) 平顶屋面

平顶屋面的结构一般分三层做法。第一层是承重层，根据房屋等级的不同在椽子上铺设不同的材料，房屋等级高的密铺整齐的小木条；等级次一级铺设修整过的树枝。第二层是阿嘎土层。第三层是面层，制作面层的阿嘎土层有一定粘结性，但其抗渗性能要靠夯打密实和浸油磨光。寺院、宫殿、庄园等建筑多采用阿嘎土的平顶屋面，一般民居、寺院的普通僧房则主要采用黄土平顶屋面。

(2) 歇山屋面

歇山屋面的材料主要是木板和镏金铜皮。用木板时，其做法同内地汉式建筑的屋面做法不大相同。歇山屋顶的屋架有三檩和五檩两种。三檩屋架的做法是，由歇山山花两端的人字斜梁、三架梁与脊檩、檐檩端部组成三角形屋架，中间的三架梁与脊檩之间用斜枋联系。三檩屋架在脑椽与檐椽交接处，有明显的折线，这是因为两檩的举架比例不同。五檩屋架做法是，在斗栱上搁五架梁，梁上立童柱三根，分别支撑脊檩和金檩。童柱两边都有人字支撑，五架梁与脊梁之间还有纵向联系的斜枋支撑。五檩屋架各檩间举架比例接近，屋面坡度曲线较三檩平滑[3]。歇山屋顶的屋角飞檐做法完全仿照汉式，逐渐抬高屋角椽子的高度使之与角梁平，形成微微向上的飞檐曲线（图 6-3-25、图 6-3-26）。

2) 屋顶的装饰

藏式传统建筑的屋顶装饰主要有宝瓶、经幢、经幡、香炉、祥麟法轮等，寺院、宫殿等少数重要建筑设置金顶。金顶是藏式传统建筑中宫殿、寺院建筑中重要的宗教性高级装饰，其目的是让主体建筑突出于群殿和城镇建筑群之上，使寺庙、宫殿建筑更加富丽堂皇、气势宏伟。金顶面积有大有小，大的面积超过 200 m²，高约 5 m；小的金顶面积约 20 m²，高约 2 m。金顶面积的大小是宫殿、寺院主人地位尊严的重要标志，也是所拥有政教权势大小的重要象征。金顶的平面分六角和长方形两种，金顶的位置与灵塔殿或主殿上下呼应（图 6-3-27、图 6-3-28）。

（1）金顶装饰：金顶一般为铜皮镏金制作。其顶

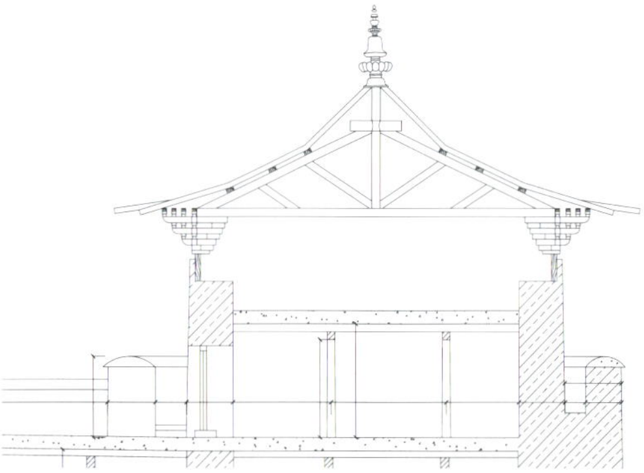

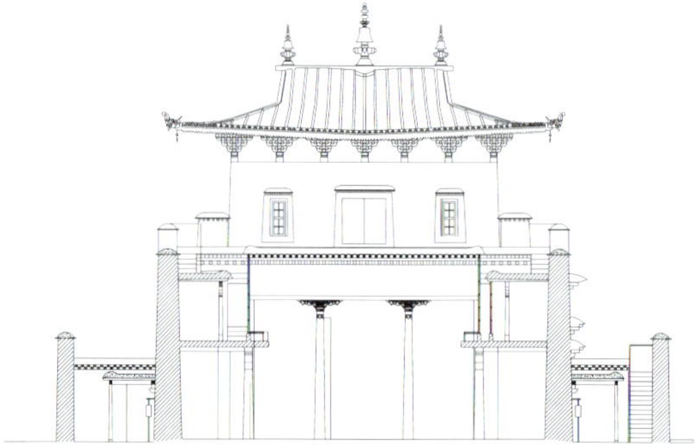

图 6-3-25 小昭寺大殿纵剖面（左图）
Vertical Section of the Main Hall in Ramoche Monastery
图 6-3-26 小昭寺大殿横剖面（右图）
Transversal Section of the Main Hall in Ramoche Monastery

图 6-3-27 四世班禅灵塔殿檐口（左图）
Eave of the Chorten
图 6-3-28 大昭寺寺顶金翅鸟（右图）
Bird with Golden Wings of the Golden Summit in Jokhang Monastery

部、檐口、四角均装饰有镏金铜皮饰件，充分显示其豪华与富丽堂皇（图 6-3-29）。

（2）宝瓶装饰：宝瓶一般置于宫殿、庄园等重要建筑物的屋顶。在西藏的历史上是一个地区政教权利的象征（图 6-3-30）。

（3）经幢装饰：经幢是寺院建筑的重要饰物，一般

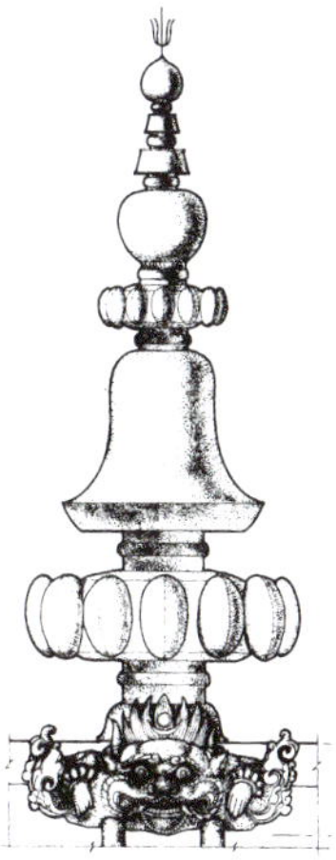

正脊中部宝瓶

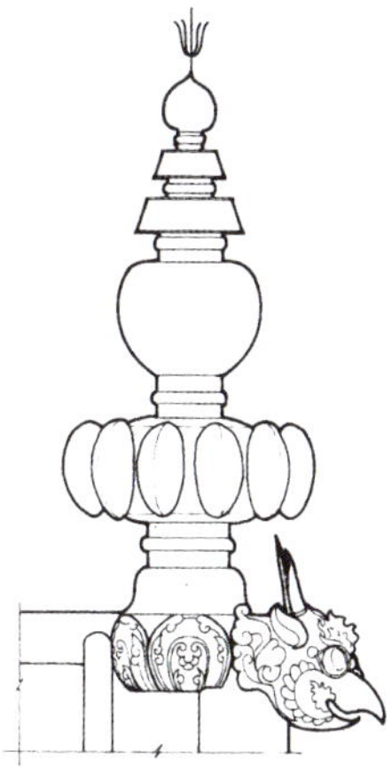

正脊端部宝瓶

图 6-3-29 大昭寺金顶装饰（左图）
Ornament of the Golden Summit in Jokhang Monastery
图 6-3-30 布达拉宫屋脊宝瓶（右图）
Treasure Bottle on the Ridge of Potala Palace

置于寺院主殿屋顶边角处或大门上方屋顶处。宫殿、重要庄园屋顶也有摆放经幢作装饰的（图 6-3-31）。

在金顶屋角或屋顶上还有垂兽等其他装饰物（图 6-3-32~图 6-3-35）。

图 6-3-31 屋顶经幢系列图
Dhanari Column on the Roof

图 6-3-32 屋顶装饰垂兽一（上左图）
Animal of Hip Roof 1
图 6-3-33 屋顶装饰垂兽二（上中图）
Animal of Hip Roof 2
图 6-3-34 屋顶装饰（上右图）
Ornament of the Roof
图 6-3-35 布达拉宫屋顶装饰汇总（a–e）
Ornament of the Roofs in Potala Palace

a 金翅鸟

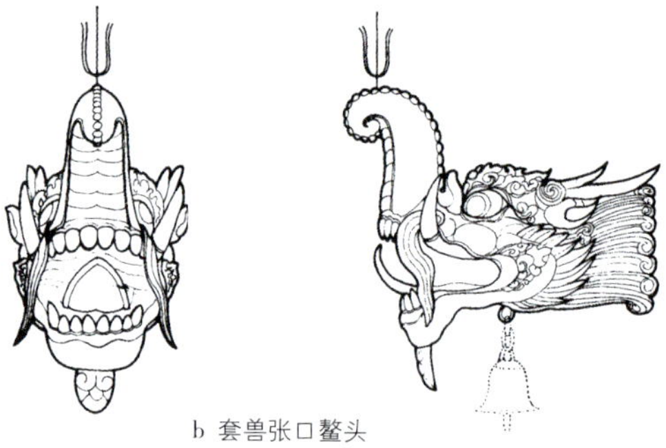

b 套兽张口鳌头

c 八宝吉祥图示

d 大鹏鸟面部图示

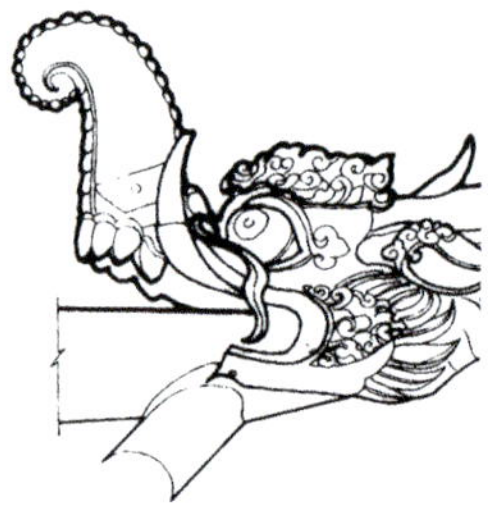

e 垂兽

（4）祥麟法轮装饰：在藏式传统建筑中，寺院里僧徒集合诵经的佛堂大殿顶楼上可看到左右分别由卧鹿与中间的法轮形成的装饰。这是寺院、宫殿建筑上的装饰品，佛教里称为“祥麟法轮”。祥麟奉行释迦牟尼教法，于是世间一切不正确的见解都被摧毁，劝人们一心修行向善。法轮是指佛法威力无边无际，可以摧毁所有罪恶（图 6-3-36）。

图 6-3-36 热振寺屋顶的祥麟法轮
The Wheel of Buddhist Truth on the Roof of Reting Monastey

（5）五色经幡装饰：五色经幡亦称“风马”经幡，藏语中称为“塔觉”，有 5 种颜色，色彩鲜艳。在西藏人民的宗教色彩观里，蓝色代表天，白色代表云，红色寓意火，黄色象征土，绿色意味水，以此表达对世界万物的崇敬和吉祥的愿望。每逢藏历新年，将换置新的五色经幡。

6.3.4 门及门饰

1）门的形式

门的形式大多为拼板门，门扇自重较大，用材较多，主要为木材，取材容易，制作方便，且坚固耐用；部分门用金属装饰，材料是铁皮和铜皮（图 6-3-37~图 6-3-40）。

门的构成元素一般包括：门扇、门框、门枕、门栏、门脸、门斗栱、门楣、门帘、门套、门头（图 6-3-41）。

图 6-3-37 甘丹寺措钦大殿大门
Gate of Tshangs-chen Temple in Gandan Monastery

图 6-3-38 八廓街商铺门面（右图）
Gate of the Shop in Barkhor Street
图 6-3-39 色拉寺麦扎仓大门（左图）
Gate of Mam Graw-tshang in Sera Monastery

图 6-3-40 色拉寺阿巴扎仓大门（左图）
Gate of Aba Graw-tshang in Sera Monastery
图 6-3-41 门的构成（右图）
Make up of the Gate

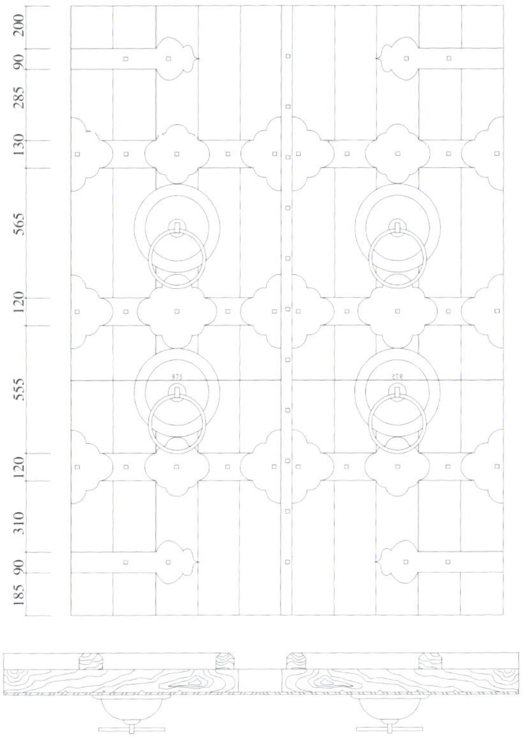

图 6-3-42 约普西东大门剖面、立面大样
Section and Detail of the Gate

图 6-3-43 邦达仓门斗栱
Dou-gong Bracket of the Gate in Bang-dha-tshang

图 6-3-44 罗布林卡贤劫福旋宫门斗拱
Dou-gong Bracket in Norpulinka

（1）门扇：门扇多为木质拼板，以单扇和双扇为主，部分为多扇（图 6-3-42）。门扇宽 0.6~0.8 m。

（2）门框：分为内门框和外门框。内门框有两根框柱，上面一根平枋组成一个框架来固定门扇。

（3）门斗栱：门斗栱一般用于院门或主体建筑大门，起装饰作用，通常偏门和内门不做，斗栱形如一个等腰三角形或斜三角形，分三部分：第一部分为最底层的托木，从墙上挑出，端头削成弧形；第二部分为支撑方木，分为三层，各层方木个数一般为 1 个、3 个、5 个或 7 个；第三部分为横木，有两块。第一层的方木比上面的两层大，置于底层托木之上，一、二、三层的方木用横木隔开。方木也有做两层的，第一层为 1 个，第二层为 3 个、5 个或 7 个，两层时横木则只用一块（图 6-3-43、图 6-3-44）。

（4）门楣：门楣的作用相当于雨棚，主要是防止雨水对门及门环上装饰的损坏，位置在门过梁的上方，用两层或两层以上的短椽层层挑出而成。短椽外挑一端自下而上削成楔形，伸出于墙体之外，并略向上倾斜（俗称“飞子木”）。上层比下层多挑出一截，个数一般下层比门上短椽多两个，上层又比下层多两个，最上层的短椽一般围成三面环形，各层之间用短木隔开。最上层的木板之上一般再放上一层片石，片石之上加一层黏土做成斜坡以利排水。门楣的长度一般与门过梁长度相同或稍长，通常在短椽和飞子木上刷油漆涂料或彩绘。

（5）门帘：有两种形式：一种是门楣帘，一种是门框帘。门楣帘置于门楣盖板下，是由红、白、蓝、绿、黄等颜色的布料组合成带褶皱的帘子，或是用有镂空花纹的铁皮制作，宽度较窄。门框帘一种是置于内门，起阻挡视线和装饰作用，用布料制作，尺寸与门扇相同；另一种是用于进户门，用布料或牛毛编织而成，尺寸略大于门扇，门帘上装饰有宗教题材图案，有寿字符和盘长、法轮等八宝图案（图 6-3-45、图 6-3-46）。

2）门的装饰

藏式传统建筑中对门饰十分讲究。门饰主要包括：门框、门楣、门扇等。门框的木构件多则 6~7 层，雕刻的图案有莲花花瓣、堆经、动物、人物等。门洞两侧做黑色门套装饰。门楣大多用木雕、彩绘等手段，门楣间隔方木里运用四季花、动物面部图案，也有挂门楣帘装饰，每

图 6-3-45 藏八宝
Eight Treasures

年藏历新年门楣要弃旧换新。门扇大多为双扇，也有四扇和六扇。门扇主要装饰为门环、门扣、门箍等镏金铜饰，也有木雕、彩绘。图案形式为护法神、人皮、日月、风马旗等（图 6-3-47，图 6-3-48，图 6-3-49a、49b、49c、49d、49e）。

在藏式传统建筑的门饰中，大门上部的装饰分 9 层，大门门框侧面的装饰分 7 层。主要装饰图案有：浮雕狮面、连珠纹、菩萨、天神、十方佛、飞天乐伎、人物、山石、树木、动物、神龛、花饰、水波纹、金刚杵纹等，其风格模仿了印度和尼泊尔的佛教建筑装饰风格。

门扇的主色调为黑色，装饰为白色月亮、红色太阳的吉祥图案。有些门扇悬挂风马旗装饰，寓意避邪。有些门扇上方放置牛头的装饰，有的在门楣上设一神龛，供奉玛尼石或佛像石雕。这四种形式也交替使用（图 6-3-50，图 6-3-51a、51b，图 6-3-52）。

图 6-3-46 色拉寺知吾康村门帘
Portiere of Gri-wu Khams-tshan

图 6-3-47 藏式建筑门饰一
Ornament of the Gate 1

图 6-3-48 藏式建筑门饰二(左图)
Ornament of the Gate 2
图 6-3-49a 门扇装饰(右图)
Ornament of the Gate

图 6-3-49b 色拉寺阿巴扎仓门头装饰一(左图)
Gate Ornament of Aba Graw-tshan 1
图 6-3-49c 色拉寺阿巴扎仓门头装饰二(右图)
Gate Ornament of Aba Graw-tshan 2

图 6-3-49d 色拉寺阿巴扎仓油漆门扇(左图)
Painted Gate of Aba Graw-tshan
图 6-3-49e 色拉寺阿巴扎仓细部:雕刻堆经及莲花彩绘(右图)
Detail of the Gate of A-ba Graw-tshan

图 6-3-50 色拉寺阿巴扎仓大门（左上图）
Gate of Aba Graw-tshan in Sera Monastery
图 6-3-51a 门头装饰（左中图）
Ornament of the Gate
图 6-3-51b 门饰：铺首（右图）
Ornament of the Gate

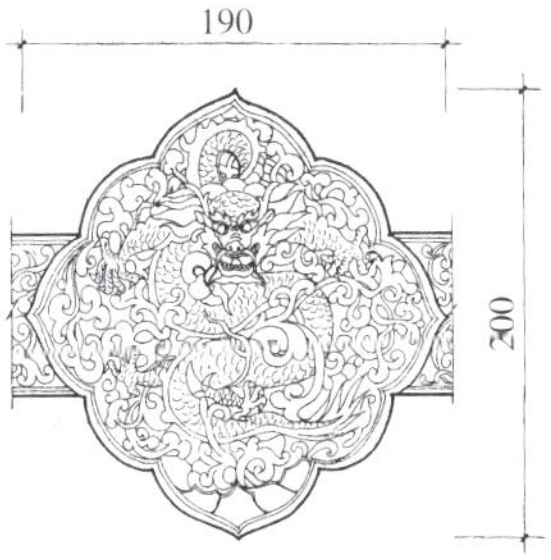

板门铜饰件浮雕图案

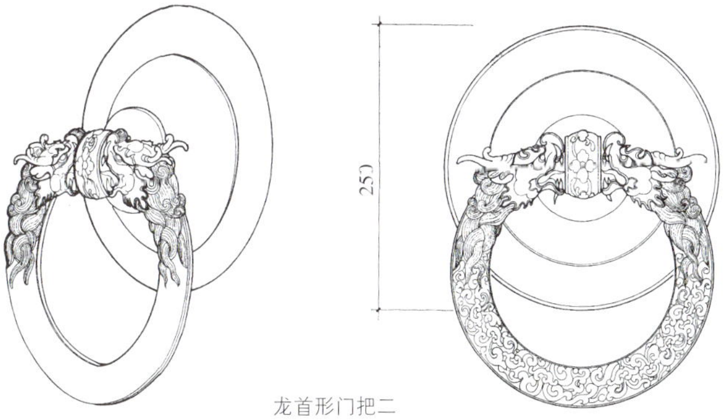

龙首形门把二

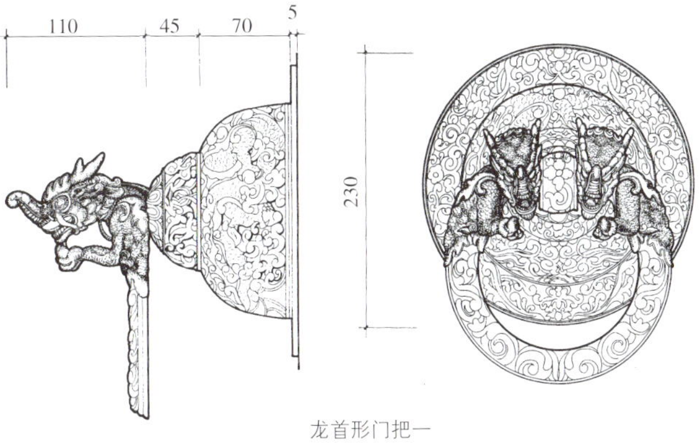

龙首形门把一

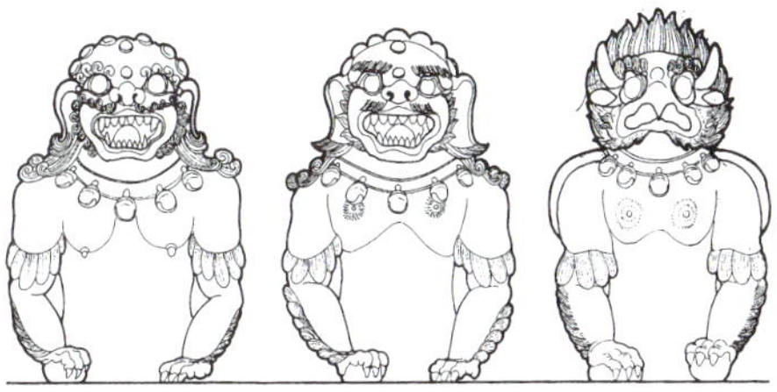

门顶护法兽立面

6-3-52 门装饰汇总大样
Detail of the Gate Ornament

6.3.5 窗及窗饰

1）窗的形式

西藏藏式传统建筑窗的主要特点是：洞口尺寸普遍偏小。窗台高度较低，窗套形式多样，窗上装饰较多，南面开窗较多，一般不在北向开窗。

洞口尺寸小有多方面的原因：青藏高原气候寒冷、较小的门洞尺寸利于保温；房屋层高大多较低，要求窗洞口尺寸不宜过大。古时各部落、地区之间经常发生纷争，洞口较小利于防御，还含有驱鬼避邪等宗教原因。另一方面是结构的原因，墙体是石材，过梁不可能过长。

窗台高度较低，一般在 20~60 cm，主要是受房屋层高的限制。窗套形式多样，大部分呈梯形。

窗的形式：西藏传统建筑的窗的形式较多，有单扇，双扇和多扇之分。窗框、窗楣等均为木材制作，其最大的变化在窗扇上。转角窗用法限制较为严格，一般用于宫殿、寺院和贵族庄园（图 6-3-53~图 6-3-56）。

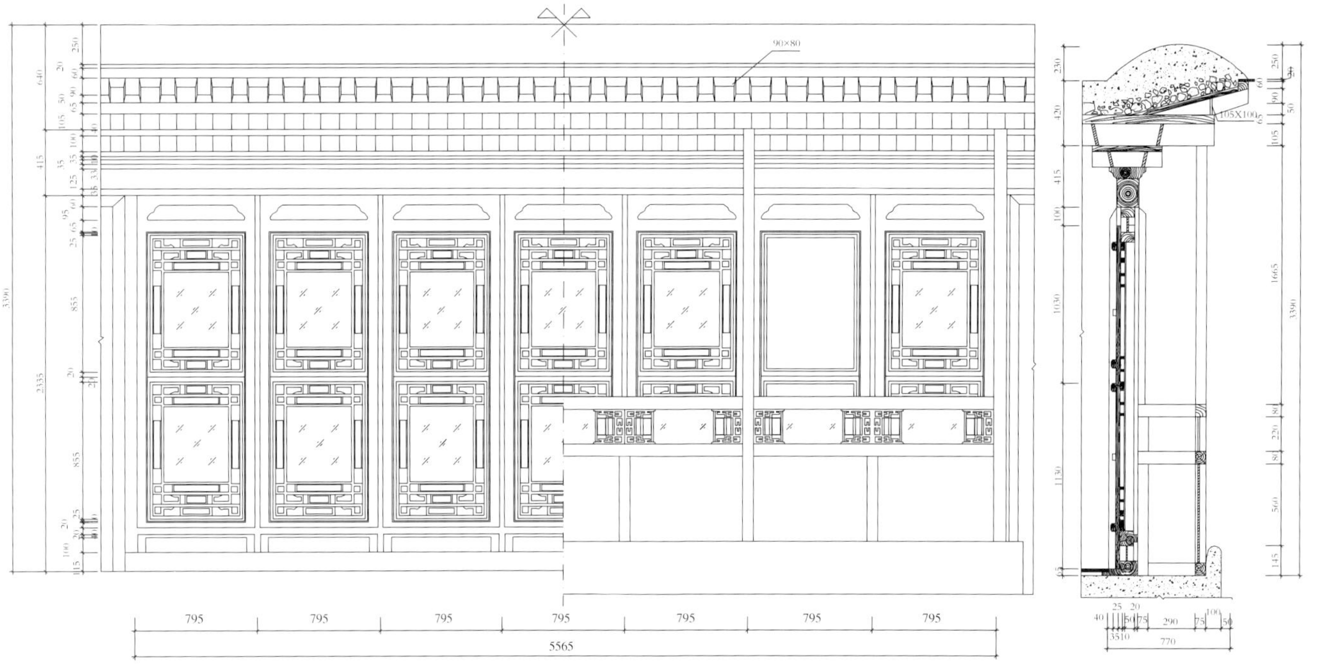

图 6-3-53 白宫朝政议事厅前廊长窗（上图）
French Window of the White Palace

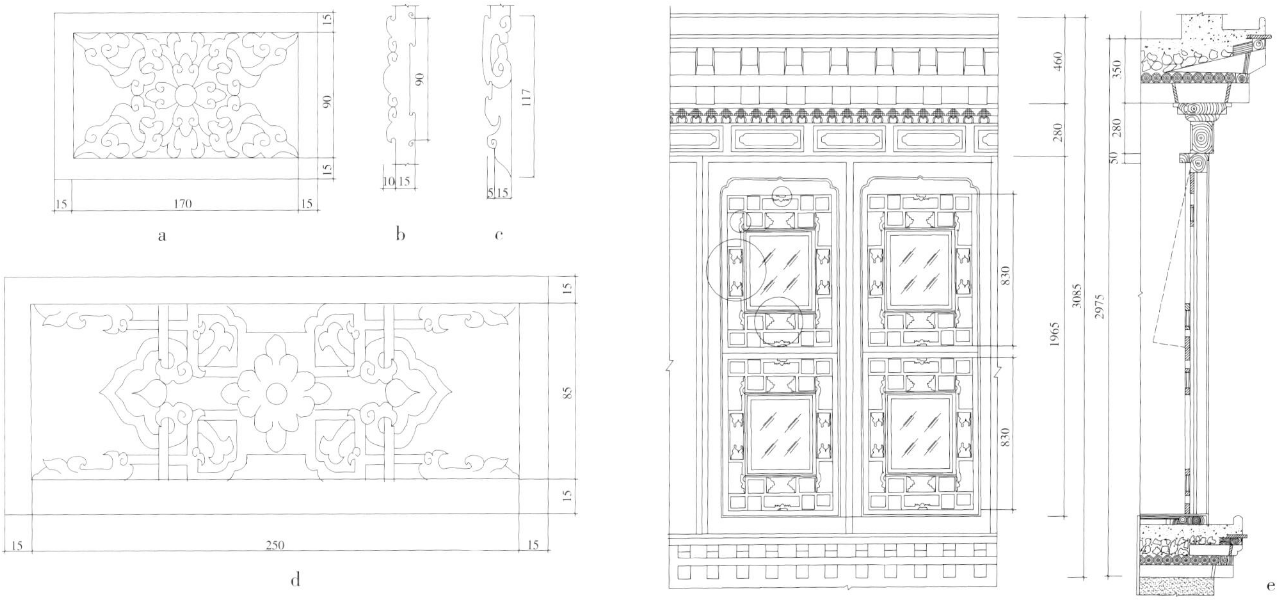

图 6-3-54 白宫达赖念经室内长窗（a–e）（下图）
French Window of the White Palace

窗的构成要素：窗框、窗扇、窗楣、窗帘、窗台等（图6-3-57）。

（1）窗框　窗框是用来安装和固定窗扇的，其形状为矩形，窗框高度一般在5~10 cm之间。为使窗框耐用，常刷上油漆做保护（图6-3-58a、58b、58c）。

（2）窗扇　窗扇是窗的通风采光部分，需要开启、

图6-3-55 目如宁巴门窗（左图）
The Door and Windows of Meru Nyingba
图6-3-56 罗布林卡窗户（右图）
The Window of Norpulinka

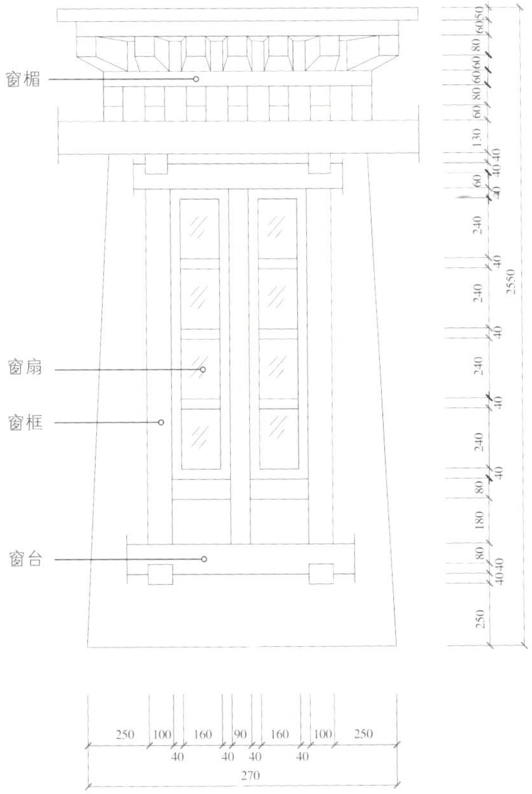

图6-3-57 玉阶桥一至四层窗大样（左图）
Detail of the Window
图6-3-58a 八廓街居民窗户一（右中图）
The Window of Folk House in Barkhor Street 1
图6-3-58b 八廓街居民窗户二（右下图）
The Window of Folk House in Barkhor Street 2

图 6-3-58c 八廓街居民窗户三
The Window of the Folk House in Barkhor Street 3

关闭或固定。一般窗扇外面要做窗格。窗格形式多样。

（3）窗楣　窗楣作用是防止雨水对窗及窗上装饰的损坏，一般做成短椽形式，其自身也起到装饰作用。

（4）窗帘　分为窗楣帘和窗框帘两种。窗楣帘置于窗楣盖板下，是由红、白、蓝、绿、黄等颜色的布料组合成带褶皱的帘子，或是用有镂空花纹的铁皮制作，与门楣帘的形式相同。窗框帘用布料制作。

（5）窗套　窗套位于窗洞左右和底边的墙上，形成一个“U”字形。其形状主要有牛脸和牛角两种形式，颜色一般为黑色，俗称黑窗套，亦称梯形窗套。

（6）彩绘　彩绘内容一般为云彩、花卉等，常见于窗过梁和短椽处。有些窗框上方雕刻堆经后进行装饰。

（7）窗台　在窗的窗框下方作重椽，一般做二重椽，每层椽个数无统一标准。

2）窗的装饰

窗饰主要以绘画为主，兼有部分雕刻。窗楣上常见装饰为两层短椽，上层短椽主色调为深红色，下层为绿色，绿色短椽面部作彩绘装饰，图案为花纹。窗过梁主色为蓝色，并绘以龙、莲花图案。窗楣挂短绉窗楣帘装饰。窗帘材料主要用帆布，白色帆布上用蓝色帆布缝制吉祥图案，起到隔离室内外视线，防止紫外线对窗框及窗扇色彩的销蚀变色。窗框主要装饰经堆（在木框上雕刻出堆砌的小方格，再涂以色彩，形似松树的松子，故又称松格门框）和莲花花瓣。窗扇装饰手段为木雕彩绘，主要图案有人物、花纹和几何图案等。窗套上涂黑油漆（图 6-3-59，图 6-3-60，图 6-3-61a、61b、61c）。

图 6-3-59 窗花大样
Detail of Window Decoration

图 6-3-60 窗饰一（左图）
Window Ornament 1

图 6-3-61a 窗饰二（右图）
Window Ornament 2
图 6-3-61b 窗饰三（左图）
Window Ornament 3

6.3.6 栏杆

栏杆在藏式建筑中多见于园林，如罗布林卡的栏杆较为典型，形式与内地相仿，构造上同样由柱头、栏板、地栿组成。多为石料整块雕刻，形式较为简单和朴素。

对雕刻则按其起伏高低，分为剔地起突（高浮雕）、压地隐起华（浅浮雕）、减地平积（线刻）和素平4种。石刻花纹有：海石榴华、宝相华、牡丹花、蕙草、云纹、水浪、宝山、宝阶等。用于柱础的有铺地莲花，仰覆莲花和宝装莲花三种。此外，还有在花纹内配置龙、凤、狮、兽人物等。

柱头的图案有莲花宝座、宝瓶等，栏板的雕刻可以

图 6-3-61c 窗饰四
Window Ornament 4

生活起居、人物故事、仙灵鸟兽、山水花木、几何图案、吉祥图案为主题，一般用浮雕（图 6-3-62、图 6-3-63）。（本章注释见第 139 页）

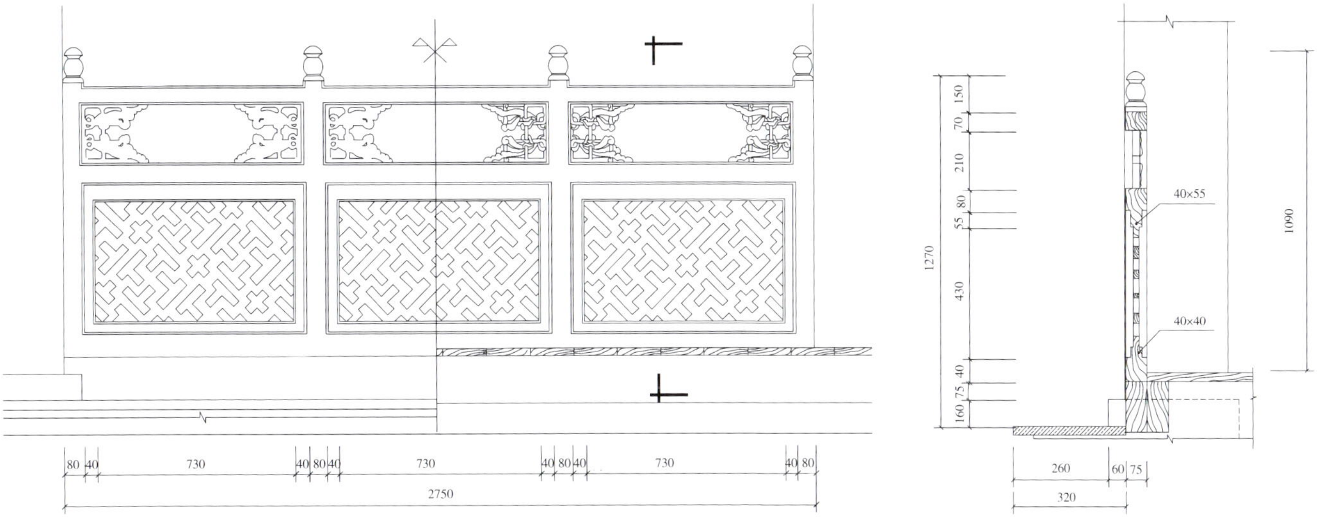

图 6-3-62 十三世灵塔殿内上部栏杆大样
Detail of Balustrade

图 6-3-63 栏杆组图
Group Picture of Balustrade

7 拉萨的墓葬、碑刻及石窟

The Grave Tablet and Grotto in Lhasa

在漫长的历史中，藏族人民创造了宝贵的物质财富与精神财富。这些我们可以从古代墓葬、碑刻、石窟[1]等丰富的历史遗存中得到印证。在拉萨地区，保存了数量众多的墓葬、碑刻与石窟石刻。

7.1 墓葬

西藏有土葬、天葬[2]、水葬[3]和火葬等多种丧葬方式。据《西藏王统计》记载，古代西藏第一位实行墓葬的是第八代赞普止贡赞普。在吐蕃时期，西藏大多采用墓葬。据《旧唐书·吐蕃传》记载，吐蕃时期的墓葬"居父母丧，截发，青黛涂面，衣服皆黑，既葬而吉，其赞普死，……仍于墓上起大室，立土堆，插杂木而为祭祀之所"。现在在西藏地区发现的墓葬群大多为吐蕃时期，如墨竹工卡县内发现的吐蕃墓葬群。

目前西藏最普遍的丧葬方式是天葬。据说这种葬法起源于 11 世纪。当时有位著名的印度僧人唐巴桑杰在西藏传法，极力推行这种丧葬方式，并且亲自到天葬台为死者超度。佛教徒们认为把遗体献给鹰是一种功德，能赎回生前的罪孽，而且利于灵魂转世。在西藏的很多大寺庙里都有天葬台为佛教徒举行葬礼，如色拉寺的天葬台、直贡提寺的天葬台等。

西藏还有水葬和火葬的葬仪。水葬流行在雅鲁藏布江沿岸，那里水流深急，有水葬的条件。火葬是一种比较高尚的丧葬方式。拉萨地区只有高僧大德才举行这种葬仪。不过在远离拉萨的藏北无人区，普通百姓也采用火葬。居住在西藏的外族人一般依据各自的风俗采用各自的墓葬方式，现在拉萨有北郊汉族墓葬群、北郊回族墓地和西郊穆斯林墓地，它们都有着自己的特点。

图 7-1-1 墨竹工卡吐蕃墓葬远景
Perspective of Pong-mose Mausoleum

图 7-1-2 坟顶已塌陷
The Sinked Top

图 7-1-3 部分已损的坟包
Part of the Damaged Tomb

对页图：查拉鲁甫石窟外观
Exterior of the Grotto

7.1.1 墨竹工卡吐蕃墓葬群

西藏文物管理委员会文物普查队于 1989 年 5 月 9 日在拉萨市墨竹工卡县发现吐蕃时期古墓葬群（图 7-1-1），规模庞大、数量众多。伦布古墓位于墨竹工卡县塔巴乡伦布村朗卡多尔热以南的一片宽阔的冲击扇形山坡上，现已发现 51 座古墓。该古墓群墓向坐南朝北偏西，有一定的分布规律，大墓居于显要地位，小墓分布周围或者地势低矮处。最大的墓堆前边长约 42 m，后边长约 26 m，高约 17 m，夯筑层厚 0.8~12 cm，平面呈梯形[4]，为夯土与石头层层堆积而成。据西藏自治区文物局发掘考证，证实此墓葬群为吐蕃时期所建。目前大多数墓葬坟顶已经塌陷，有的部分已损坏（图 7-1-2、图 7-1-3）。

7.1.2 北郊汉族墓葬群

该墓地（图 7-1-4）位于拉萨北郊城关区附近的山脚下。东北两面是山，西南两面为拉萨河谷，依山傍水，可谓理想的风水墓地。

图 7-1-4 北郊汉族墓葬群
The Cemeteries of Han Nationality in the North Suburb

图 7-1-5 大清西竺义冢碑
Tablet

根据汉墓保存现状，可将其分为 3 个墓区。第一个墓区位于整个墓区的西面，范围最大，保存有坟堆约 1 400 多座（不计解放后建造），第一墓区和其他两个墓区之间有现代水渠相隔；第二和第三两个墓区位于第一墓区东约 10 m 处的山麓下，中间以沟壑为界。第二墓区位于第三个墓区西边，现存坟堆 35 座。第三墓区现存坟堆 40 座。汉族墓地原有数量尚远不止此数，很多墓已在造田、修渠和建房时被夷为平地。整个墓地范围东西长约 1 000 m，南北长约 600 m，共 60 多万平方米。

第一墓区的东端中部建有一守陵小屋，小屋前部围墙已被拆除，仅存两间藏式平顶小房。小房坐北朝南，右边一间房内后壁上镶嵌有“大清西竺义冢碑记”（图 7-1-5）。据说原来在此房内还供有泥塑的关羽像和一妇女怀抱婴儿的塑像；在左边的套间里，四壁满绘壁画，由于烟熏过甚，可见者只有“宝瓶”、“寿星”和“老虎”等图案。

房前右侧植有一棵常青柏树，其前方原来是一片林卡，林卡今已毁坏，只能依稀看到十几棵古老粗壮的杨柳树（图 7-1-6）。

7.1.3 北郊回族墓地

该墓地（图 7-1-7）位于拉萨市北郊多底村北，南距拉萨市约 10 km，当地群众称之为“卡及林卡”，意为回族林园。整个墓地东西宽 200 m，南北约 320 m，总面积约为 64 000 m²。西面依山，其余三面筑墙为界，东侧开门。墓地内多植白杨、野桃、山楂、柳等树木。

墓地现有墓葬无准确数据，据守墓人说约有 1 000

图 7-1-6 坟地树木（左图）
Trees Near the Tomb
图 7-1-7 北郊回族墓地（右图）
The Cemetery of Hui Nationality in the North Suburb

余座。墓地曾数次遭到破坏，具有墓碑共计23座。墓冢大部分南北向，少数为东西向。据观察，这批墓均为竖穴洞室墓，竖穴多2 m长，0.8 m宽；合葬墓竖穴长2 m，宽1.5 m；儿童墓竖穴长0.7 m，宽0.4 m。穴内不填土，以木材棚盖穴口，然后封土。封土形式比较特殊，均为长方形五脊四面坡形式，有的四周砌一层石块。

7.1.4 西郊穆斯林墓地

在罗布林卡以西约1.5 km处，有一片克什米尔穆斯林林卡，克什米尔墓地就位于这个林卡的中央地带（图7-1-8、图7-1-9）。墓地始建于五世达赖时期，距今约三百余年。墓地四周砌有围墙，墙上开门出入。墓地为长方形，南北长约87 m，东西宽约76 m，总面积为6 600 m²。现存的墓冢绝大多数为南北向。墓穴形制为竖穴，入穴后，于墓穴口部插以木棍，上覆草，然后加土坯或草皮形成墓冢。

7.2 碑刻

在西藏源远流长历史中，保存下来了很多碑刻。在历史上发生的重要事件中，一般都会树立石碑以示纪念。有的石碑上刻有此次事件的起因、经过和结果，详细记录了历史，对于后人研究有非常重大的意义，如唐蕃会盟碑和达札路恭纪功碑。有的石碑仅刻有少许文字，但我们仍能从这些文字中发掘历史，如杨瑛碑。还有的石碑甚至没有刻有任何文字，仅有纪念意义，我们也可以从它的形制上探索历史信息，如大昭寺无字碑和布达拉宫前无字碑。

7.2.1 唐蕃会盟碑

唐蕃会盟碑（图7-2-1）坐落在拉萨大昭寺前10 m外略偏北处，系唐王朝与吐蕃政权以舅甥情谊，会盟立誓，信守和好，合社稷为一家的前提下树立的，所以又称长庆舅甥会盟碑，也有称唐蕃和盟碑的，藏语称为“祖拉康多仁”，意思是“大昭寺前之碑”。唐穆宗长庆元年（822年）盟于逻些（拉萨），三年即立此碑。

碑通高5.6 m，由碑帽、碑身、碑座三部分组成。碑身与碑座连接缝隙以铜液浇灌，固若一体。碑帽通高0.96 m，庑殿顶，平面长1.26 m，宽0.93 m，厚0.46 m，边缘厚0.1 m。庑殿顶脊置一莲座宝珠，高0.5 m，直径0.3 m，宝珠上雕有四条凸棱，由顶部不规则地向四面延

图7-1-8 穆斯林墓地入口
Entrance of the Muslim Cemetery

图7-1-9 穆斯林墓地一角
A Corner of the Muslim Cemetery

图7-2-1 唐蕃会盟碑
The Stele of Covenant

伸。宝珠下部内收，上刻有一周仰覆莲座。碑帽底部和四侧浮雕有一周连续的升云图案，云朵排列疏密匀称，古朴大方。

图 7-2-2 唐蕃会盟碑现状
Status Quo of the Stele

碑身高 3.8 m，上端长 0.7 m，宽 0.35 m，下端长 0.88 m，宽 0.39 m。截面长方形，下大上小，碑正面向西，上刻汉藏两体对照文字；左半藏文，横书，77 列，有头字，字迹苍劲，吐蕃时期藏文特点至为明显；右半汉文，直书，6 行，正楷，存 464 字。藏汉两体文义相同，是同一盟约，两种文本。右面是吐蕃一方参与此次会盟的官员职衔姓氏，藏文 40 列，并有对应音译汉文，对于研究吐蕃官制、姓氏及当时藏汉对音无疑是极宝贵的材料，文中明白地标出沙门（钵阐布）充任首席大论，为了解吐蕃时期宗教、政治的变化与发展提供了信实的证据。左面为唐廷参与会盟官员名单位次，亦为藏汉两体对照，上为 49 列藏文，下为汉文。名单上共列 18 人，王播、杜元颖等赫然在列。背面纯为藏文盟辞，78 列。

碑有龟形基座，石龟高 0.86 m，长 2 m，宽 1.5 m。头部微露，四肢收拢，整体雕刻得古朴生动，龟甲如六角形，不很规则地分布在四周和背部。石龟下为高 0.1 m 的长方形基座，与石龟为一块石头雕琢，长 1.68 m，宽 1.4 m。石碑（图 7-2-2）的风格、形制既明显受到内地碑制的影响，又有一定的变通和创造。这方石碑是吐蕃时期汉、藏兄弟情深谊厚、友好相处的历史见证。碑文具有很高的学术价值和历史价值。

图 7-2-3 达札路恭纪功碑
Monument

7.2.2 达札路恭纪功碑

达札路恭纪功碑（图 7-2-3、图 7-2-4）位于布达拉山对面，相对于布达拉山脚下宫内的另一座无字碑而言，该碑称“外碑”，藏语“雪·多仁乞玛”，根据碑文内容，习惯上称为恩兰·达札路恭纪功碑。碑身为长方

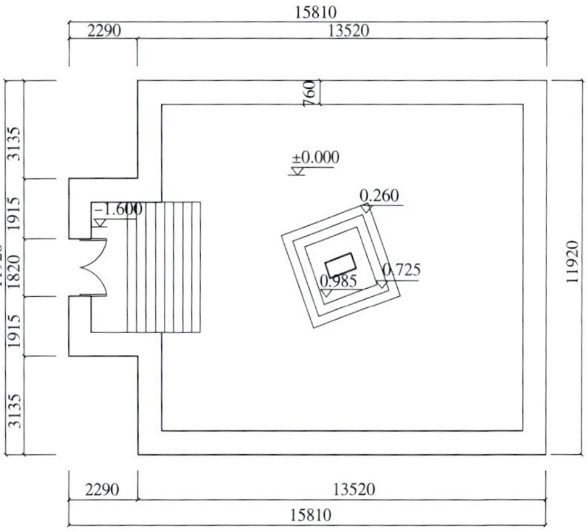

图 7-2-4 达札路恭纪功碑平面图（左图）
Plan of the Monument
图 7-2-5 叠涩方形碑座（右图）
Base of the Monument

柱形，碑顶是庑殿屋顶加上了火焰宝珠式碑帽，叠涩方形碑座（图7-2-5）。碑身正面、背面、左面刻有藏文，正面有68列，左面16列，背面74列。碑文字体苍劲有力，棱角分明。在建造1 200多年后的今天，碑文仍然清晰可读（图7-2-6）。

碑立于墀松德赞赞普（755年—797年在位）时期，为现存碑刻中年代最早的一座。就碑文涉及达札路恭率众侵唐，深入京师一事来看，确凿日期应在唐代宗广德元年（763年）后不久。墀松德赞唐代译作娑悉笼猎赞，是吐蕃三大贤王之一，在他统治期间，吐蕃奴隶社会进入全盛时期，恩兰·达札路恭是其手下重臣。据《敦煌本吐蕃历史文书》传记篇第二所载大论名位序列："琛尚野息许丁之后，恩兰·达札路恭任之，其后，由那囊·尚野村拉囊任之。"大事纪年篇第111："虎年，……尚·野息与论悉诺逻（即达札路恭）、尚·东赞、尚·赞摩等人引劲旅至京师，京师陷。唐帝遁走，乃立新君，劲旅还。"俱可证实碑上文字的主要内容，可见为其立碑纪功绝非偶然。

7.2.3 大昭寺无字碑

无字碑（图7-2-7）立于大昭寺前，在"永远遵行"碑的后面。据碑制分析，这块碑石建立年代约为明朝。碑身碑首合高1.84 m，碑身宽1.04 m，厚0.37 m。碑座长1.2 m，宽0.67 m，高0.63 m。碑座正面中心剔地浅浮雕一动物图案，后面则浅浮雕一对狮子，形式朴实生动。碑首圆形，长1.25 m，厚0.4 m，高0.85 m，首、身接连处以上0.2 m处有一孔，径0.13 m。

7.2.4 布达拉宫前无字碑

该碑（图7-2-8）是为了庆贺布达拉宫重建工程竣工而立，位于布达拉宫山脚。该碑形制与布达拉宫达札路恭纪功碑一样，亦庑殿顶式碑帽，方柱式碑身。碑身无字，保存完好。

7.2.5 御制平定西藏碑

为了宣扬用兵西藏，驱逐准噶尔入侵的功德，康熙皇帝于康熙六十年亲撰御制平定西藏碑碑文，于雍正二年由内阁学士鄂赍等将此碑刻立于布达拉宫大门内。此碑（图7-2-9）原立于布达拉宫大门道路中间处，乾隆年间建有琉璃瓦歇山顶碑亭。1965年，因拉萨城建需要，将该碑与碑亭迁至布达拉宫背后的龙王潭公园大门内侧。御制平定西藏碑保存完好，其形制与内地清碑完全相同。碑为螭首方额，碑首高1 m，宽1.13 m，厚0.42 m（图7-2-10）。碑额正面右侧阴刻篆书"敕建"二字，左侧有四列藏文；碑额背面的右侧刻有一竖行蒙文，左侧刻有竖行满文。碑身正面右侧刻有小楷汉字，左侧印刷体藏文；背面右侧刻有蒙文，左侧刻有满文。

图7-2-6 清晰可读的碑文
Epitaph

图7-2-7 大昭寺无字碑
The Unlettered Tablet in the Jokhang Monastery

碑身部分高 1.84 m，宽 1.05 m，厚 0.35 m。碑座为叠涩方座，分为三阶。整个碑石的总高为 3.74 m。

7.2.6 御制“十全记”碑

据《卫藏通志》记载，御制“十全记”碑（图 7-2-11）与其琉璃瓦歇山碑亭遵清乾隆皇帝命令建造。碑文为清乾隆皇帝于五十七年（1792 年）亲自撰写，记载了他在位 57 年的十大武功，由四川总督惠龄、驻藏大臣和琳及驻藏大臣帮办成德主持建立。

此碑原立于布达拉宫道路中，又称“十全记功碑”。1965 年因拉萨城建需要，将十全记碑及其碑亭按原样迁至布达拉宫背后龙王潭公园的大门内侧。此碑与内地清碑形制全同。碑首高 1.34 m，宽 1.44 m，厚 0.46 m，正面和背面一样，均为高浮雕二龙戏珠图案，碑

图 7-2-8 布达拉宫无字碑（左上图）
Tablet in Potala Palace
图 7-2-9 御制平定西藏碑（左下图）
Stele of Tibet Pacification
图 7-2-10 碑首（右上图）
Top of the Stele
图 7-2-11 十全记碑（右下图）
The Stele of Full Victory

额方形，额框四周饰以雷纹。碑额正面右侧阴刻篆文“御制”二字，左侧阴刻一竖行“八思巴”文字。背额右侧阴刻有4列正楷藏文，左侧阴刻一竖行蒙文（图7-2-12）。该碑碑身高2.07 m，宽1.32 m、厚0.38 m。碑阴碑阳均刻文字。碑身为龟座，通长2.5 m，宽1.8 m，龟前足紧收，伸脖抬头，龟鳞刻成六棱圆角浮雕，精致细腻，形态逼真。龟座下为一正面宽2.02 m，侧面长2.42 m的大石托台。

图7-2-12 十全记碑首
Top of the Stele of Full Victory

7.2.7 永远遵行碑

清乾隆末年，西藏天花流行，死人无数。驻藏大臣和琳劝人种痘，于乾隆五十九年三月立“永远遵行”碑于大昭寺前，命令人们种痘防天花（图7-2-13，图7-2-14）。该碑立于大昭寺前。碑首高1.1 m，宽1.3 m，厚0.35 m；碑身高1.88 m，宽1.2 m，厚0.27 m；碑座上枋高0.13 m，浮雕如意纹图案。束腰高0.11 m，下枋浮雕仰莲纹饰。该碑东向，碑阳面为汉文，碑额镌刻阳文篆体“永远遵行”四字。正文为阴镌楷体，共519字。碑阴为藏文，内容与碑阳相同。

图7-2-13 永远遵行碑
The Stele of Follow Forever

7.2.8 杨瑛碑

该碑（图7-2-15）坐落在大昭寺神殿正中，系明永乐年间，太监杨瑛奉旨赴藏封赐西藏宗教领袖人物时所立。该碑身高1.68 m，宽0.97 m，厚0.21 m；碑帽高0.36 m，宽1.05 m，厚0.26 m；碑座方形，其绝大部分埋入地下，厚度不明。碑身阳面无文字，碑阴则刻有10排126人姓名，加上指挥、百户、丹书、石匠等，共134人。人名上部，横刻有“微的纳牙尼”五个字。碑身四周，均刻有蔓草纹饰。

图7-2-14 永远遵行碑碑首（左图）
Top of the Stele of Follow Forever
图7-2-15 杨瑛碑（右图）
The Stele of Yangying

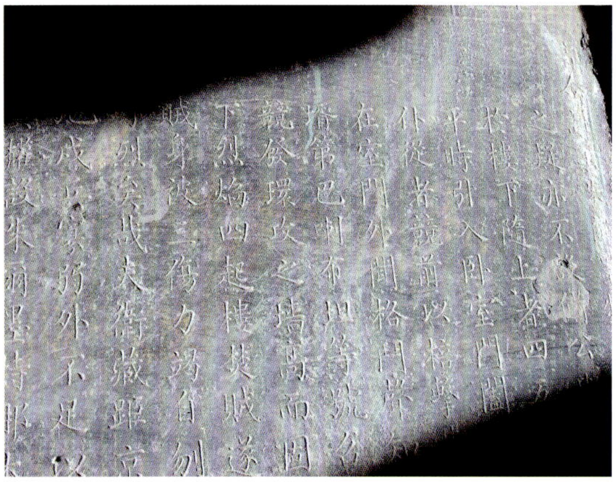

图 7-2-16 双忠祠碑
The Stele of Double Martyrs Hall

图 7-2-17 夏拉康碑
The Stele of Shar-lakhang

7.2.9 双忠祠碑

驻藏大臣傅清、拉布敦在朱尔墨特那木札尔叛乱中，诱杀叛首后，遭到其手下杀害。乾隆五十七年，大将军福康安率军入藏击败入侵的廓尔喀，在大昭寺东北向建立双忠祠以纪念两位遇难大臣，同时立双忠祠碑（图 7-2-16）。现双忠祠碑收藏于拉萨市文物局。三块汉文碑石规格一致，高 0.76 m，宽 0.96 m，边饰雷纹。首篇碑石剥蚀过甚，字迹大多不存。第二、三块保存完好，字迹清楚，内容同《西藏图考》所收录碑文无异。唯碑名“双忠祠碑记”与落款部分《西藏图考》未录，此碑石可补其缺漏。另外两块满文石碑规格亦一致，高 0.97 m、宽 1.79 m，边饰卷叶纹。

7.2.10 夏拉康碑

夏拉康位于拉萨市墨竹工卡县尼玛江热乡，距今已有约 1 200 年的历史，是由娘平丹增沧布主持修建的，该寺庙属于宁玛派。整个寺庙历史最久的就是立于入口处的两块石碑（图 7-2-17），东侧的石碑与房屋一样毁于 20 世纪 60 年代，西侧的碑身现保存完好，但碑盖已不见。两块碑建寺时立，是吐蕃时期的文物。碑底座高 0.95 m，宽 1.6 m，厚 1.14 m，碑身高 5 m，从底部往上渐收，碑身上方还有一块高约 0.38 m 碑盖。碑座上刻有花瓶、云彩等图案，碑身上刻有吐蕃时期的藏族文字，对于研究当时的历史文化有着重要的意义。

7.2.11 磨盘山关帝庙碑

磨盘山关帝庙有一落成碑，立于乾隆五十八年（1793 年），主要内容是描述打败廓尔喀入侵的经过和建庙缘由。廓尔喀是居住在尼泊尔境内的一个民族。曾因商人税收问题，出兵西藏侵占了后藏聂拉木、济咙等地，清朝政府特调内地官兵赴藏，于乾隆五十四年（1789 年）四月，将廓尔喀入侵的军队全部逐出了国境。乾隆五十六年（1791 年）廓尔喀再度入侵，占据了聂拉木、济咙，并一直攻到日喀则，将札什伦布的财产、法器抢劫一空。清政府派大将军福康安率师入藏，于乾隆五十七年（1792 年）七月驱走了入侵的廓尔喀军队。

石碑的碑首已掉落地上，然而尚完整。碑身高 3.04 m，宽 1.18 m，厚 0.29 m；碑首为二龙戏珠浮雕图案，中间阴文篆刻四个大字——“万年不朽”；碑座为长方形，长 1.35 m。碑身正面四边饰云雷纹，中间为汉字楷书碑文，字体工整。

7.3 查拉鲁甫石窟

石窟艺术是佛教艺术的一个组成部分，最初是从西方传过来的。石窟中的各种雕像、塑像基本上都是佛教题材，以表现佛教的各种故事为主。我国内地有不少著名的石窟，如云冈石窟、龙门石窟和敦煌石窟等。在佛教盛行的拉萨，也保存有富有极高艺术价值的石窟。查拉鲁甫石窟（图 7-3-1）就是其中最著名的一个。

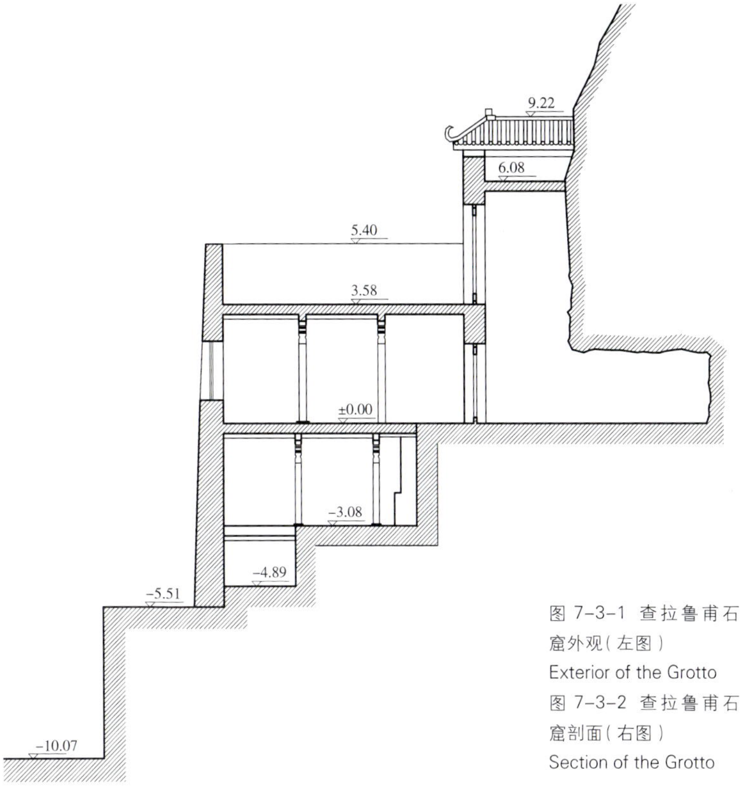

图 7-3-1 查拉鲁甫石窟外观（左图）
Exterior of the Grotto
图 7-3-2 查拉鲁甫石窟剖面（右图）
Section of the Grotto

1）概况

查拉鲁甫石窟俗称帕拉鲁甫石窟，位于药王山东麓，距地面高约 20 余米处。石窟洞口向东，与大门西向的大昭寺遥遥相对，开凿于唐初。《贤者喜宴》记载："茹雍妃在查拉鲁甫雕刻大梵天等佛像，……历十三年圆满完成"即指此。茹雍妃即洁莫遵，系松赞干布的一位王妃。唐代晚期以后，查拉鲁甫石窟几经兴衰。1962 年，十世班禅却吉坚赞曾出资维修；1979 年，土登旺久亦筹资，对石窟进行了维修（图 7-3-2）。

查拉鲁甫石窟依山开凿，为支提式石窟，平面呈不规则长方形，面积约 27 m²。洞口高 2.56 m，洞口宽 4.45~5.5 m。洞内有一中心柱，其平面亦为不规则长方形。中心柱与洞壁之间是狭窄的转经廊，宽 0.75~1.3 m，仅可容一人通过，窟内共有造像 71 尊，除两尊泥塑外，其余皆为石刻像，分布在中心柱四面和石窟的南、西、北壁上（图 7-3-3）。

2）石窟内造像

（1）中心柱造像（图 7-3-4）

中心柱四面共有 14 尊造像，造像高大，皆高浮雕，可惜多成残指断臂。重修后，残缺部分用泥塑补全，并依当地习惯，为这 14 尊造像披上了"法衣"，已较难反映其原有全貌了。

①东面，有一佛两弟子两菩萨 5 尊造像。

②南面和北面，各有 3 尊造像，为一佛两菩萨，其造像题材、服饰和坐立姿势皆类同。

③西面，原有一佛两弟子 3 尊造像，可惜这 3 尊造像已毁。现为松赞干布的塑像。

（2）转经廊南壁造像（图 7-3-5）

石窟南壁造像数量最多，共 32 尊，分上、中、下三排，其上排有 17 尊，中排 1 尊，下排 14 尊。下排造像形体最大，上排次之，中排最小。

①上排，造像组合很有规律，一般为一佛两菩萨。除第一尊造像外，其他 16 尊造像自东向西分为 6 组。

第一组，主尊释迦佛。释迦像高 0.33 m，右胁侍菩萨像高 0.31 m，左胁侍菩萨像高 0.32 m。

第二组，主尊是西藏历史上宁玛派的重要代表人物之一——素尔穹•喜饶札巴（1014—1074 年）又称甲巴或拉杰钦波（意为大译师）。他本是一个行乞僧人的儿子，后来被一位叫素尔波且的人收为养子，并向素尔波且学到了全部密法，还独自到甲卧地方修法 13 年。据说他在修法期间得到了"大圆满"的境界。于是他的势力不断壮大，弟子众多。宁玛派作为一个教派，到这

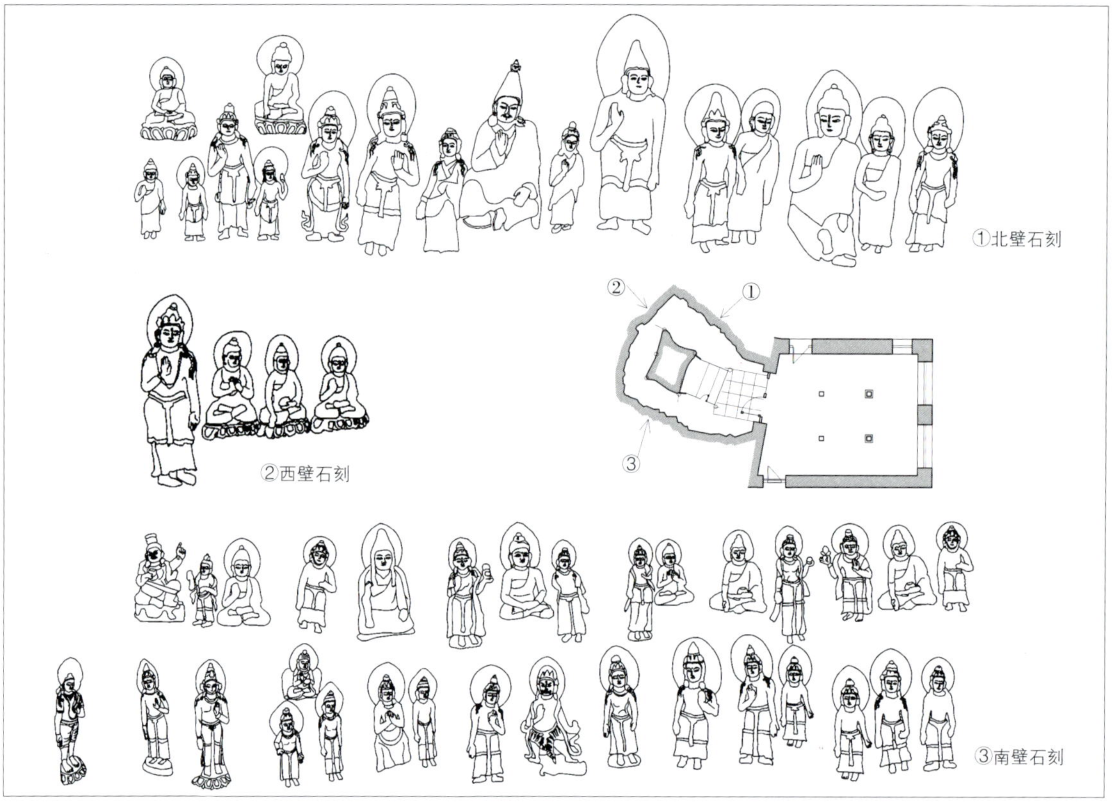

图 7-3-3 转经廊造像分布图
Distribution of the Statues of the Revolving Cylinder Corridor

图 7-3-4 中心柱造像（左图）
Statues on the Newel
图 7-3-5 南壁造像（右图）
Statues on the South Wall

一时期才正式形成。

第三组，主尊阿弥陀佛，像高 0.4 m，右胁侍菩萨造型优美，像高 0.42 m，左胁侍菩萨像高 0.45 m。

第四组，释迦像，高 0.38 m，右胁侍菩萨高 0.42 m，左胁侍菩萨高 0.47 m。

第五组，右胁侍菩萨，像高 0.45 m，释迦像高 0.38 m，左胁侍菩萨像高 0.43 m。

第六组，释迦像高 0.37 m，左胁侍菩萨像高 0.3 m。

上排除这六组造像外，还有一尊尼玛次造像，位于上排之首。“尼玛”是藏语太阳的意思，“次”是藏语抓的意思。在造像的上方，就雕刻有一直径 0.05 m 的圆形太阳。传说尼玛次是古印度很有才能的人，他将天上 9 个太阳用手抓掉，只剩下一个太阳。这和我国古代传说中的后羿射日极为相似。其造像高 0.29 m，坐于方台上。

②中排只有一尊释迦造像。这尊造像是利用上下两排间的空隙雕造而成。该像造型很小，高仅 0.25 m。

③下排造像距地均 1 m，整排几乎为菩萨群体造像，只有一尊金刚力士掺杂其中。菩萨造像大同小异，兹自东向西择其主要者加以介绍。

第一尊弥勒菩萨，高 0.73 m，在此尊造像的头顶，有 3 个阴刻蓝磋体梵文字和两组古藏文数码。3 个梵文字的意思为“妙严弥勒”。

第二尊菩萨高 0.78 m，赤足站立于圆形覆莲座上。

第五尊蹲式菩萨造形较奇特，作蹲立姿势，双手合掌置胸前。像高 0.63 m。

第七尊菩萨，造型优美，腰姿扭摆幅度较大。像高 0.58 m，是下排菩萨造像中的典型代表。

第八尊金刚力士，像高 0.53 m，头戴锯齿形五花宝冠，面目狰狞，刚劲有力。

3）转经廊西壁造像

西壁造像在数量上较少，大致在一条水平线上，距地表约 1.1 m。由于西壁崖面的崖石纹理呈斜状，不宜于雕琢，所以，在西壁中部 3 m 多长的崖面上无任何造像。尽管西壁造像较少，但这些造像非常精致，形态各异。

（1）菩萨造像　体形较高大，造像比例协调，面相端庄。像高 0.82 m，赤足站立于圆形仰莲座上。这尊菩萨造像雕刻细腻，人物形象生动，装饰齐全，衣纹清晰流畅。

（2）三世佛　三尊造像基本相同，不同的是手势、尺寸大小不同而已。过去佛像高 0.4 m，现在佛像高 0.4 m，未来佛像高 0.41 m。

（3）莲花生像　莲花生亦称“乌金火师”，乌仗那（地在今巴基斯坦境内）人，属印度“因陀罗部底”系的密教传承。莲花生应吐蕃王墀松德赞（755—797 年在位）之请入藏传播密法，曾利用密宗法术同西藏原始宗教苯教巫师作斗争，并与印度人寂护共建桑耶寺（在今山南札囊县），对吐蕃佛教战胜苯教起了一定作用。西藏佛教宁玛派尊莲花生为“祖师”。造像高 0.45 m，右手执金刚，左手持钵，并抱法杖，跏趺于方台上。

4）转经廊北壁造像

北壁共有 19 尊造像，可分上下两排，上排仅有两尊造像，一高一低掺杂在下排造像的空隙间。

（1）上排，两尊都是释迦造像，风格亦基本相同。第一尊造像双手持钵，像高 0.40 m；第二尊手作指地印，高 0.40 m。

（2）下排，自西向东共有 17 尊造像，题材以菩萨为主，其次就是吐蕃时期的几位重要人物，还有阿弥陀佛与金刚力士。金刚力士为泥塑。主要有：

①吞弥桑布扎像，吞弥桑布扎是吐蕃王松赞干布的重臣之一，传说西藏文字即是他创造出来的。吞弥桑布扎的主要著作有《声明学》，《藏文三十松论及相转论》，惜今已不存。造像高 0.66 m，表情温顺、慈祥、沉默，若有所思。

②文成公主像，唐贞观十五年（641 年），文成公主由长安来到西藏拉萨与吐蕃王松赞干布联姻一事，是汉藏兄弟民族友好关系的象征，文成公主也被藏族人民神化为度母的化身。其造像位于松赞干布像的右侧，举止悠然，落落大方，像高 0.55 m。

③松赞干布像，松赞干布是西藏历史上一位杰出人物，他统一了西藏各个部落，建立了以拉萨为中心的吐蕃王朝，采取了各种改革措施和对外政策，使西藏历史进入了一个新的发展时期，因此，藏族人民将松赞干布神化为观音的化身。他的造像与众不同，头戴塔八尖帽，帽似由白布缠裹而成，顶端露出一小佛头像，这是松赞干布“肖像”的主要标志之一。松赞干布浓眉大眼，八字胡，表情严肃认真。左手放膝面，右手作论辩印，好似正在为群臣讲解佛法诸事。造像高 0.71 m。

④墀尊公主像，墀尊公主是泥婆罗（今尼泊尔）人，略早于文成公主来到西藏。墀尊公主也被藏族人民美化为度母的化身。其造像站立于松赞干布左侧，衣着打扮基本与文成公主相同。双手抱胸，眉目清秀，纤弱文雅，造像高 0.52 m，整个身姿匀称协调，显得格外窈窕动人。

⑤禄东赞像，禄东赞也是松赞干布的重要大臣之一，他智勇双全，多才多艺。曾奉命到长安迎请文成公主，为吐蕃王朝立下了汗马功劳，汉藏史料中都记载有他的动人事迹。其造像高 0.64 m，左手下垂，右手置于胸前。

西藏是我国佛教比较昌盛的地方之一，尤以拉萨为著，大小寺院举不胜举。作为佛教组成部分的石窟寺艺术，却一直没有引起人们的足够重视。查拉鲁甫石窟古老的石刻造像，保存基本完好，具有很高的历史和艺术价值。它不仅为西藏众多的摩崖造像、泥塑像、壁画、唐卡等提供了断代依据，而且也极大地丰富了我国石窟寺艺术，是全面认识我国石窟寺艺术的重要实物资料之一。

7.4 药王山摩崖造像

药王山大体为东西走向，药王山现存摩崖造像（图 7-4-1）主要分布于该山南边一侧。这儿山崖并不很高，残崖断壁纵摆横布，凿壁雕像，确实是个好地方。山上石质坚硬致密，所以造像保存得较好。药王山摩崖造像数量多，造像总数不下 5 000 尊，堪称西藏摩崖石刻造像之冠（图 7-4-2）。摩崖造像内容丰富，题材广泛，时代有早有晚，风格多种多样。造像题材以千佛像为主，还有释迦佛、菩萨、护法神像，一佛二供养人像，十一面观音菩萨像等。造像上下或左右，一般都刻有“六字真言”，凿刻得相当醒目。这批造像中一些造像风格显然受到印度犍陀罗艺术的影响，尤其某些菩萨像，具有较高的研究价值。

据《西藏王臣记》载：松赞干布来到红山，“亲眼看见那里有自然现显的六字真言，他当即沐浴净身虔诚祈祷，感得从自然现起的六字真言放出五色灿烂的彩虹，辉映到对面岩石上自然现起的观世音菩萨，救度母、马头金刚等佛像上面。……松赞王继请来尼泊尔的一些有精巧艺术的造像工人，依照自然现出的佛像那种庄严神采，而精细雕出很清晰的身之所依——佛菩萨像，及语之所依——六字真言等。”这里的“对面岩石”即指药王山，可见药王山摩崖造像最早在吐蕃初期（7 世纪初）已开始雕刻。此后一千多年陆续有造像活动，时至今日，一些虔诚的教徒还常在此凿刻一些佛教造像。

药王山众多的摩崖造像，不仅具有很高的历史文物价值，而且是一座十分珍贵的艺术宝库。

图 7-4-1 摩崖造像一（左图）
Statues Carved on Precipice 1
图 7-4-2 摩崖造像二（右图）
Statues Carved on Precipice 2

第 7 章注释：

1 参考西藏自治区文物管理委员会编，《拉萨文物志》（内部发行），1985 年。

2 天葬：藏民认为秃鹫能将人的灵轮带上高高的天空。所以在死后一般进行天葬将尸体献给兀鹰食用。死者遗体送到天葬场后，由天葬师用利斧肢解。并将尸肉和糌粑搅拌，呼唤兀鹰过来啄食，这些兀鹰很快就能将一具尸体吃的干干净净。

3 水葬：水葬的方式是将尸体背负到江河激流处，肢解后投入水中。也有的不肢解尸体，直接绑上石头，沉入深深的河底。所以以前拉萨人是不吃鱼的。

4 参见邓侃主编，孙俊跃副主编，《西藏的魅力》，拉萨：西藏人民出版社，1999 年，第 164 页。

第 5 章注释：

1 转引自杨嘉铭、赵心愚、杨环，《西藏建筑的历史文化》，西宁：青海人民出版社，2003 年，第 4 页。
2 参见杨嘉铭、赵心愚、杨环，《西藏建筑的历史文化》，西宁：青海人民出版社，2003 年，第 6 页。
3、4、5 同注 2，第 23 页，第 7 页，第 10 页。
6 参见《藏族简史》编写组编，《藏族简史》，拉萨：西藏人民出版社，1985 年，第 14 页。
7 同注 2，第 17 页。
8 参见孙大章，《中国民居研究》，北京：中国建筑工业出版社，2004 年，第 58 页。
9 参见陈履生编著，《西藏民居》，北京：人民艺术出版社，1994 年，第 7 页。
10 同注 8，第 171 页。
11 同注 2，第 147 页。
12 参见徐宗威主编，《西藏传统建筑导则》，北京：中国建筑工业出版社，2004 年，第 5 页。
13 摄政佛，亦称为摄政、摄政王、执政佛，出设立于清乾隆二十二年（1757 年）。七世达赖喇嘛圆寂后，乾隆帝恐西藏之政教事务无人主理而生变故，遂赏给六世第穆活佛"诺门罕"名号，命其在新达赖未寻获前和未满 18 岁亲政前，代替达赖"掌办商上事务"，后摄政佛作为制度保留下来。参见王尧、陈庆英主编，《西藏历史文化辞典》，拉萨：西藏人民出版社、杭州：浙江人民出版社，1998 年，第 232 页。
14 12 角柱：多角柱的一种。多角柱是藏式建筑构造中的一种柱子形式，截面为"亚"字形，用于形制较高的建筑，有 12 角柱、16 角柱、20 角柱等几种。
15 罗赛林扎仓是策默活佛系统的出身和驻锡地。
16 呼图克图，清朝文献又作胡土克图，系蒙语，意为转世活佛、圣人、长寿者之意，原为蒙古族地区对藏传佛教大活佛的称呼，后清中央政府以此号授予藏、蒙等地区的藏传佛教最高等级的活佛，并于理藩院备案。参见王尧、陈庆英主编，《西藏历史文化辞典》，拉萨：西藏人民出版社、杭州：浙江人民出版社，1998 年，第 114 页。
17 参见恰白·次旦平措、诺章·吴坚、平措次仁著，《西藏通史简编》，北京：五洲传播出版社，2000 年，第 274 页。
18 转引自次仁央宗，"试论西藏贵族家庭"，《中国藏学》，1997 年第 1 期，第 126 页。
19、20 参见《西藏风物志》，拉萨：西藏人民出版社，1999 年，第 131 页。
21 祈愿大法会，亦称大祈愿法会、传召大法会、传大召，是西藏佛教界重要的宗教活动之一。明永乐七年（1409 年），黄教创始人宗喀巴大师按照古印度祇愿法会，会上由他向与会僧俗群众宣讲《佛本生经》，活动持续了 15 天。在黄教得势后，相当长的一段时期，法会年年举行。西藏和平解放后，法会受到了党和政府的保护。参见王尧、陈庆英主编，《西藏历史文化辞典》，拉萨：西藏人民出版社、杭州：浙江人民出版社，1998 年，第 56 页。
22 糌粑，藏语音译，类似炒面，是生活在青藏高原上的藏族人民特有的传统食品，是将精选的青稞麦洗净、炒熟，然后磨成面粉。一般食用方法是将糌粑与酥油茶拌和，用手搅捏成团即可。参见王尧、陈庆英主编，《西藏历史文化辞典》，拉萨：西藏人民出版社、杭州：浙江人民出版社，1998 年，第 314 页。
23 代本，旧译作"戴绷"或"代奔"。清代西藏地方政府军职名，四品官阶，相当于团长。清乾隆五十七年（1792 年），清廷仿八旗制度设立正规藏军，编制 3 000 人，设 6 个代本。参见王尧、陈庆英主编，《西藏历史文化辞典》，拉萨：西藏人民出版社、杭州：浙江人民出版社，1998 年，第 61 页。

第 6 章注释：

1 叶玉梅，《敦煌文化对西藏佛教文化艺术之影响》，载于《西藏艺术研究》，2002 年第 2 期，第 36 页。
2 转引自徐宗威，《西藏传统建筑案例》，北京：中国建筑工业出版社，2004 年，第 366 页。
3 同注 2，第 320 页。

8 拉萨重要历史性建筑调查实录

Record of Historical Architecture in Lhasa

布达拉宫 Potala Palace

8.1 拉萨重要历史性建筑调查名录(1–32)

序号	名称	年代	所在地
1	布达拉宫	始建于 7 世纪,1645 年重建	拉萨市内
2	大昭寺	始建于 7 世纪中叶	拉萨市内
3	小昭寺	始建于 7 世纪中叶	拉萨市内
4	甘丹寺	1409 年	拉萨市达孜县
5	哲蚌寺	1416 年	拉萨市西郊
6	色拉寺	1419 年	拉萨市北郊
7	直贡提寺	1179 年	拉萨市墨竹工卡县
8	墨如宁巴	始建于 7 世纪中叶	拉萨市色拉达果巷 9 号
9	那林扎寺	1435 年	拉萨市林周县
10	楚布寺	1189 年	拉萨市堆龙德庆县
11	热振寺	1057 年	拉萨市林周县
12	夏拉康	始建于 8 世纪中叶,1982 年重建	拉萨市墨竹工卡县
13	卓玛拉康	1054 年	拉萨市曲水县聂塘乡
14	吉拉康	1112 年	拉萨市林周县冲堆乡
15	关帝庙	1792 年	拉萨市内
16	尼姑庙	始建于明代	拉萨市内
17	清真寺	1716 年	拉萨市内
18	印经院	清代	拉萨市内
19	觉木隆寺	始建于 11 世纪中叶	拉萨市堆龙德庆县乃琼镇
20	吉嘎曲德寺	1100 年	拉萨市尼木县塔荣乡
21	惜德林	815 年—838 年	拉萨市内
22	策默林寺	1777 年	拉萨市北京东路 3 巷 23 号
23	拉囊宁巴	始建于明初	拉萨市八廓南街 4 号
24	罗布林卡	清代	拉萨市内
25	龙王潭	清代	拉萨市布达拉宫山阴
26	容扎	清代	拉萨市卧堆布巷 5 号
27	吉日卓康	清代	拉萨市八廓街
28	查齐夏	清代	拉萨市八廓北街 49 号
29	达东夏	清代	拉萨市卧堆布巷 4 号
30	俊巴,左母热	始建于 7 世纪	拉萨市八廓街卧堆布巷 11 号,八廓街阿康巷 4 号
31	热堆康赞,果瓦康赞	始建于 7 世纪中叶	拉萨市卧堆布巷 9、10 号
32	盘雪	清代	拉萨市石桥巷 19 号

8.2 拉萨重要历史性建筑调查名录(33–63)

序号	名称	年代	所在地
33	顿旺	清代	拉萨市北京中路
34	朗奴	始建于 8 世纪	拉萨市八廓街翁堆兴卡路 48 号
35	夏幅嘎布	20 世纪 30 年代	拉萨市八廓北街 27 号
36	岗嘎夏	清代	拉萨市八廓街色拉达果巷 12 号
37	北京从康,果赤从康	民国	拉萨市八廓东街 15 号和 17 号
38	奴玛	清代	拉萨市八廓街色拉达果巷 2 号
39	扎康	清代	拉萨市八廓街
40	泽当康萨,独康强	清代	拉萨市八廓东街 59、62 号
41	东吉苏	清代	拉萨市卧堆布巷 1 号
42	嘎结夏	清代	拉萨市八廓街色拉达果巷 4 号
43	根布夏	清代	拉萨市八廓街色拉达果巷 8 号
44	娘容夏	清代	拉萨市八廓街
45	措那从康	清代	拉萨市八廓街
46	罗崩夏	清代	拉萨市八廓街
47	朗嫫嫫	清代	拉萨市八廓街
48	朗苍强	清代	拉萨市八廓东街卧堆布巷 3 号
49	夏扎	18 世纪	拉萨市八廓街鲁固一巷 17 号
50	日苏奴	清代	拉萨市八廓街
51	坡容卡	清代	拉萨市八廓街
52	德吉康萨	清代	拉萨市八廓街
53	岭苍	清代	拉萨市八廓街
54	半康	清代	拉萨市八廓街
55	角那仓	清代	拉萨市八廓街
56	杰吉林	清代	拉萨市八廓街
57	琼结崩唐	清代	拉萨市八廓街
58	卡尔旦	清代	拉萨市八廓街
59	唐嘎	清代	拉萨市八廓街
60	冲巴卡	清代	拉萨市八廓街
61	强维巴	清代	拉萨市内
62	朗色康萨	清代	拉萨市内
63	琉璃桥	18 世纪	拉萨市宇拓路

8.3　拉萨郊县图

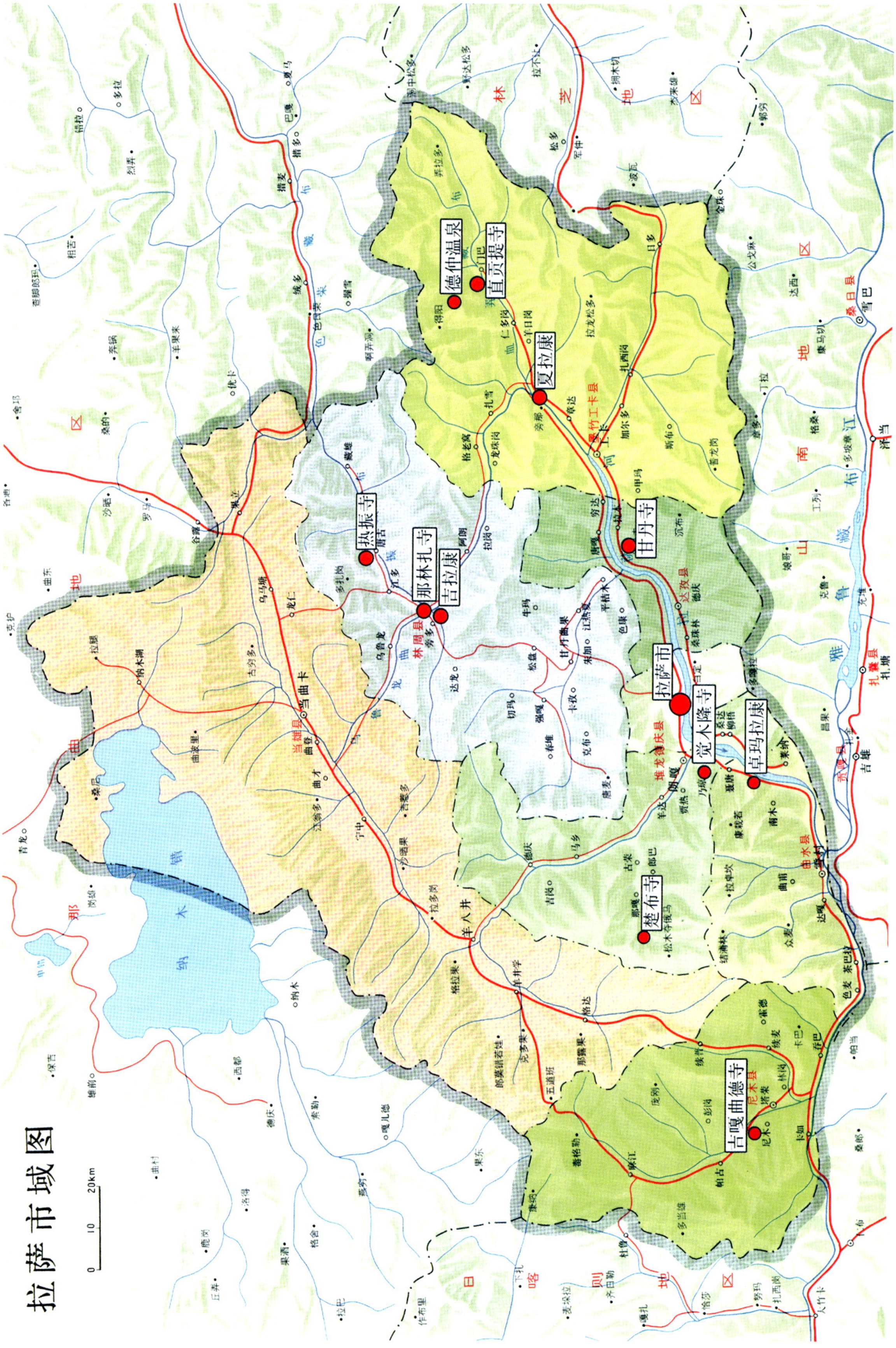

根据中国城市地图集编辑部编制 中国城市地图集（下册），北京：中国地图出版社，1994年，第205页改绘

8.4 拉萨市区图

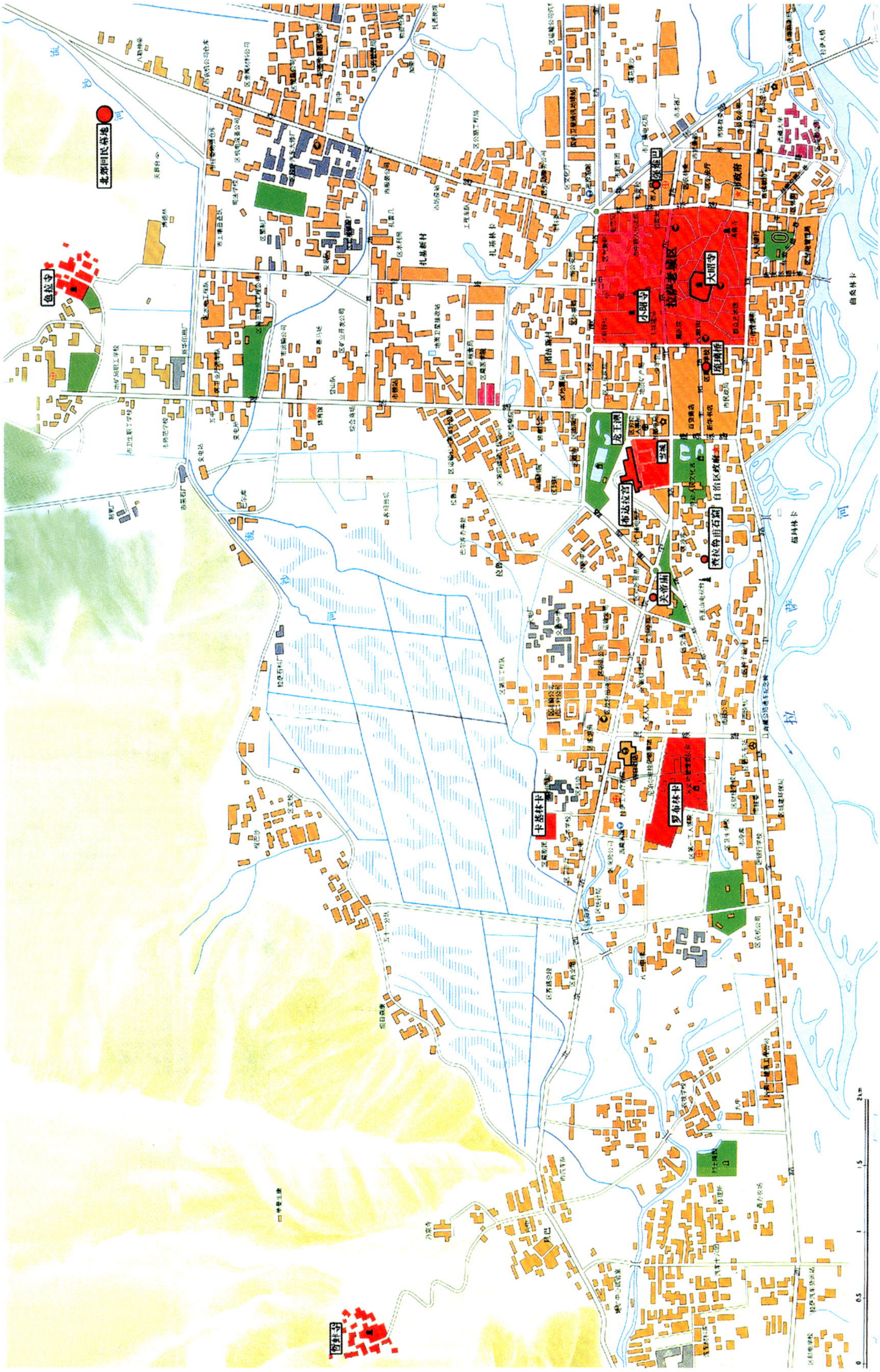

根据中国城市地图集编辑部编制，中国城市地图集（下册），北京：中国地图出版社，1994 年，第 307 页改绘。

8.5 拉萨重要历史性建筑评析

1 布达拉宫 Potala Palace

布达拉宫
Potala Palace

布达拉宫位于西藏自治区首府拉萨市中心的红山之巅，始建于 7 世纪吐蕃王朝松赞干布执政时期。据记载，松赞干布修建的红山宫规模宏伟，他在红山周围修建了三道围墙，总共建了 999 间宫室，加上山顶的 1 间，1 000 间。在主楼藏王宫室和南部王妃宫室之间，架有一道用铜和银浇铸成的天桥。宫檐多以宝石为饰，走廊台阁，富丽堂皇，非常壮观。

红山宫在芒松芒赞（650 年—676 年）和赤松德赞（755 年—797 年）时期遭受到兵燹和雷击，宫殿建筑破坏严重，仅保存了少量的宫室。特别在 836 年—842 年朗达玛灭佛后，吐蕃王朝瓦解，社会陷入长期混战状态，宫室更加荒废。

1642 年，在蒙古酋长固使汗武力扶持下，五世达赖喇嘛取得政权，建立了政教合一的噶丹颇章地方政权。五世达赖喇嘛还决定于 1645 年在红山宫旧址重建布达拉宫。全部工程于 1653 年竣工，噶丹政权机构从哲蚌寺迁至布达拉宫。从此，布达拉宫一直是西藏政教合一的政权中心。

1682 年，五世达赖阿旺罗桑嘉措圆寂。第五代第司桑结嘉措为纪念五世达赖，主持修建了五世达赖喇嘛的灵塔及灵塔殿，并据此扩建成红宫。后来又陆续加建了历代达赖喇嘛的灵塔和灵塔殿。今天我们所见到的这座高 110 余米，面积达 13 万 m^2 的布达拉宫，于 1936 年修建完十三世达赖的灵塔殿后最后形成。

仰视图（左图）
An Upward View
从小昭寺看布达拉宫（右图）
Potala Palace Looking from Ramoche Monastery

精美的梁架装饰（左图）
Decoration of the Beam
布达拉宫坡道（右图）
The Ramp of Potala Palace

五世达赖灵塔殿金顶斗栱（左图）
Dou-gong Bracket
九世达赖灵塔殿金顶（右图）
Golden Summit

白宫——历代达赖的寝宫、噶厦政府办公用房、集会大殿等
White Palace

1645 年（藏历木鸡年三月二十五日），五世达赖喇嘛阿旺罗桑嘉措、蒙古酋长固始汗和摄政王第司•索朗饶登等汇聚在红山，共商重建布达拉宫大计。26 日，正式放线设计。全部工程由第司•索朗饶登主持。此次重建保留了松赞干布所建的法王洞，并在其部分基础上兴建了白宫。1647 年（藏历水猪年七月），主体工程基本完成。1648 年，外围工程竣工。五月初，东大殿、大藏经殿、密乘乐园大殿的壁画开始绘制。1653 年，布达拉宫重建工程完工，白宫建成，作为达赖的寝宫和办公用房。

八世达赖灵塔殿金顶套兽（左图）
Decorative Animal in Golden Summit
白宫（右图）
White Palace

红宫——历代达赖的灵塔殿和各类佛堂
Red Palace

红宫从建成后到七世达赖喇嘛继位的半个世纪里，只进行了正常的维修。此后至七世达赖圆寂的半个世纪中，红宫的顶层有了明显的变动。为了修建七世达赖灵塔殿，将红宫西北角的一个殿堂进行了改建，加高墙身并加建了金顶。八世达赖圆寂后，又将红宫顶层北面的一个殿堂改建为八世达赖灵塔殿，也加高了墙身并加建金顶。九世达赖圆寂后，又将八世达赖灵塔殿东面的一个殿堂改建为达赖灵塔殿，并加高墙身和加建金顶。十世、十一世、十二世达赖喇嘛在位时间均不长，未专门建灵塔殿，在此期间布达拉宫没有大的筑建工程。十三世达赖喇嘛是各代达赖喇嘛中在位时间较长的一个，晚年曾在白宫顶部东边修建了一组寝宫。圆寂后，公元1934年在红宫拆除了部分僧舍，修建了十三世达赖灵塔殿。

红宫仰视（左图）
Worm's Eye View of Red Palace
红宫地宫（右图）
The Ground Chamber of Red Palace

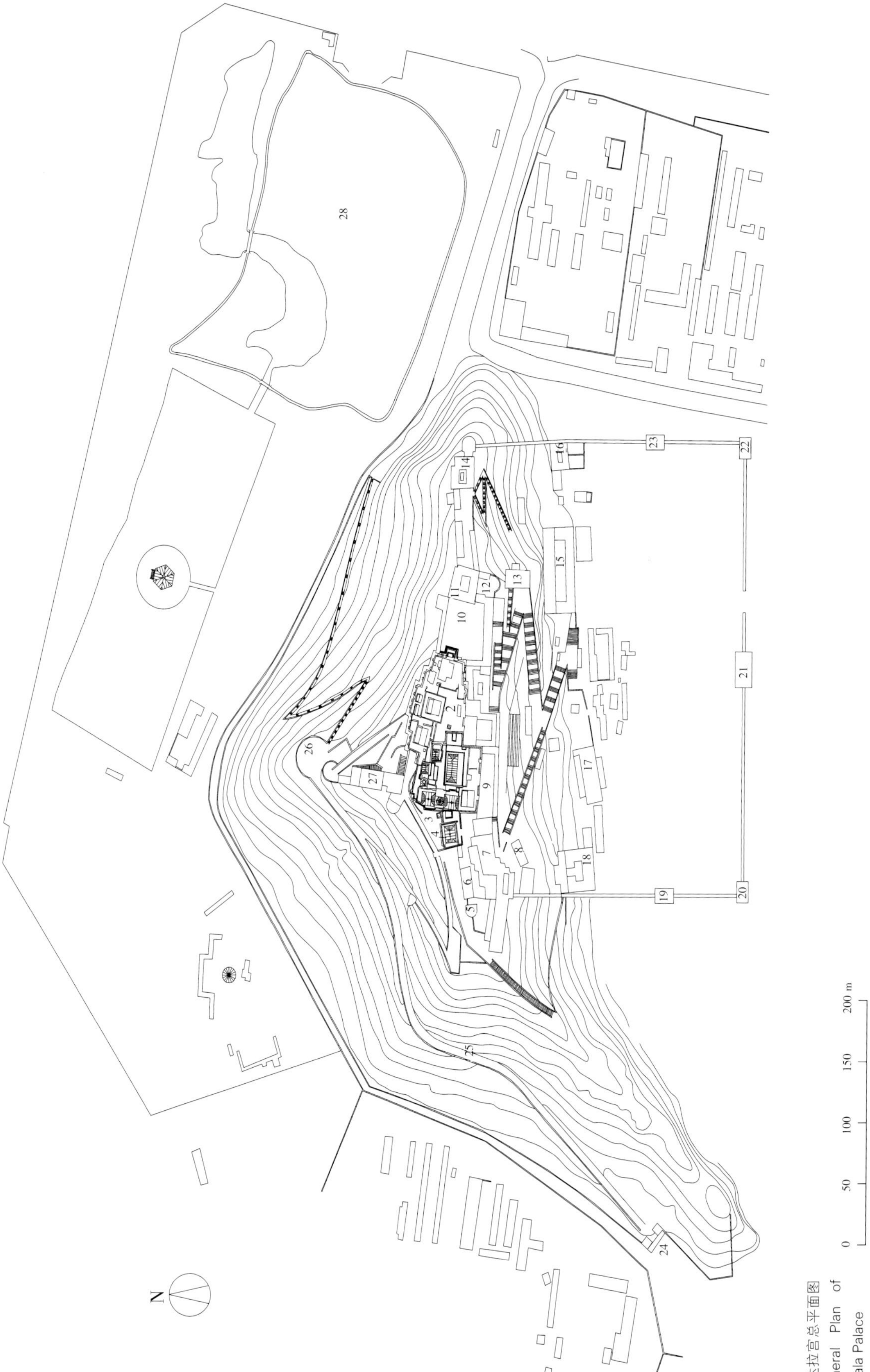

1 红宫
2 白宫
3 丹玛窑
4 十三世灵塔殿
5 西圆堡
6 桀布窑
7 上扎厦
8 下扎厦
9 西庭院
10 东庭院
11 僧官学校
12 虎穴圆道
13 玉阶窑
14 东大堡
15 原藏军司令部
16 东印经院
17 雪巴列空
18 印经楼
19 西宫门
20 西南角楼
21 南宫门
22 东南角楼
23 东宫门
24 西外门
25 后山公路
26 后圆堡
27 亚累楼
28 龙王潭

布达拉宫总平面图
General Plan of Potala Palace

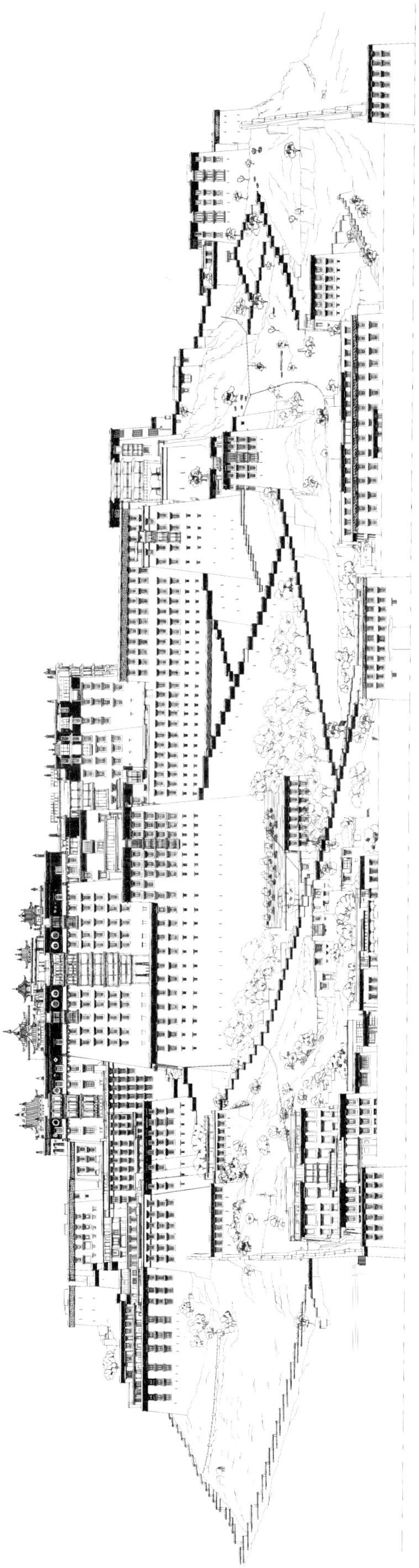

布达拉宫正立面
Front Elevation of
Potala Palace

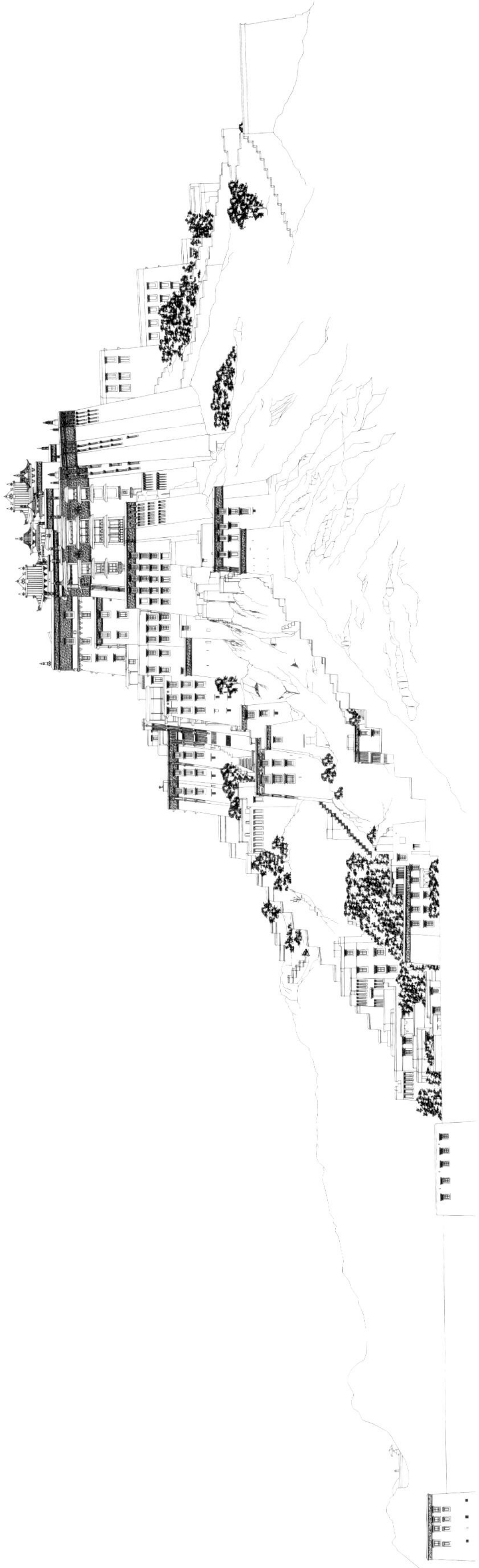

布达拉宫东立面
East Elevation of
Potala Palace

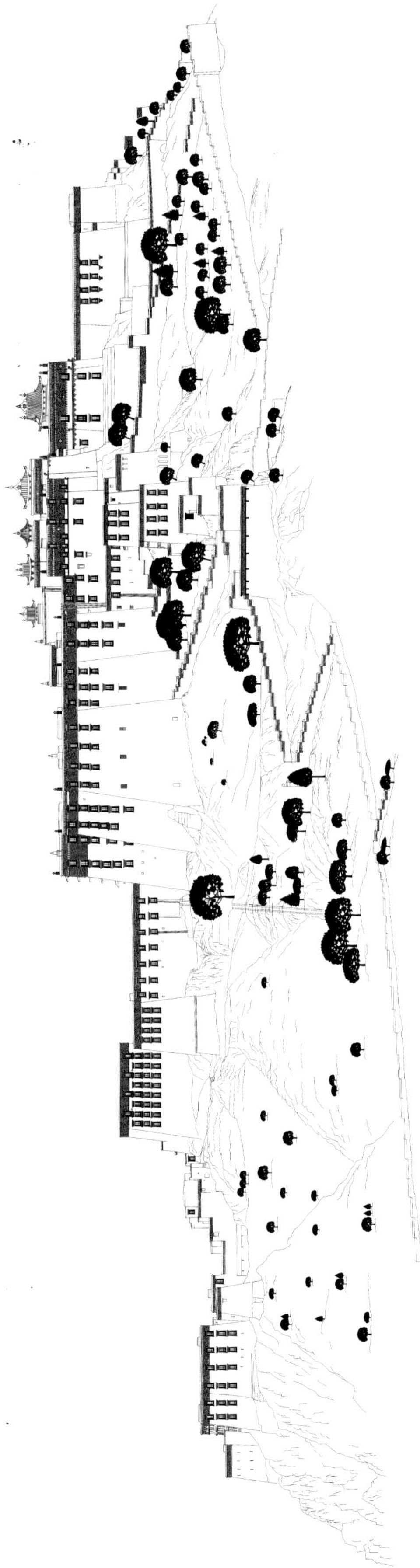

布达拉宫北立面
North Elevation of
Potala Palace

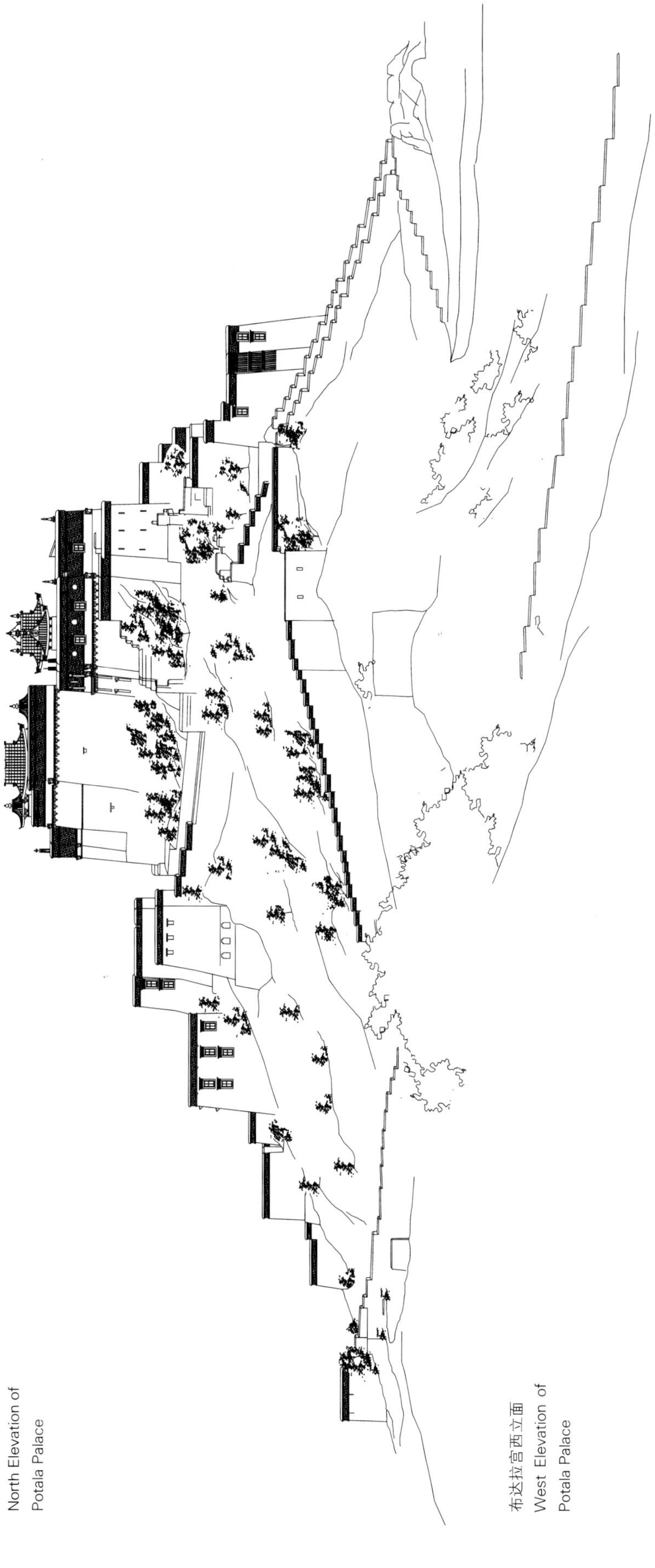

布达拉宫西立面
West Elevation of
Potala Palace

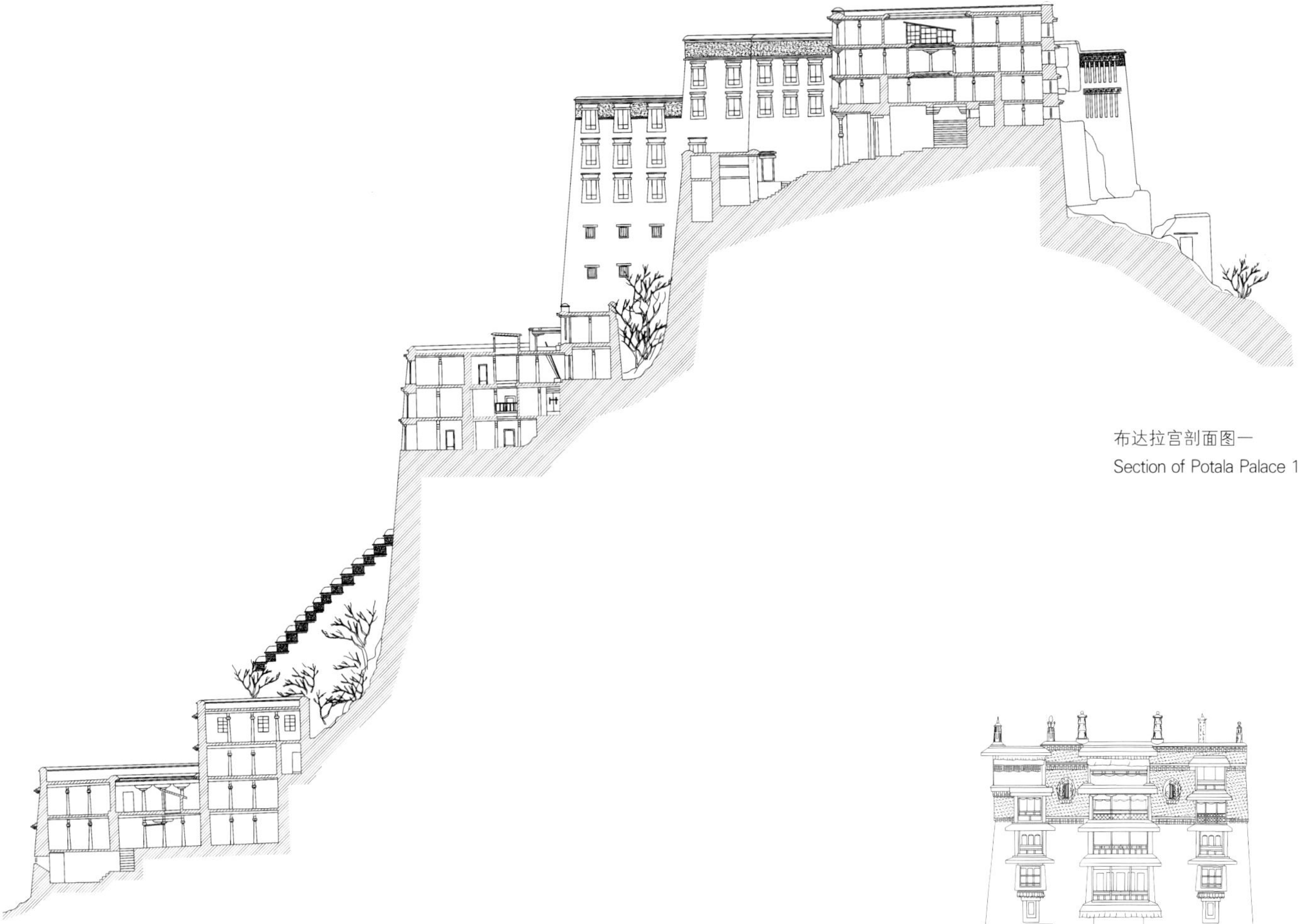

布达拉宫剖面图一
Section of Potala Palace 1

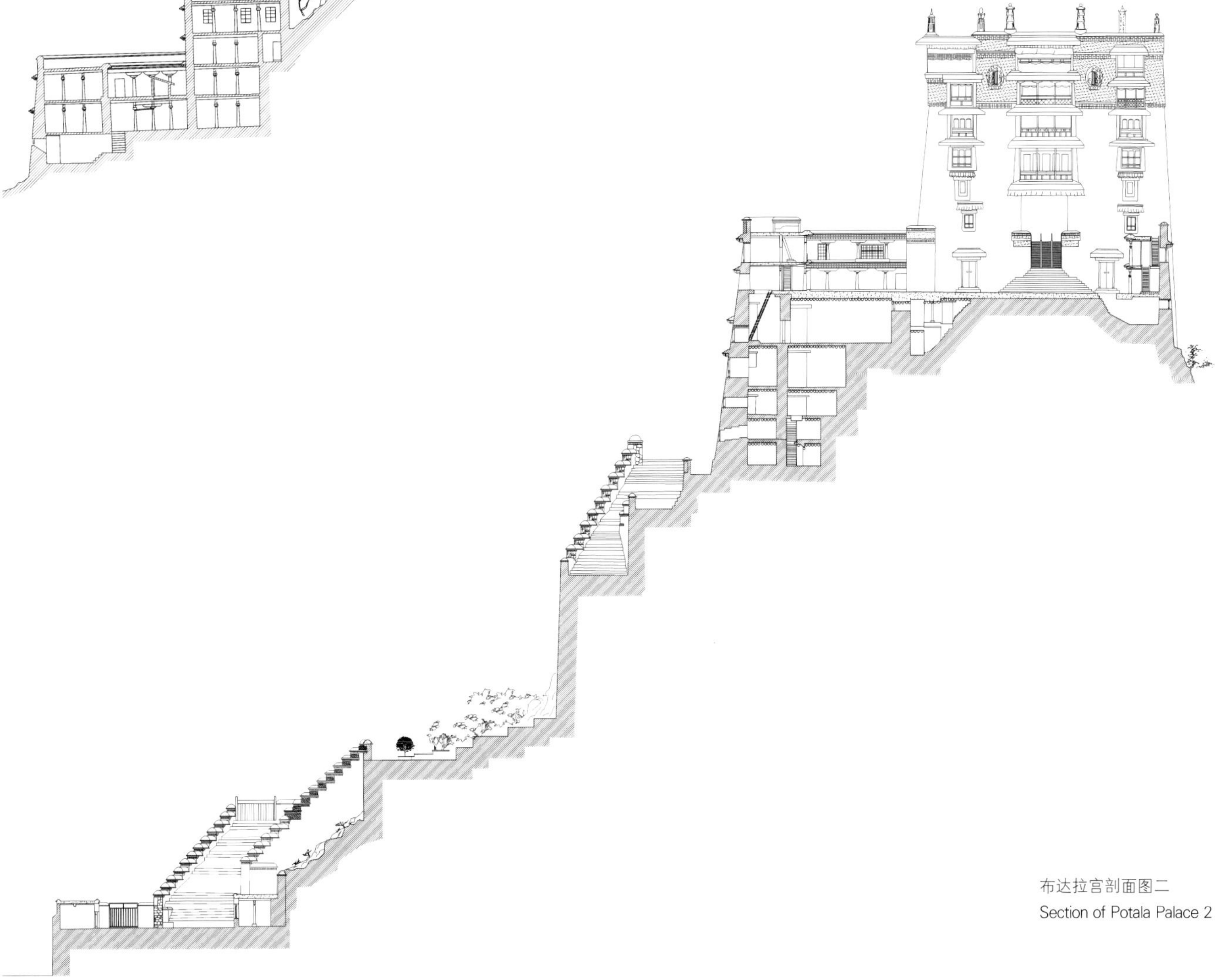

布达拉宫剖面图二
Section of Potala Palace 2

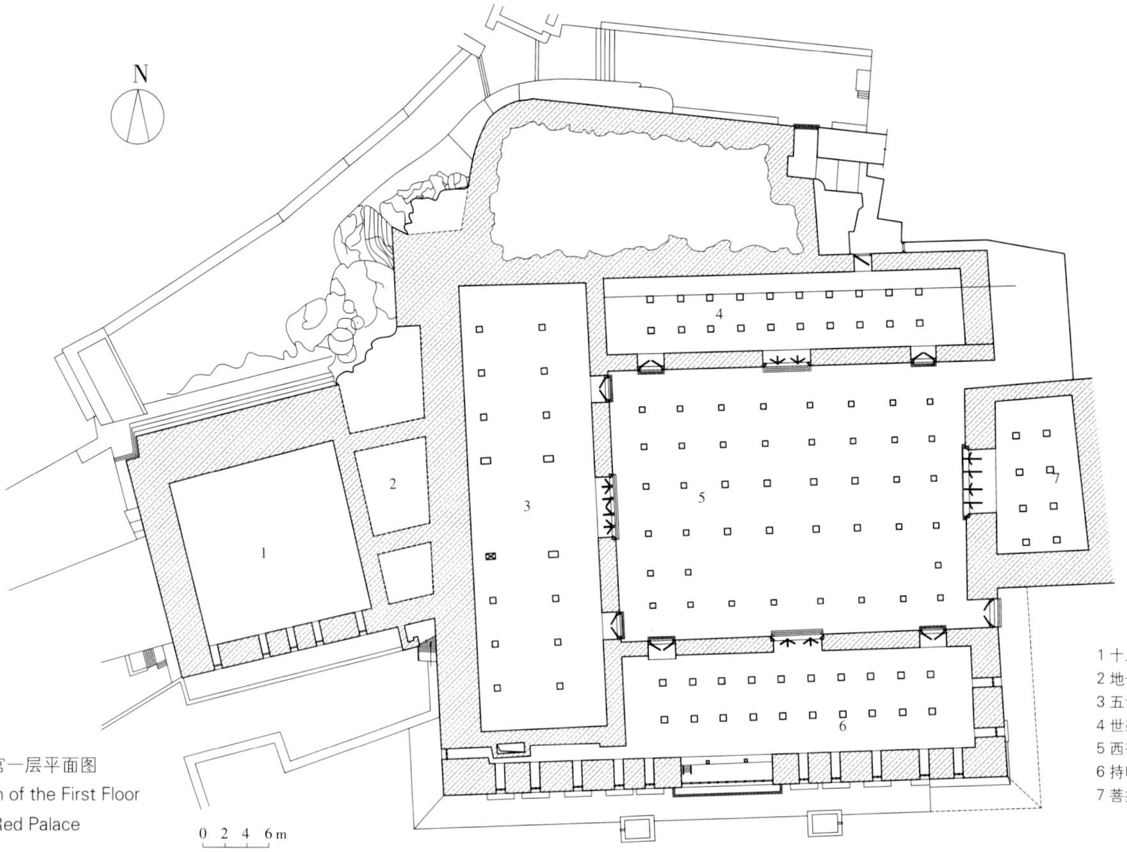

1 十三世灵塔殿
2 地母堡
3 五世灵塔殿
4 世袭殿
5 西有寂圆满大殿
6 持明殿
7 菩提道次第殿

红宫一层平面图
Plan of the First Floor
of Red Palace

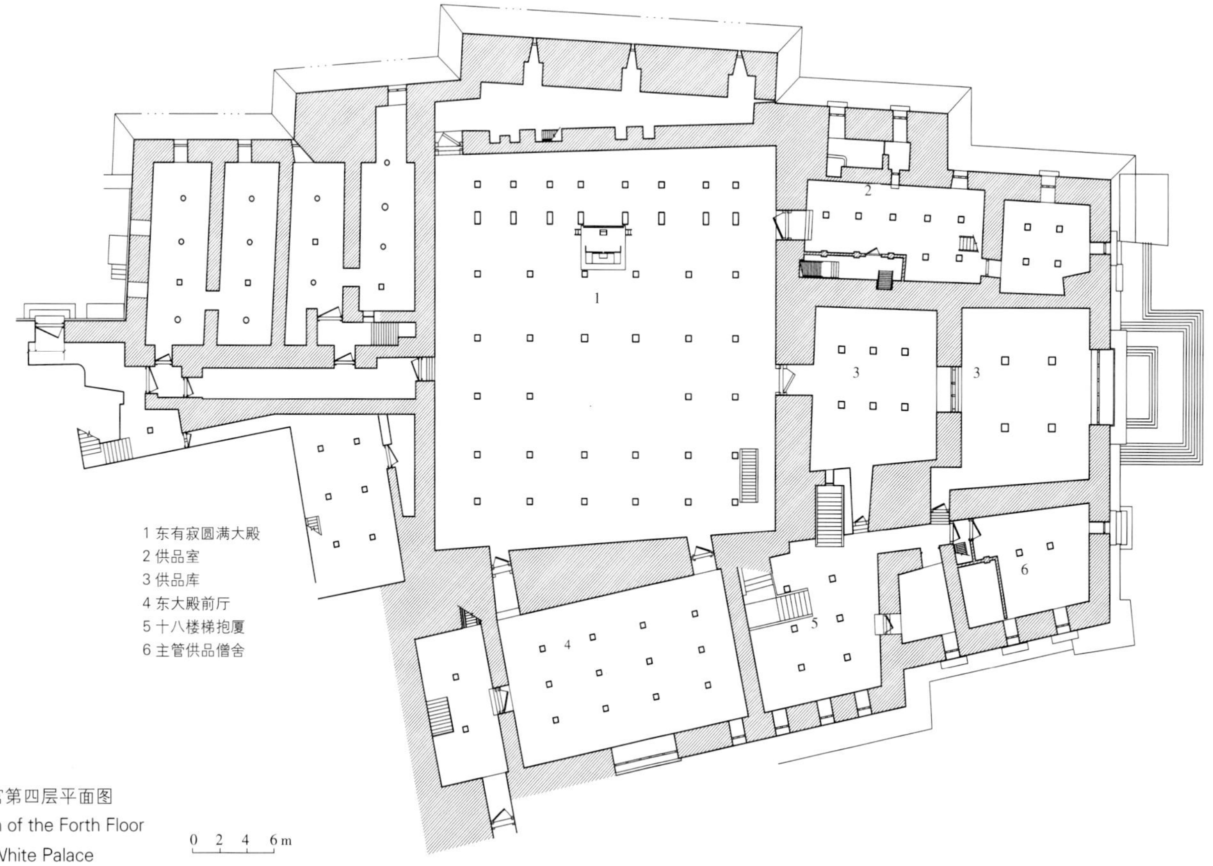

1 东有寂圆满大殿
2 供品室
3 供品库
4 东大殿前厅
5 十八楼梯抱厦
6 主管供品僧舍

白宫第四层平面图
Plan of the Forth Floor
of White Palace

2 大昭寺 Jokhang Monastery

大昭寺外观
Exterior of Jokhang Monastery

大昭寺位于拉萨古城中心。始建于我国唐代吐蕃王朝松赞干布时期，主要供奉相传为文成公主进藏带入的释迦牟尼十二岁等身佛像，具代表性的活佛是格列。历史上该寺僧人由哲蚌寺、楚布寺、墨如寺等轮流派驻，后经元、明、清历代扩建，逐渐形成规模宏大的建筑群。

大昭寺坐东朝西，占地面积约 13 000 m^2，建筑面积约 25 100 m^2。建筑群由二至四层不同层数的楼房组成，分南北两院。

转经道（左图）
Path of Revolving Scripture Cylinder
楼梯（右图）
Staircase

大昭寺金顶
Golden Summit of
Jokhang Monastey

法轮(左图)
Wheel of Buddhist Truth
镇兽(右图)
Guard Animal

大昭寺金顶佛像(左图)
The Statue of Buddha
大昭寺套兽(右图)
Decorative Animal in
Jokhang Monastery

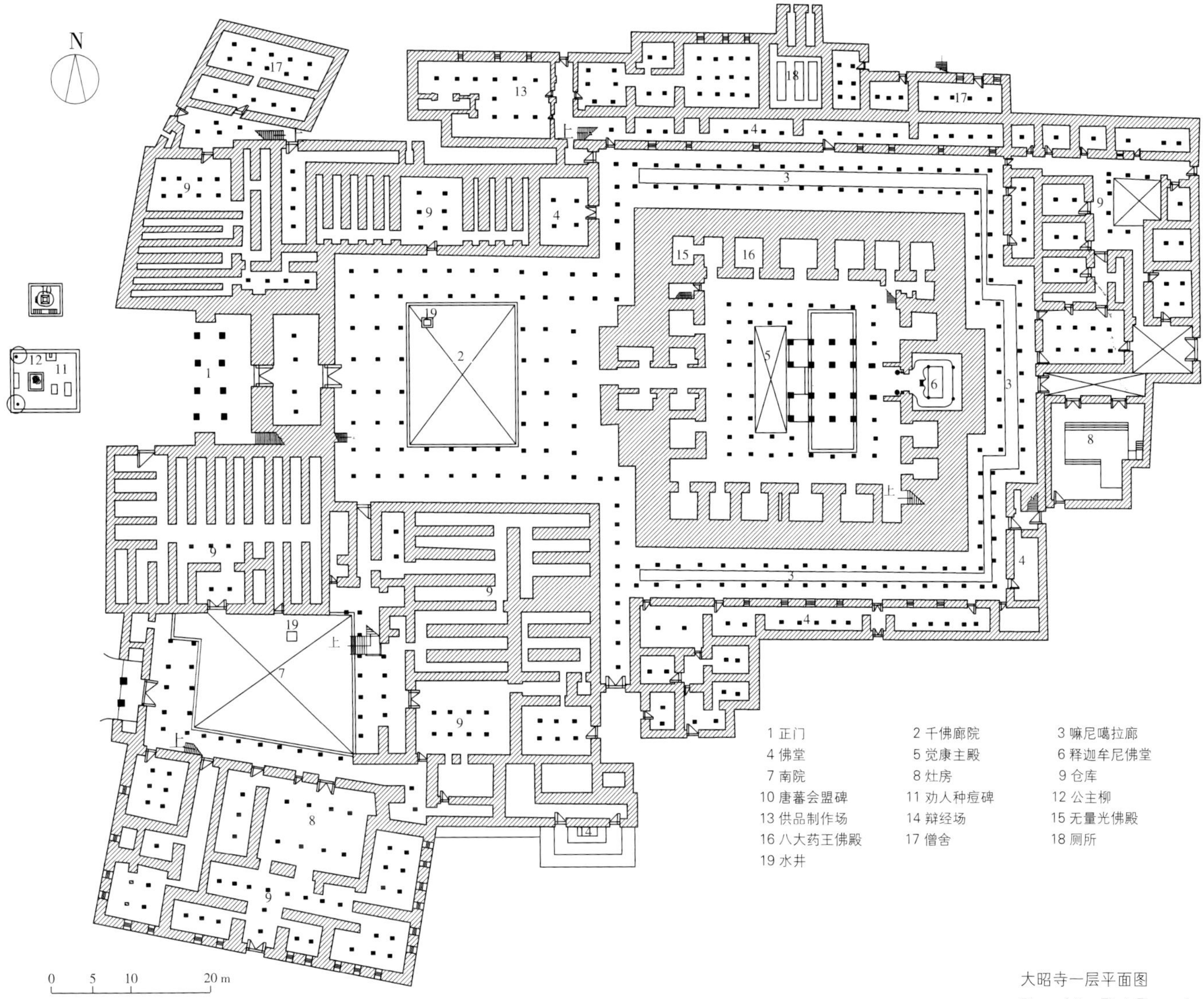

大昭寺一层平面图
Plan of the First Floor of Jokhang Monastery

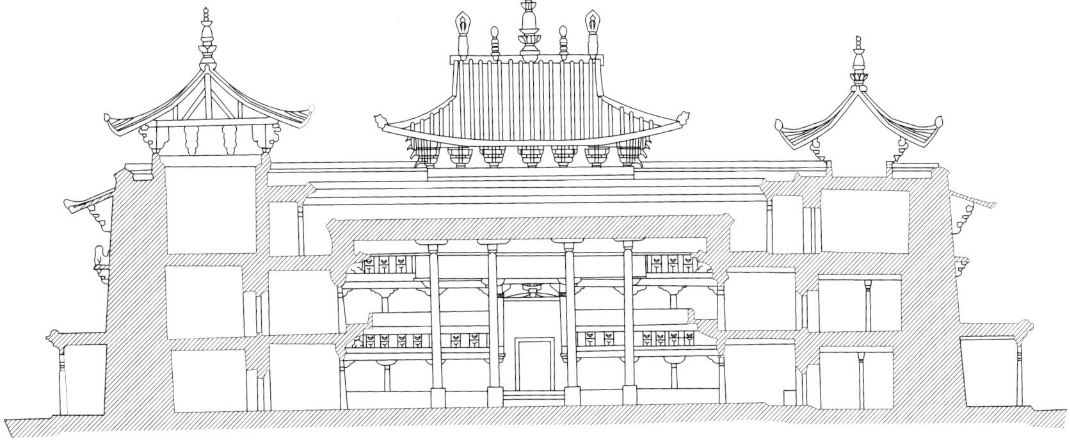

大昭寺觉康主殿横剖面图
Section of Jo-kang Main Hall in Jokhang Monastery

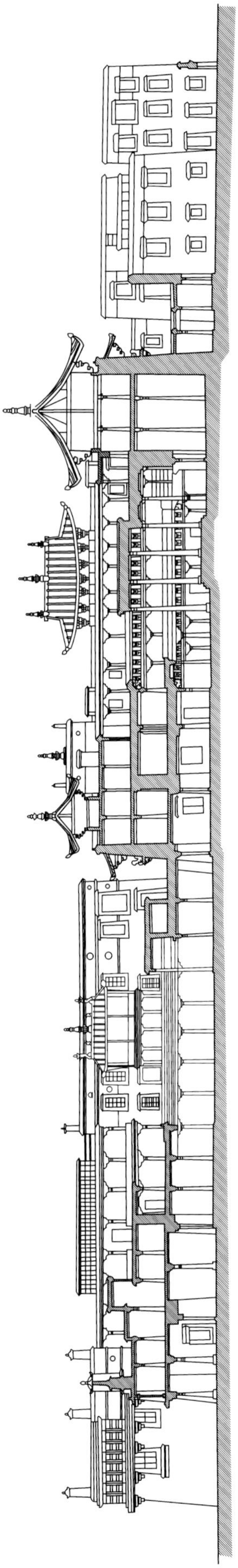

大昭寺纵剖面图
Vertical Section of
Jokhang Monastery

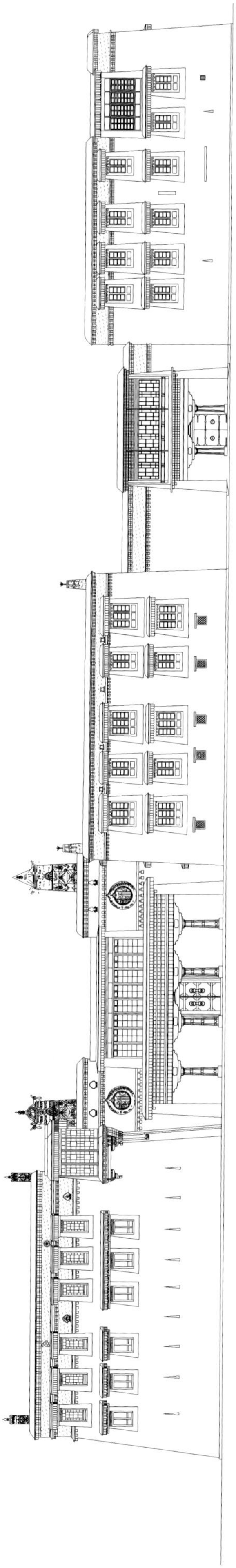

广场西立面图
West Elevation of the Square

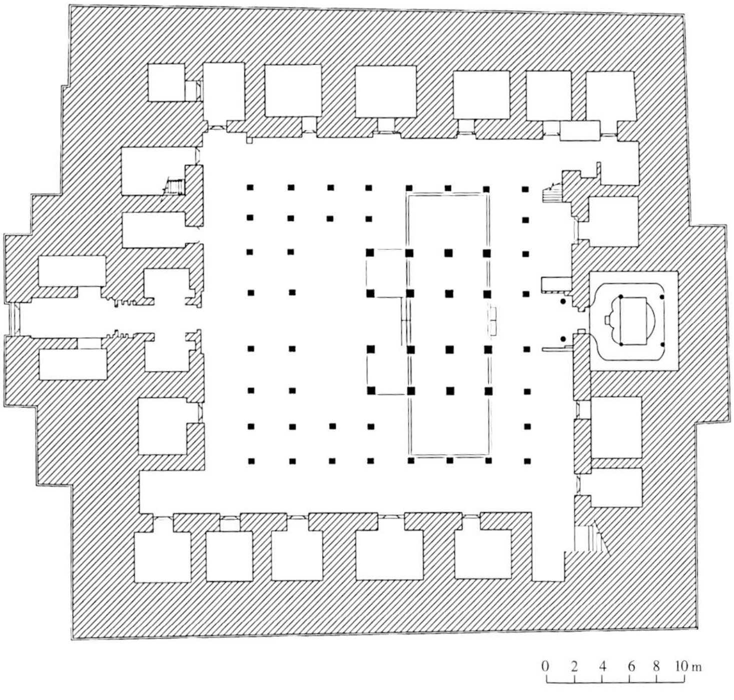

党康殿一层平面
The First Floor of
Jo-khang Hall

大昭寺剖面一
Section of Jokhang
Monastery 1

大昭寺剖面二
Section of
Jokhang Monastery 2

3 小昭寺 Ramoche Monastery

大殿外观
Exterior of the Main Hall

小昭寺地处拉萨市城区中心，距离八廓街北约500 m 处。7 世纪中叶由吐蕃王松赞干布主持修建，是黄教密宗的主要寺院之一。据史书记载，641 年文成公主与藏王松赞干布结婚，公主的嫁妆中有 12 岁等身镀金释迦牟尼佛像，由汉力士贾伽与鲁伽两个人用木车从长安迎请到西藏。到了现在的小昭寺处，沉陷在沙地之中，只好四面立柱，覆盖白绸供养。博学多才、笃信佛教的文成公主通过历算，才知乃龙宫所在，认为佛像安放此处方能震慑龙魔，昌盛国运。故从内地请来许多能工巧匠，修建了小昭寺，历时 12 个月，与大昭寺同时完工。史载 7 世纪芒松芒赞执政时期，闻知唐高宗进藏，疑夺释迦牟尼铜像，便将释迦牟尼佛像从小昭寺迁移，封闭于大昭寺的南厢密室中。8 世纪前半期，金城公主进藏，得知文成公主所携之释迦牟尼佛像封闭于暗室中，急命人取出，供奉于大昭寺正殿，又取不动佛尊，供奉于小昭寺，于是二佛易寺而居。现小昭寺主供释迦牟尼佛，具代表性的活佛是策默林。历史鼎盛时期曾有僧人 700 余名。

精美的梁柱
Decorative Column and Beam

入口（左图）
Entrance
大殿外景（右图）
Exterior of the Main Hall

斗栱（左图）
Dou–gong Bracket
磕长头（右图）
Kotow

门廊壁画（左图）
Mural of the Porch
佛像壁画（右图）
Mural of Buddha

围廊（左图）
Corridor
法器壁画（右图）
Mural

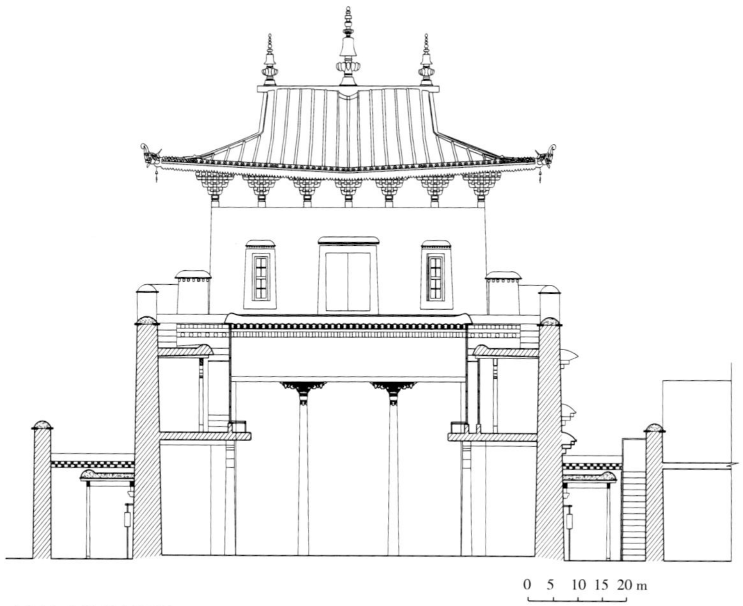

小昭寺大殿横剖面图
Transversal Section of Ramoche Monastery

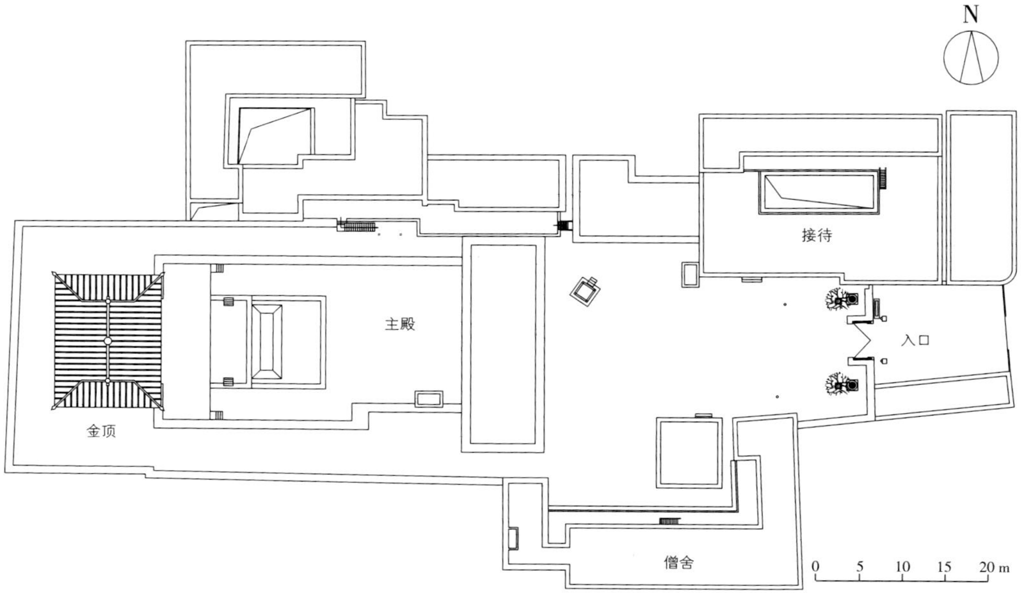

屋顶平面图
Roof Plan

小昭寺剖立面图
Section of Ramoche Monatery

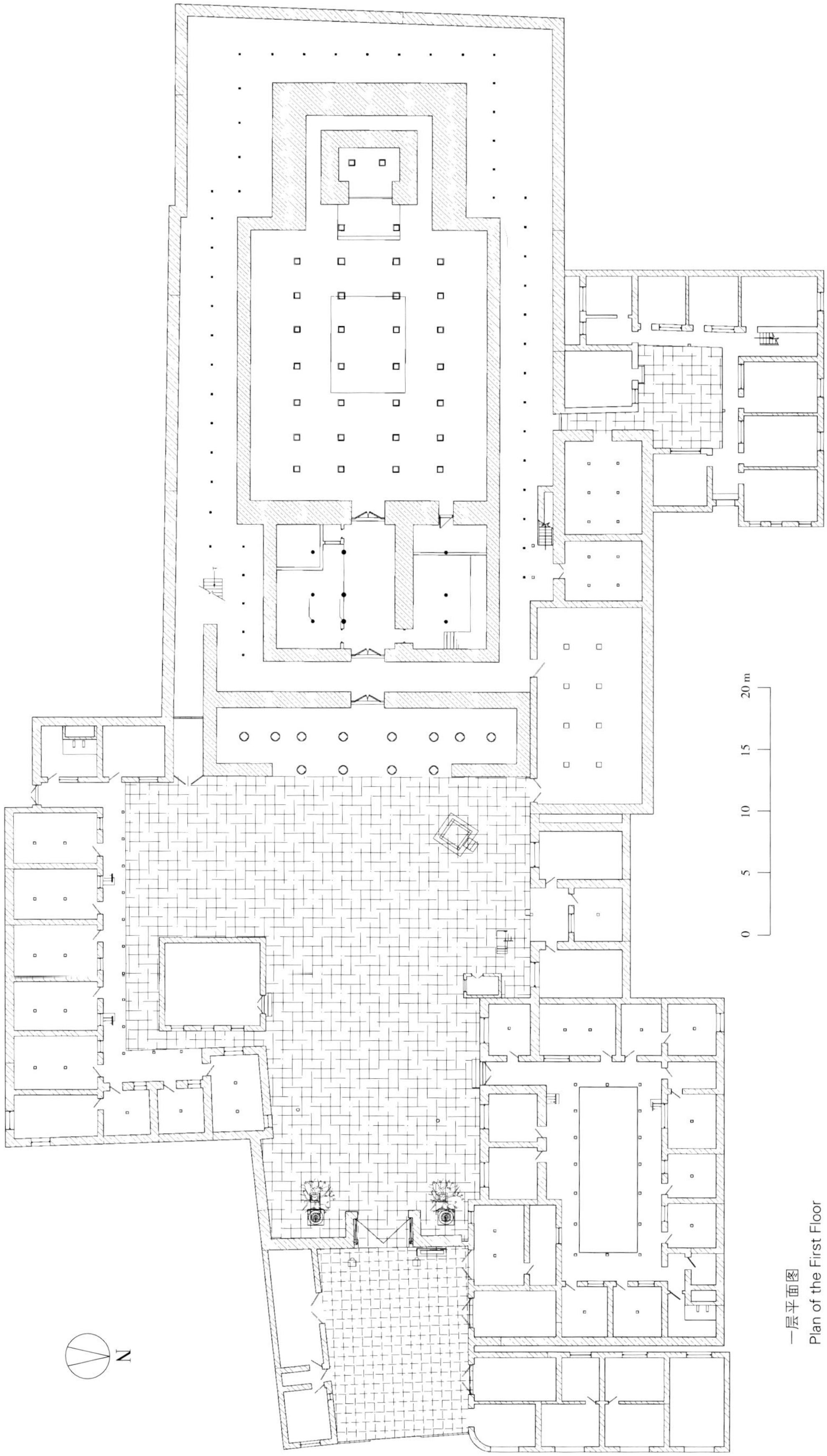

一层平面图
Plan of the First Floor

4 甘丹寺 Gandan Monastery

甘丹寺鸟瞰
Bird's Eye View of
Gandan Monastery

位于拉萨市以东，在达孜县境内海拔 3 800 m 的旺古尔山和贡巴山的山坳至山顶处。依山而建，坐西朝东。由格鲁派创始人宗喀巴于公元 1409 年亲自主持修建，是拉萨地区著名的三大寺中创建最早的一座。因其为宗喀巴创建，又是宗喀巴升座和圆寂的地方，备受崇敬，其宗教地位居格鲁派之首。整个寺庙黄壁金瓦，巍峨壮丽。最大的殿堂措钦大殿可同时容纳 3 000 人从事佛法活动。甘丹寺主供强巴佛和宗喀巴铜佛像，具代表性的活佛是甘丹赤巴。历史鼎盛时期曾有僧人 7 000 余名。甘丹寺在 20 世纪 60 年代遭到破坏，80 年代初进行了修复。

措钦大殿外观（左图）
Exterior of Tshogs-chen
Temple
廊道（右图）
Corridor

斯东康外观（左图）
Exterior of Stong-kang
斯东康金顶（右图）
The Golden Summit of Stong-kang

斯东康斗栱（左图）
Dou-gong Bracket
喇嘛整理印经版（右图）
Lama is Putting the Scripture Printing Plate in Order

上孜扎仓外观（左图）
Exterior of Shang-rtse Graw-tshang
上孜扎仓内部（右图）
Interior of Shang-rtse Graw-tshang

下孜扎仓外观（左图）
Exterior of Shar-rtse Graw-tshang
下孜扎仓内部（右图）
Interior of Shar-rtse Graw-tshang

措钦大殿阶梯（左图）
Stairs of Tshogs-chen Temple
措钦大殿内部台阶（右图）
Staircase Inside Tshogs-chen Temple

甘丹寺总平面图
Master Plan of Gandan Monastery

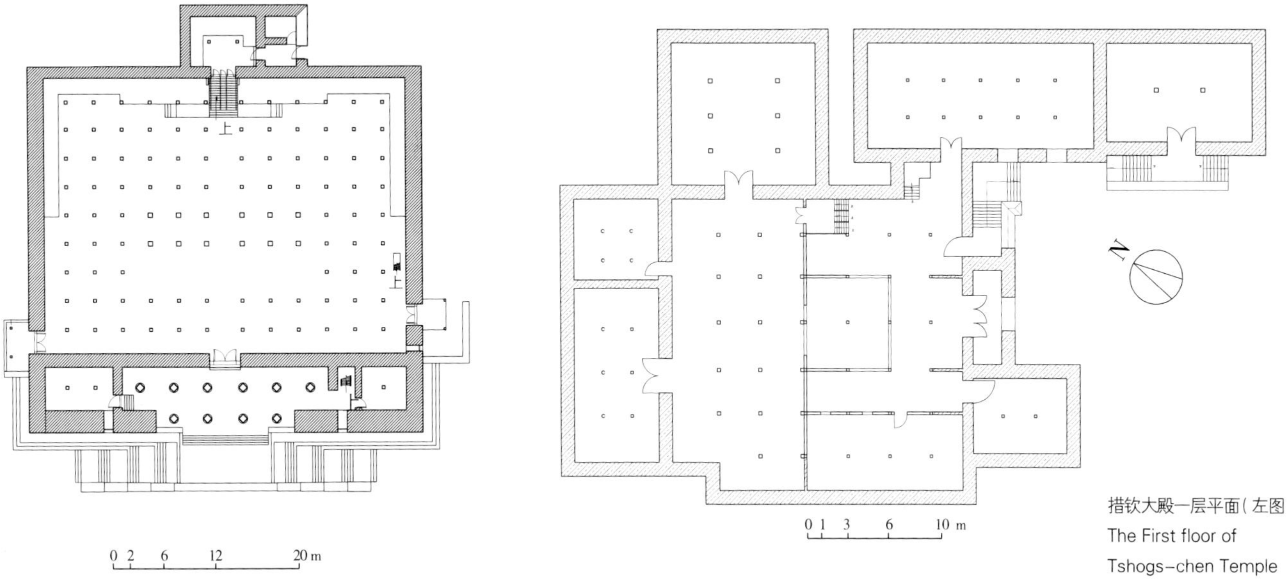

措钦大殿一层平面（左图）
The First floor of
Tshogs-chen Temple
斯东康一层平面（右图）
First Floor of Stong-kang

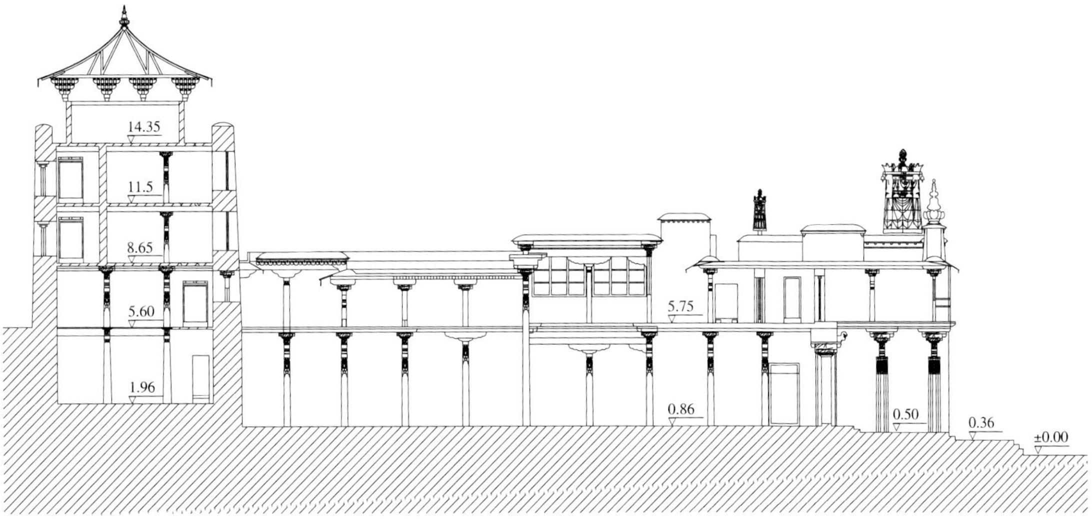

措钦大殿剖面
Section of Tshogs-chen
Temple

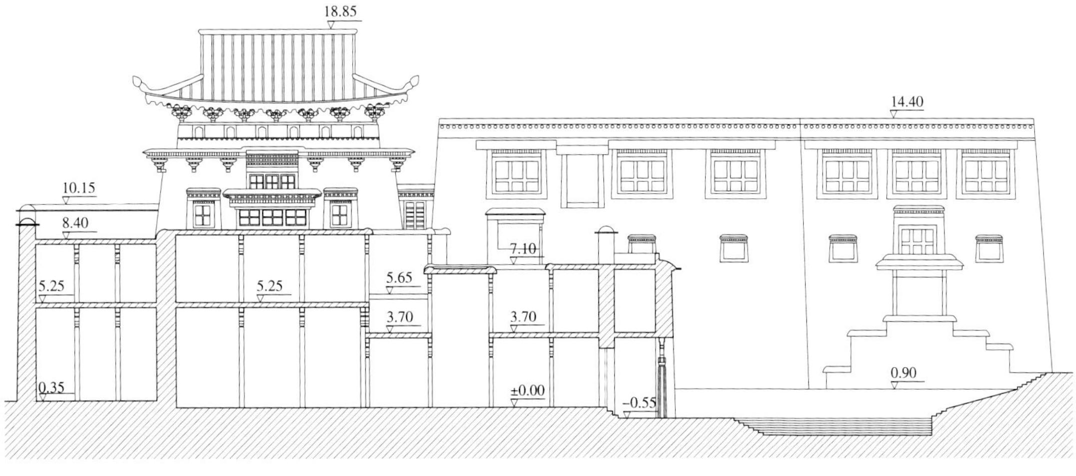

斯东康剖面
Section of Stong-kang

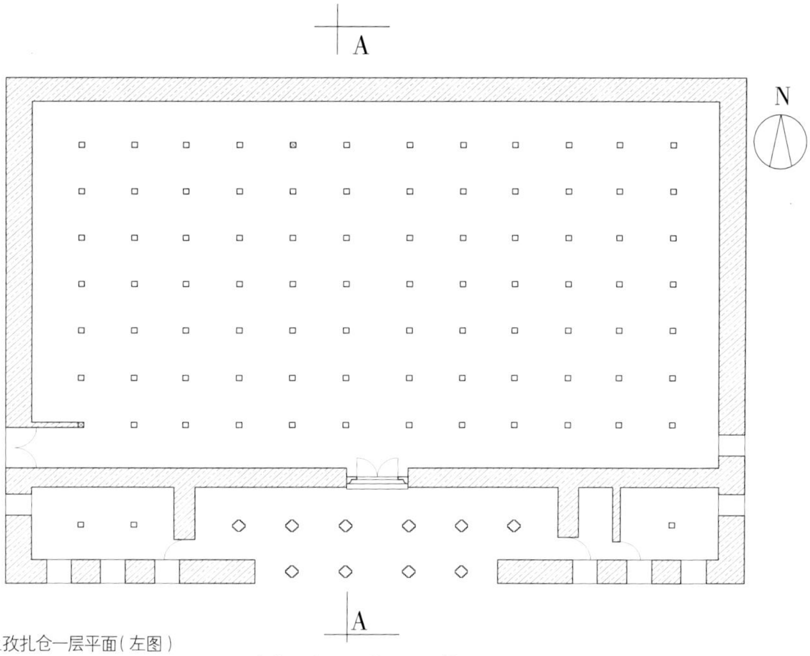

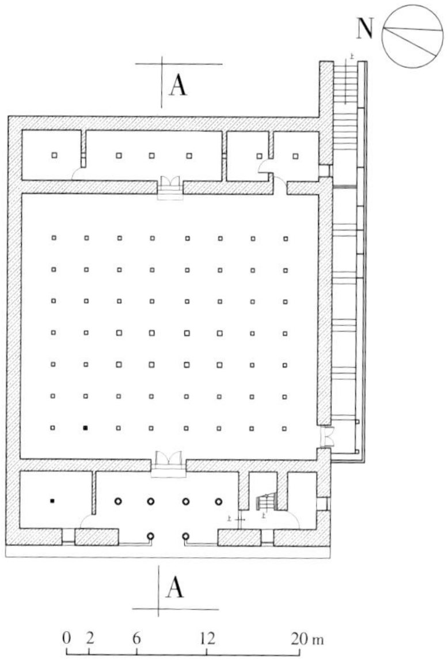

上孜扎仓一层平面(左图)
The First Floor of Shang-rtse Graw-tshang
下孜扎仓一层平面(右图)
The First Floor of Shar-rtse Graw-tshang

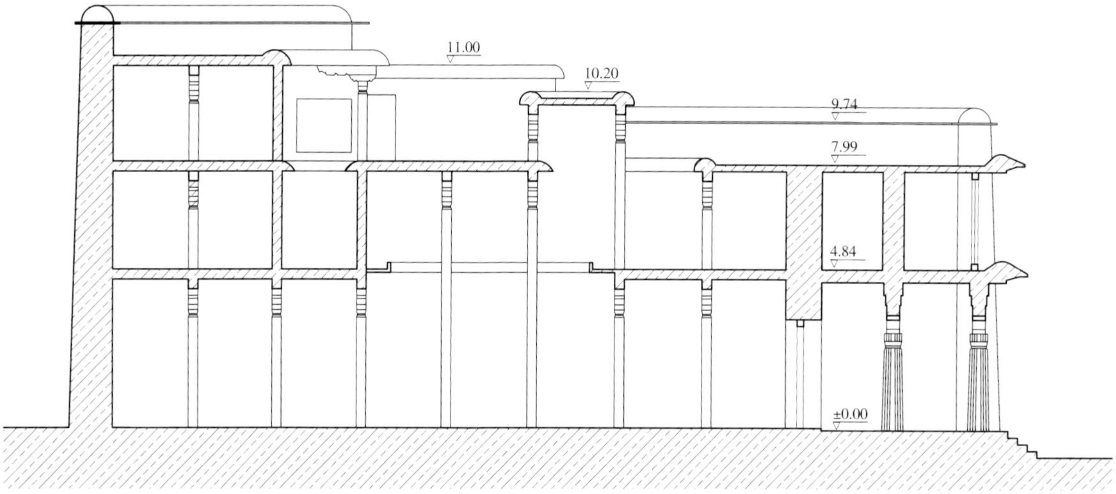

上孜扎仓 A-A 剖面
Section of Shang-rtse Graw-tshang

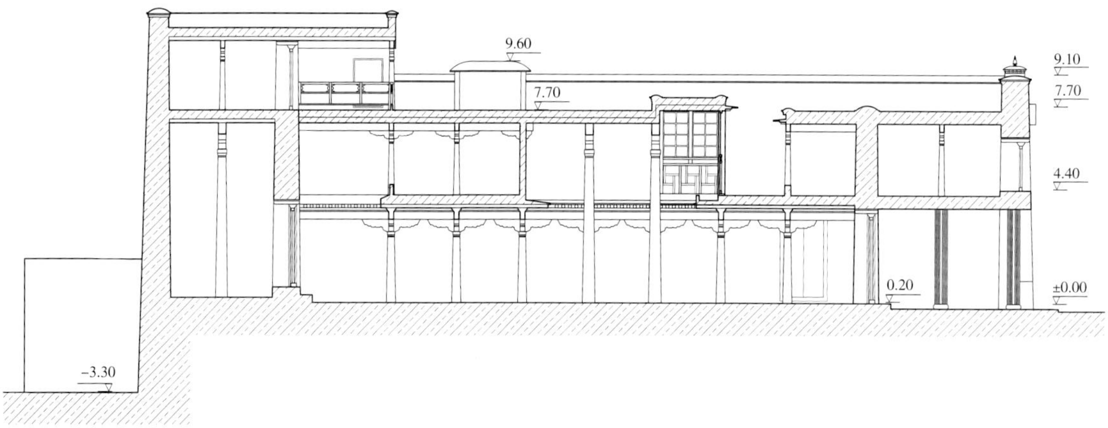

下孜扎仓 A-A 剖面
Section of Shar-rtse Graw-tshang

5 哲蚌寺 Drepung Monastery

哲蚌寺措钦大殿外观
Exterior of Tshogs-chen Temple in Drepung Monastery

哲蚌寺全称吉祥米聚十方尊胜州，旧泽别蚌寺等，坐落在拉萨西郊约 10 km 外的根碚乌孜山南坡的山坳里，是宗喀巴的著名弟子绛央曲结·扎西贝丹于 1416 年创建，是我国黄教著名的六大寺之一。

在哲蚌寺大兴土木之前，这里只有绛央曲结修法的山洞和小庙。山洞名让雄玛，位于今措钦大殿东侧地平下面，范围极其狭窄，仅能容一人坐静，内有宗喀巴和绛央曲结的石质浅浮雕像。小庙叫札多玛，建造也很简陋，中间只有一柱，房屋面积仅十多平方米，主要供奉文殊菩萨。小庙两旁各有白塔一座。这些宝贵遗迹至现在仍然香火旺盛，信徒络绎不绝。哲蚌寺在此基础上兴建并不断扩展，形成如今规模惊人的建筑群体。

佛像
The Statue of Buddha

哲蚌寺措钦大殿金顶（左图）
Golden Summit of Tshogs-chen Temple in Drepung Monastery
壁画（右图）
Mural

哲蚌寺主要由措钦大殿、四大扎仓和甘丹颇章几部分组成。这几部分有其各自附属的康村、僧舍等。每个建筑单位内部基本上分为 3 个地平层次，即院落地平、经堂地平和佛殿地平，形成了由大门到佛殿逐层升高的格局，突出了佛殿尊贵的地位。在大殿和经堂的外部又采用了金顶、相轮、宝幢、八宝等佛教题材加以装饰，增强了佛教庄严的气氛。

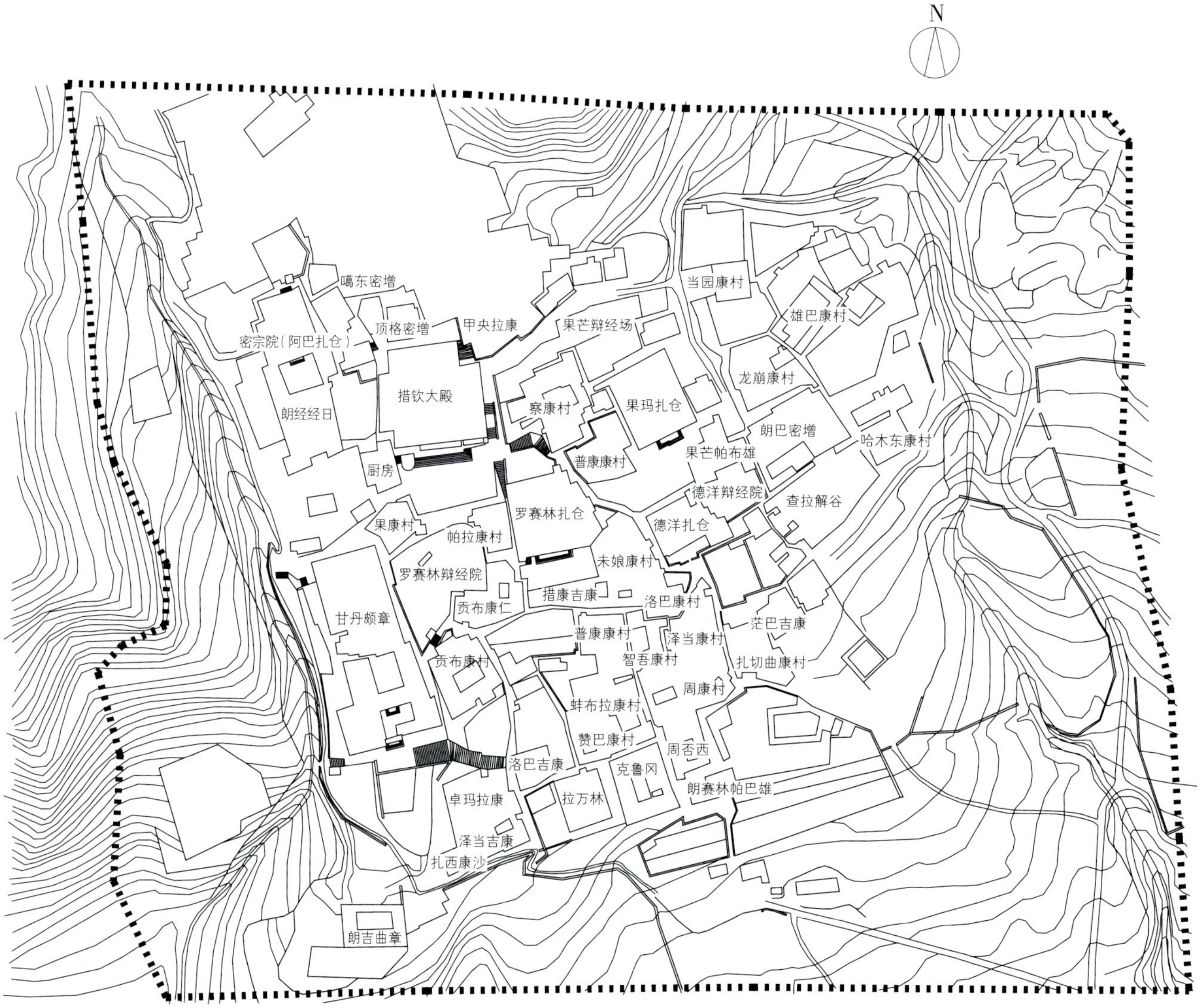

总平面图
General Layout

0 10 50 100 m

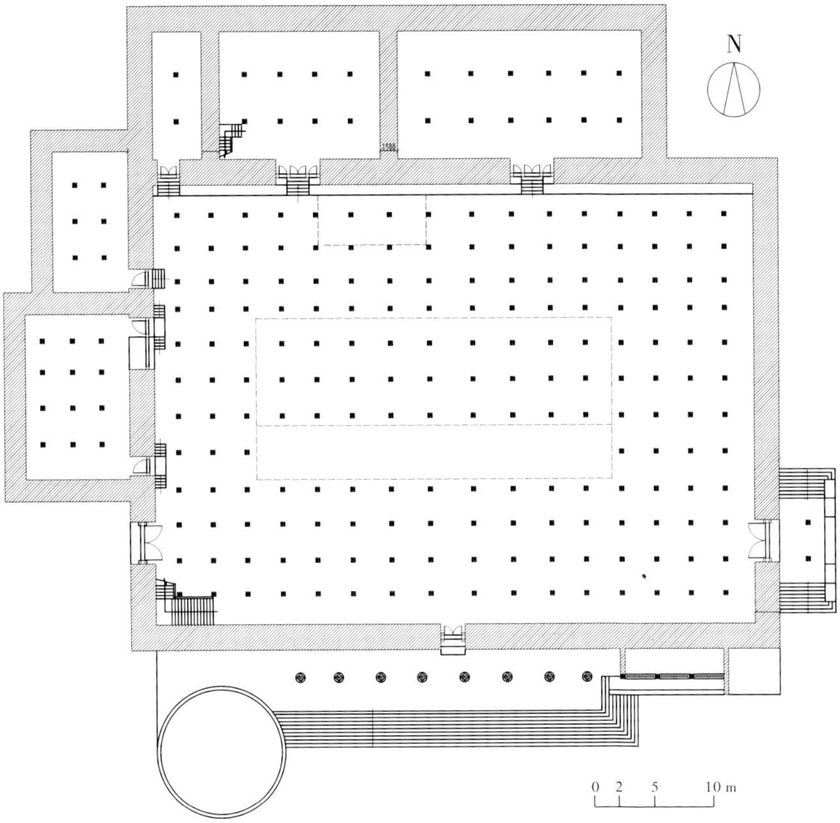

措钦大殿一层平面图
First Floor of
Tshogs-clun Temple

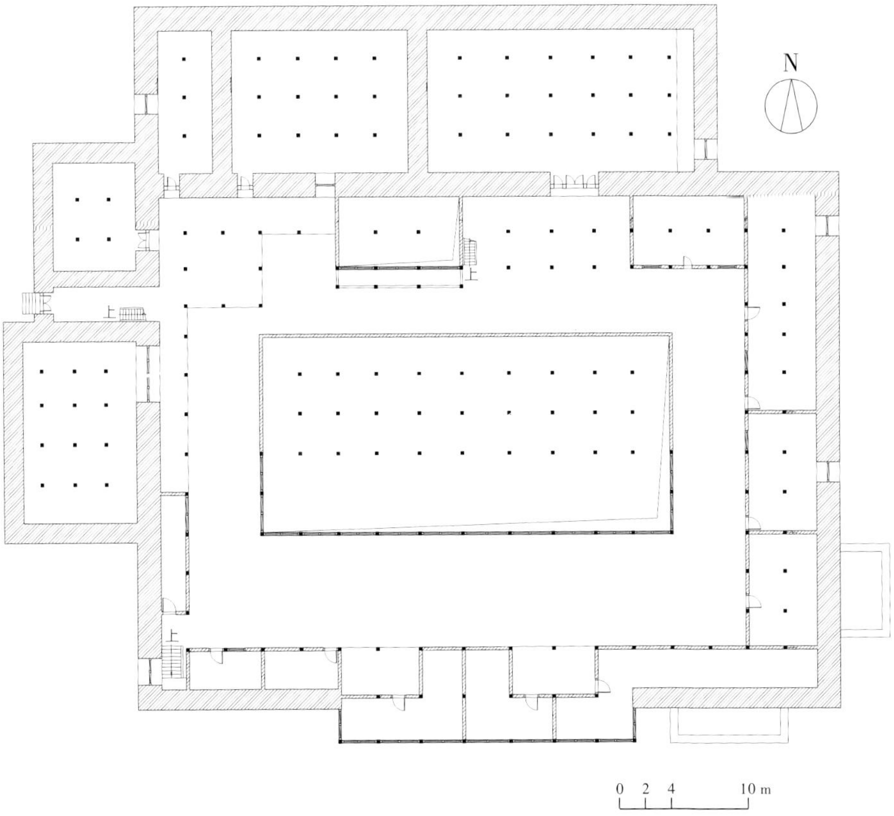

措钦大殿二层平面图
Second Floor of
Tshogs-clun Temple

6 色拉寺 Sera Monastery

措钦大殿
The Tshogs-chen Temple

色拉寺是我国黄教六大名寺之一，正名“秦清林”，意为大乘洲。坐落于拉萨北郊约 5 km 的色拉乌孜山南麓。色拉寺创建于明永乐十七年（1419 年），创始人是著名的黄教大师宗喀巴的高足之一释迦也失。色拉寺规模宏大，占地面积达 114 964 m²，由措钦大殿，3 个扎仓，30 个康村组成，佛殿、僧舍密布，错落有致，道路纵横，俨然是一座宗教城市。

措钦大殿正门（左图）
Front Gate of
Tshogs-chen Temple
打阿嘎土（右图）
Ram the Earth

措钦大殿外观(左图)
Exterior of Tshogs-chen Temple
措钦大殿内部(右图)
Interior of Tshogs-chen Temple

摩崖造像与展佛台(左图)
Statues Caved on Precipice and Sunning the Picture of the Buddha
知吾康村壁画——轮回(右图)
Mural in Gri-wu Khams-tshan——Buddhism Samsara

措钦大殿内廊(左图)
Inner Corridor of Tshogs-chen Temple
柱头(右图)
Column Head

哈木东康村(左图)
Kha-dong hams-tshan
典型的小窗(右图)
Typical Window

色拉寺总平面图
General Layout of Sera
Monastery

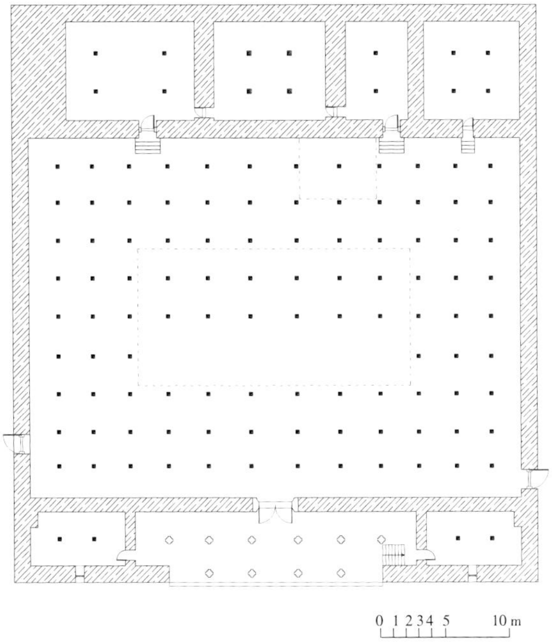

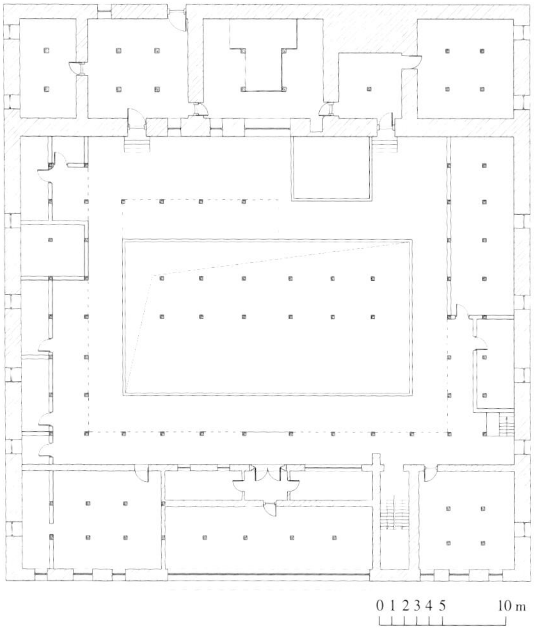

措钦大殿一层平面图
The First floor of
Tshogs-chen Temple
措钦大殿二层平面图
The Second Floor of
Tshogs-chen Temple

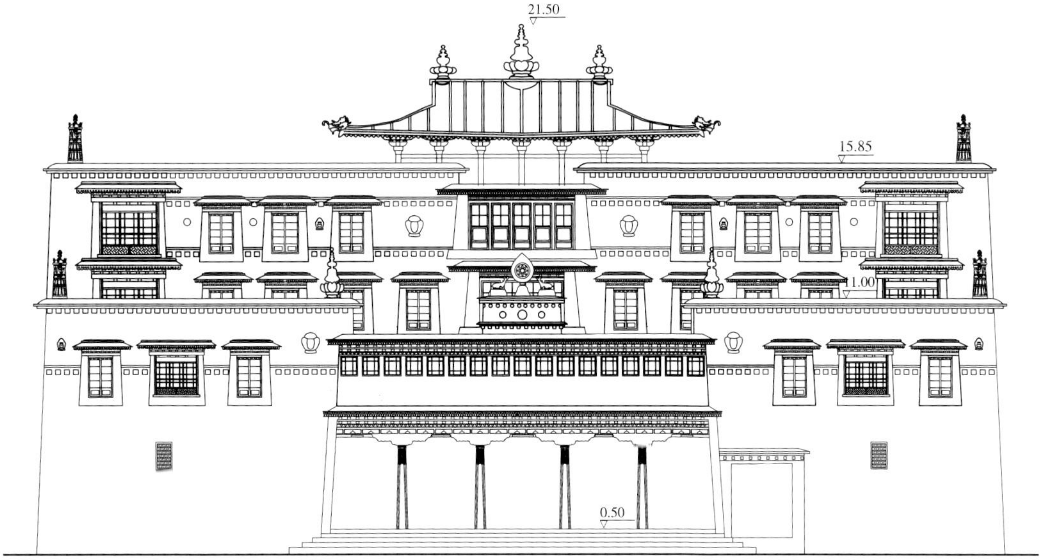

措钦大殿南立面图
South Elevation of
Tshogs-chen Temple

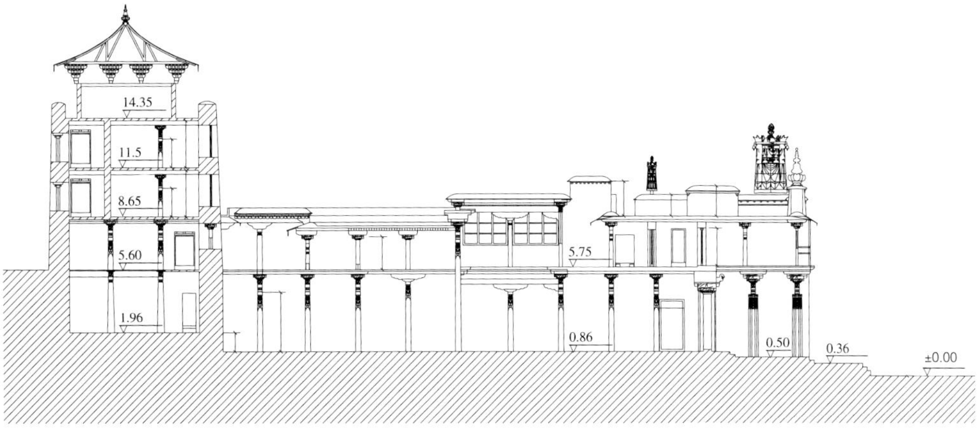

措钦大殿纵剖面
Vertical Section of
Tshogs-chen Temple

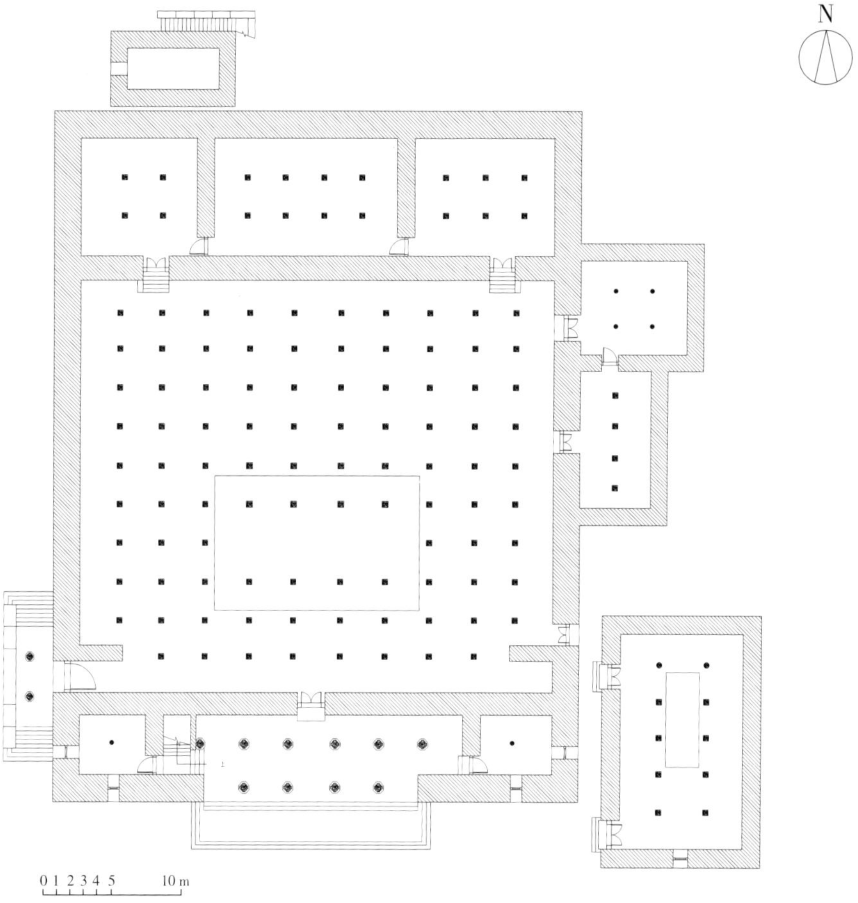

吉扎仓一层平面
The First Floor of Ji Graw-tshang

吉扎仓纵剖面
Vertical Section of Ji Graw-tshang

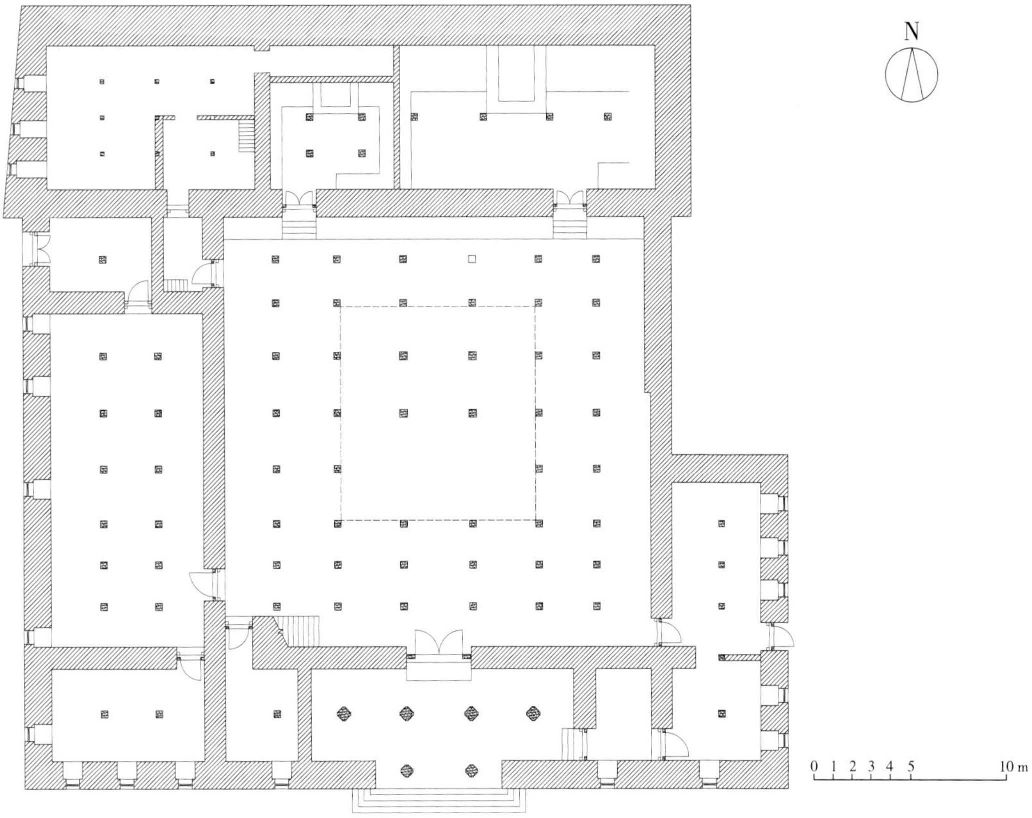

阿巴扎仓一层平面
First Foor of Aba Graw-tshang

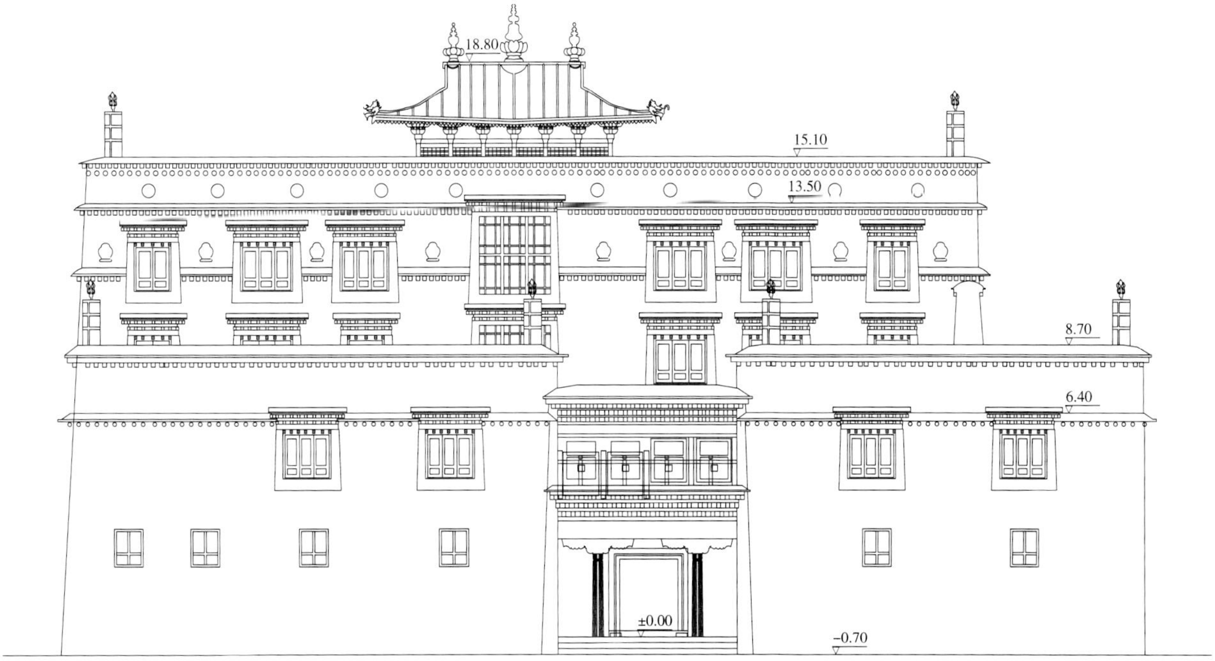

阿巴扎仓南立面
South Elevation of Aba Graw-tshang

7 直贡提寺 Gri-gum-ti Monastery

直贡提寺全景
Panoramic View of Gri-gun-ti Monastery

直贡提寺在墨竹工卡县城工卡镇东北 100 km 处。“直贡”是该寺所在地的地名，元代称之为“必里工瓦”、“必拉公”。1179 年，噶举派高僧仁钦贝·济丹衮波将其师兄木雅·贡仁所创小寺扩建成一座大寺庙，命名直贡提寺，仁钦贝亦被称直贡巴，其所传教派则称直贡噶举。

直贡提寺除经堂大殿、藏经楼之外，还有著名的修禅密室。主殿周围许多白色的小房子就是用于修禅的密室。规定僧人在密室中修习时间为 3 年 3 个月又 3 天，最短也需 6 个月。修满 3 年以上者，可得到“仓巴”（禅师）头衔。修持“拙火定”是直贡噶举的一大特点，据说修成此功法者具有特殊的御寒驱寒能力。

直贡提寺后面的山上有一处被称为“世间三大寒林之一”的天葬台，藏语称为“直贡提坛城”。天葬场不远处有 6 位前世直贡活佛的灵塔。

目前，在直贡提寺修习的僧人约百余人。

鸟瞰图（左图）
Bird's Eye View
鸟瞰山下（右图）
Bird's Eye View from the Mountain

金顶
The Golden Summit

僧房（左图）
Monks' Dormitory
室内（右图）
Interior

镇寺之宝：吐蕃时期经书（左图）
Scriptures
天葬台（右图）
The Celestial Burial Area

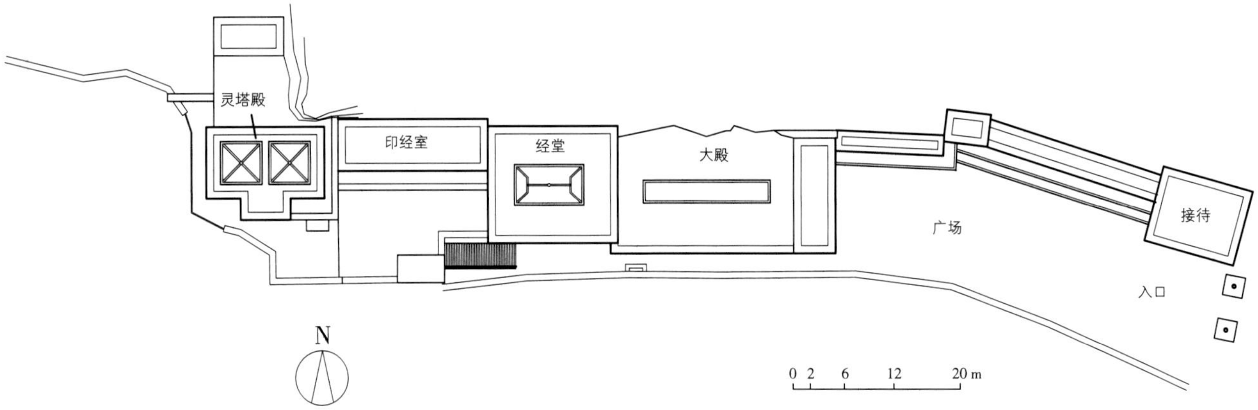

直贡提寺总平面
General Layout of Gri-gun-ti Monastery

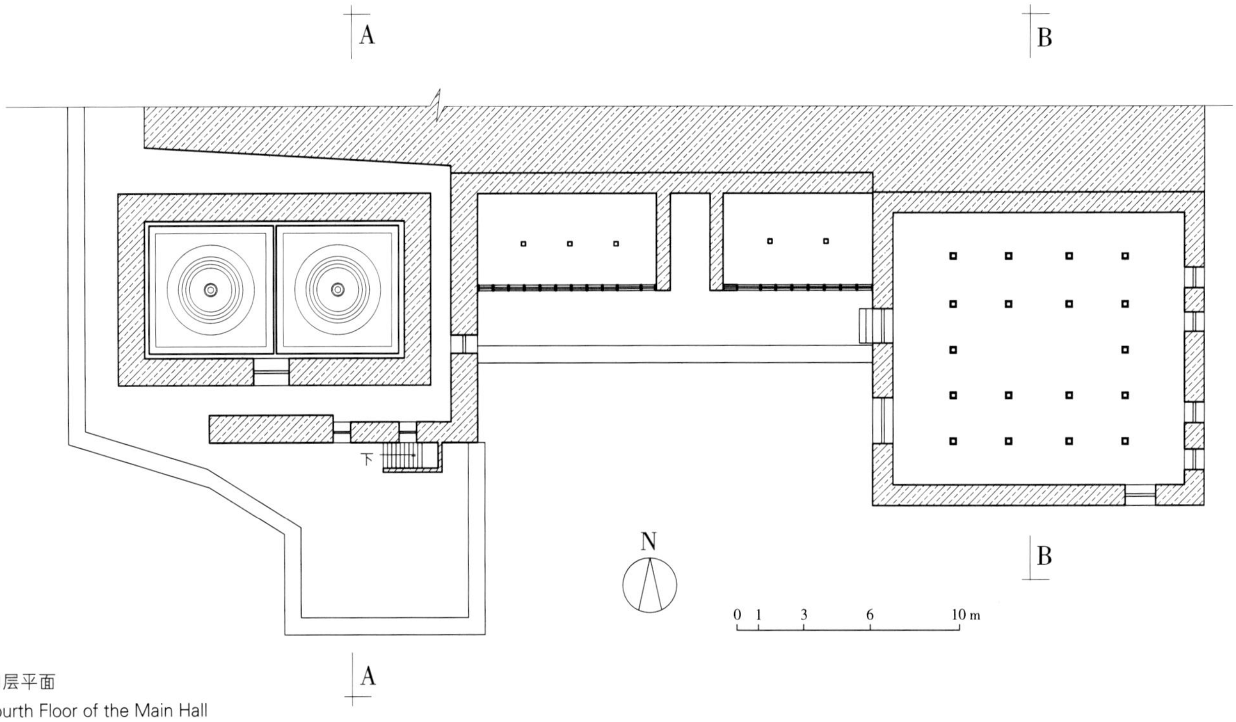

大殿四层平面
The Fourth Floor of the Main Hall

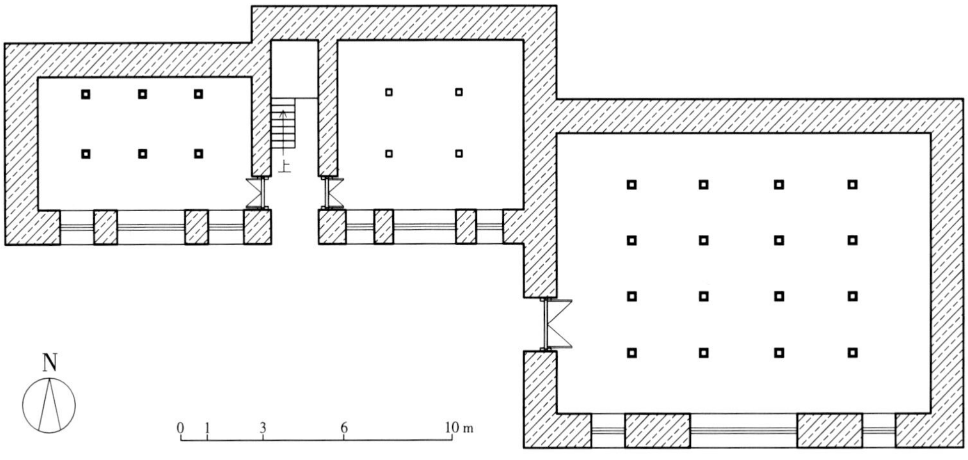

三层平面
The Third Floor

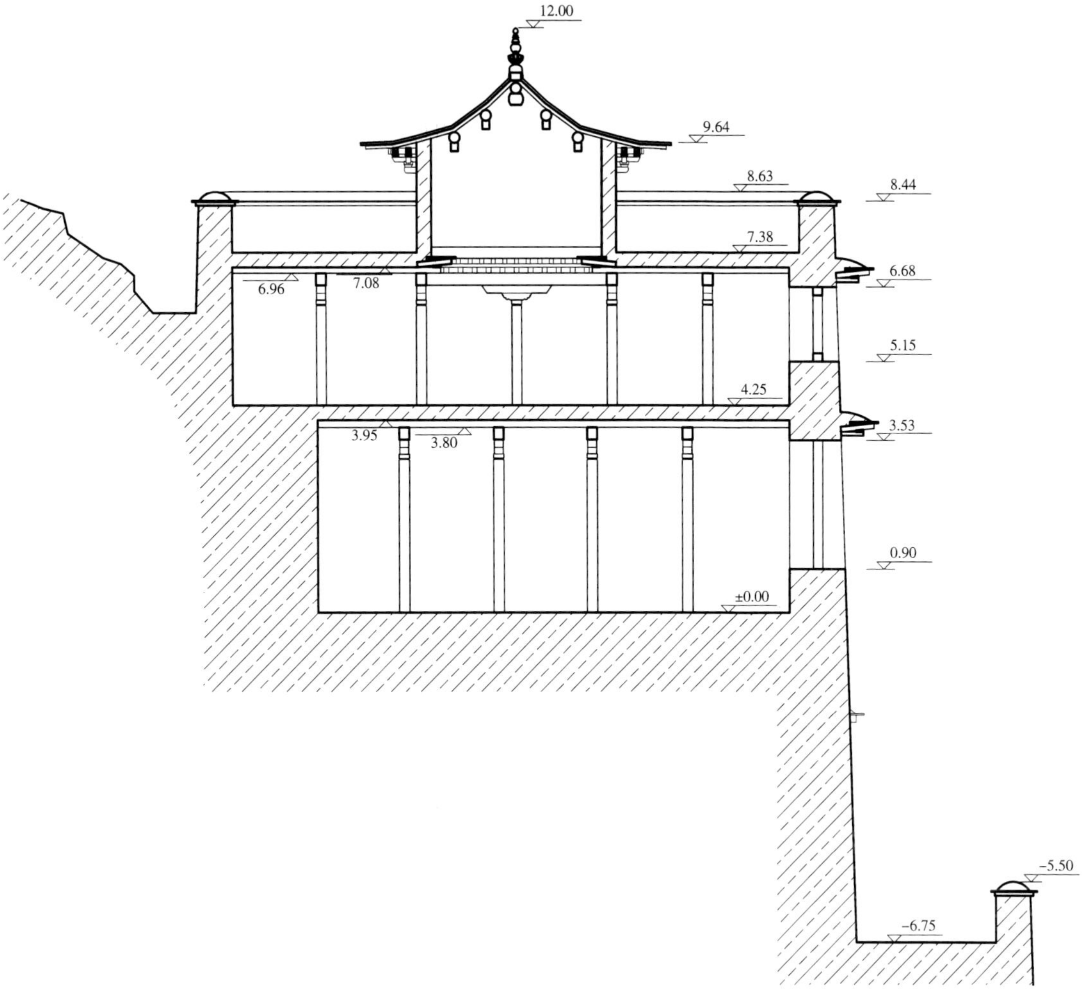

A–A 剖面图
A–A Section

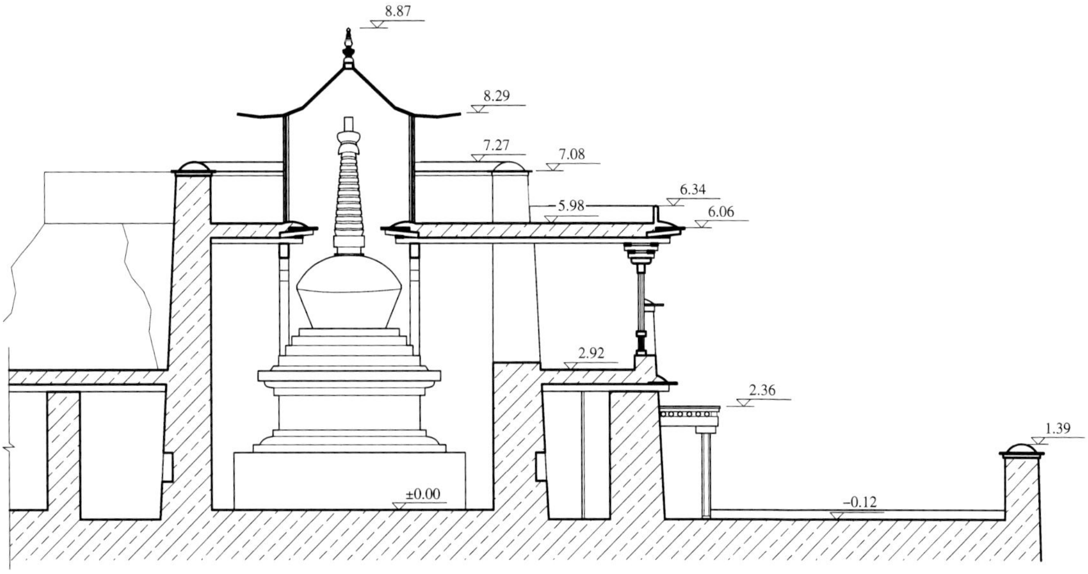

B–B 剖面图
B–B Section

8 墨如宁巴 Meru Nyingba

寺庙外观
Exterior

墨如宁巴位于色拉达果巷 9 号，坐落在大昭寺东，与大昭寺仅一墙之隔。东西长 52.2 m，南北进深 39.4 m，面积 2 057 m^2。该寺坐北朝南，后部正中为三层高的佛殿，是该寺主体建筑。僧房有明廊围绕主殿，形成主次分明、错落有致、完整严密的布局。寺院大门原辟于南侧，从僧房中间穿过，后改为北侧，从主殿大楼与两侧僧房形成的夹廊中向北穿出。

《西藏王统记》中有吐蕃赞普赤热巴巾的大臣在大昭寺四周修建了 6 座佛殿的记载，即东西有噶如和墨如，南有噶瓦和噶瓦卫，北有产康和产康它玛，其中的墨如，即今天的墨如宁巴。13 世达赖对墨如寺进行了大规模的修葺扩建，形成了今天的规模。与此同时，由乃迥寺法王迦亚陪主持在小昭寺北兴建了一墨如寺，从此大昭寺东的墨如寺称为墨如宁巴，以区别于新建的墨如寺。

入口（左图）
Entrance
三层一角（右图）
Part of the Third Floor

转经道（左图）
Path of Revolving
Scripture Cylinder
院落与回廊（右图）
Courtyard and Cloister

壁画（左图）
Mural
大殿采光高窗（右图）
Skylight of the Main Hall

金碧辉煌的大殿室内（左图）
The Resplendent Interi-
or of the Main Hall
十六角柱（右图）
Column

剖立面 A–A
A–A Section

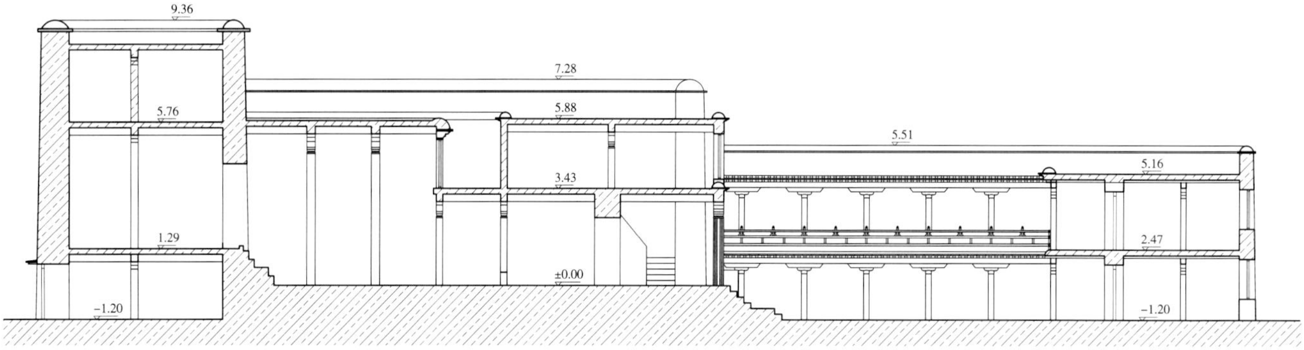

纵剖面 B–B
B–B Section

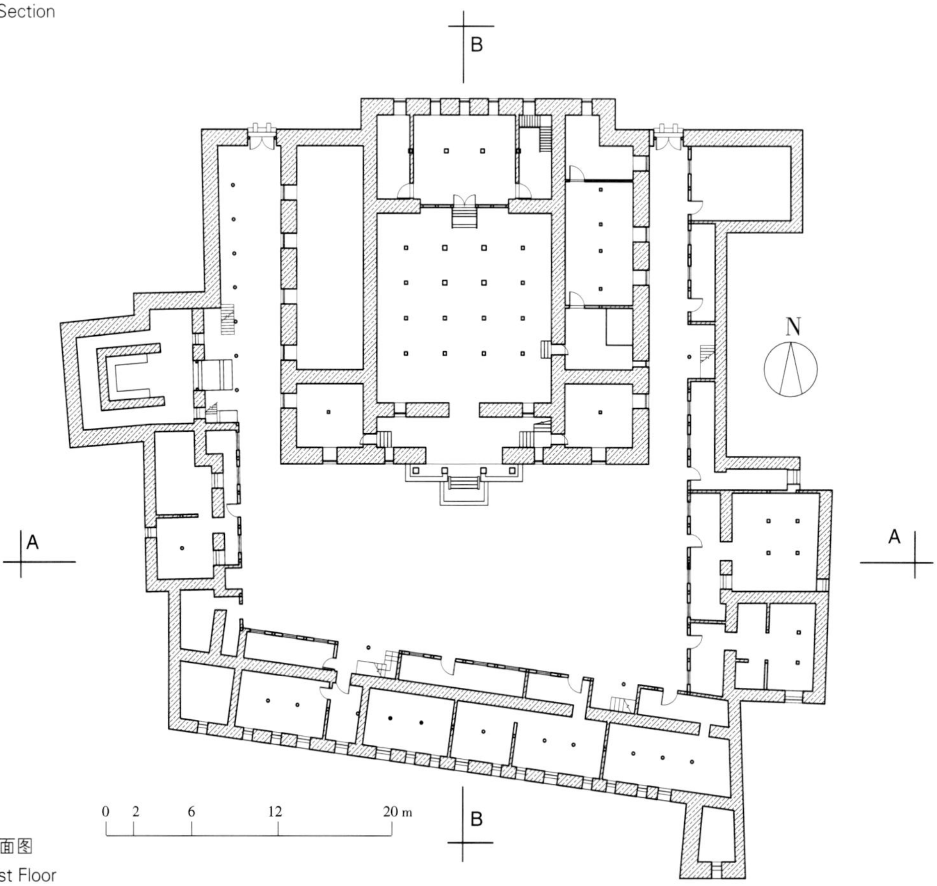

一层平面图
The First Floor

9 那林扎寺 Na-lin-zha Monastery

那林扎寺全景
Panoramic View of Na-lin-zha Monastery

那林扎寺位于拉萨市林周县卡则乡毛元村，1435年由荣吨夏结监才主持修建，鼎盛时期寺庙内僧人达到2 000名。目前，寺庙内文物达到200余件，寺庙内还有一所藏经学院，在寺僧人43名。

那林扎寺整组建筑依山而建，充分利用地形地势，整个布局前低后高，错落有致。寺庙范围很大，方圆数里，后来新建的仅是其中一部分，有措钦大殿、僧舍、藏经学院等。建筑都为新建筑仿照以前老寺庙的布局和外观，与传统的藏式寺庙建筑风格类似，建成距今只有十几年，情况良好。

入口
Entrance

措钦大殿外观（左图）
Tshogs-chen Temple
外国人所绘寺庙全景油画（右图）
Historical Drawing by Foreigner

总平面（左图）
General Layout
大殿一层平面图（右图）
The First Floor of the Great Hall

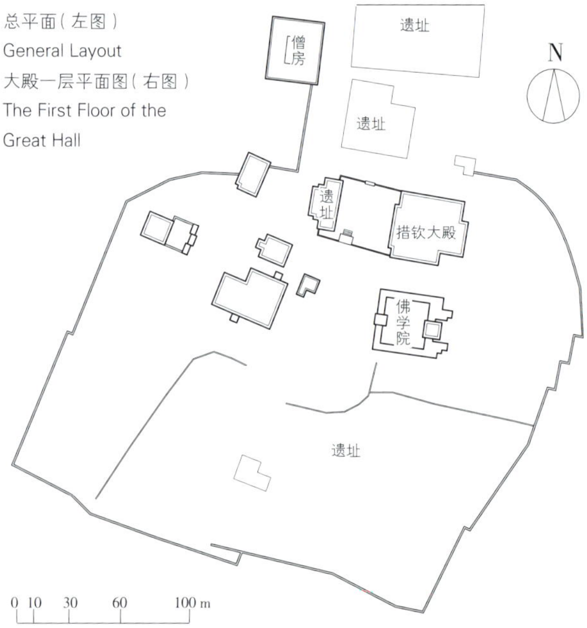

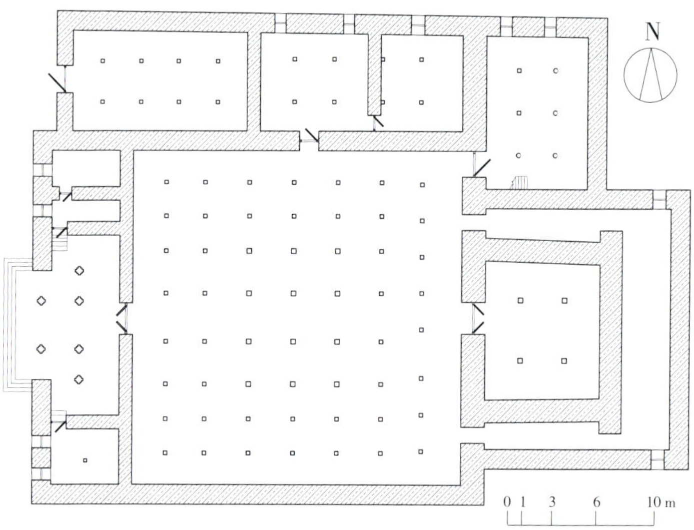

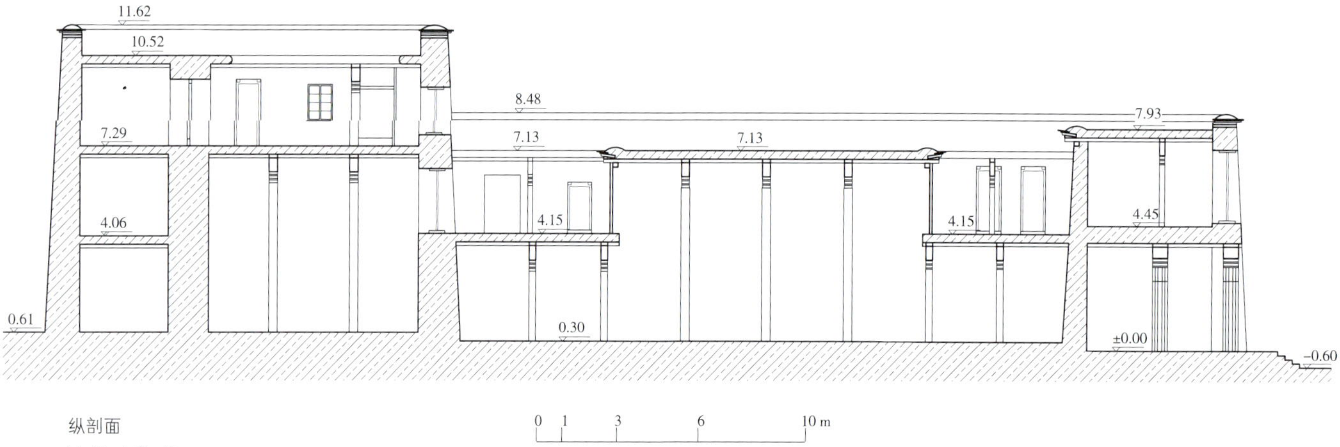

纵剖面
Vertical Section

10 楚布寺 Churbu Monastery

楚布寺全景
Panoramic View of Churbu Monastery

楚布寺位于堆龙德庆县古荣乡那嘎村。1189年由第一世嘎玛巴·都松钦巴创建，属噶举派，分成上、下两寺。上寺内主供释迦吐巴佛，具有代表性的活佛是杰措仁布钦。下寺内主供帕朗银佛，具有代表性的活佛是十七世嘎玛巴伍金·赤列多吉。历史鼎盛时期曾有僧人万余名。1983年先后对楚布上、下寺进行修复并对外开放。

楚布寺建筑群（左图）
Building Complex of Churbu Monastery
大殿室内（右图）
Interior of the Main Hall

楚布寺下寺措钦大殿（左图）
Tshogs-chen Temple
内院（右图）
Courtyard

楚布寺近景（左图）
Close View of Churbu Monastery
金顶（右图）
Golden Summit

庄严国土
The Sacred Territory

寺庙全景壁画（左图）
Mural of the Monastery
灵塔（右图）
Chorten

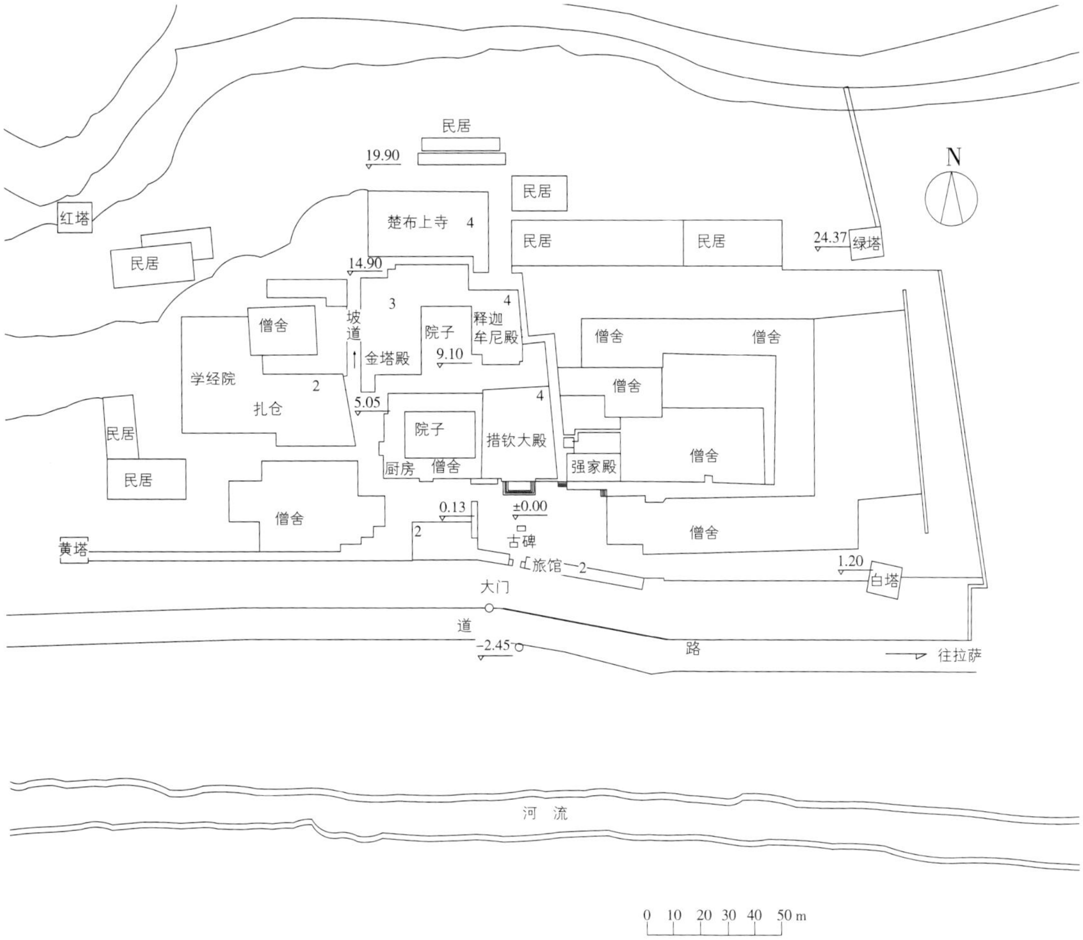

总平面

General Layout

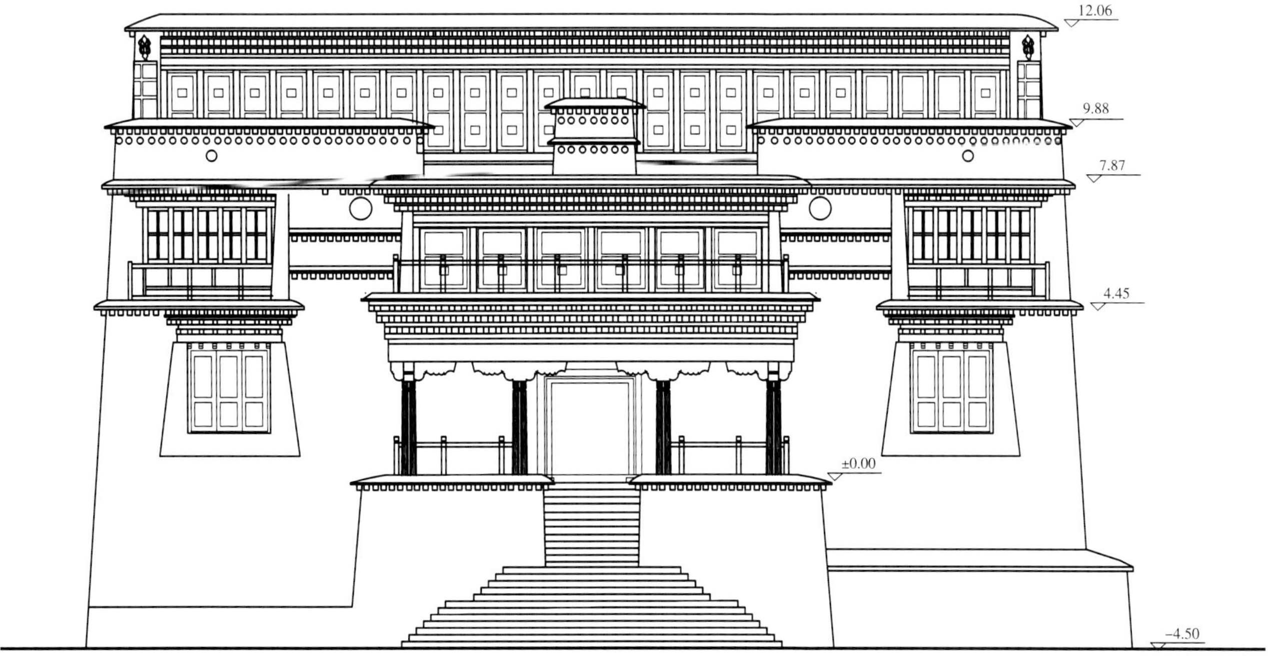

措钦大殿南立面

South Elevation of

Tshogs-chen Temple

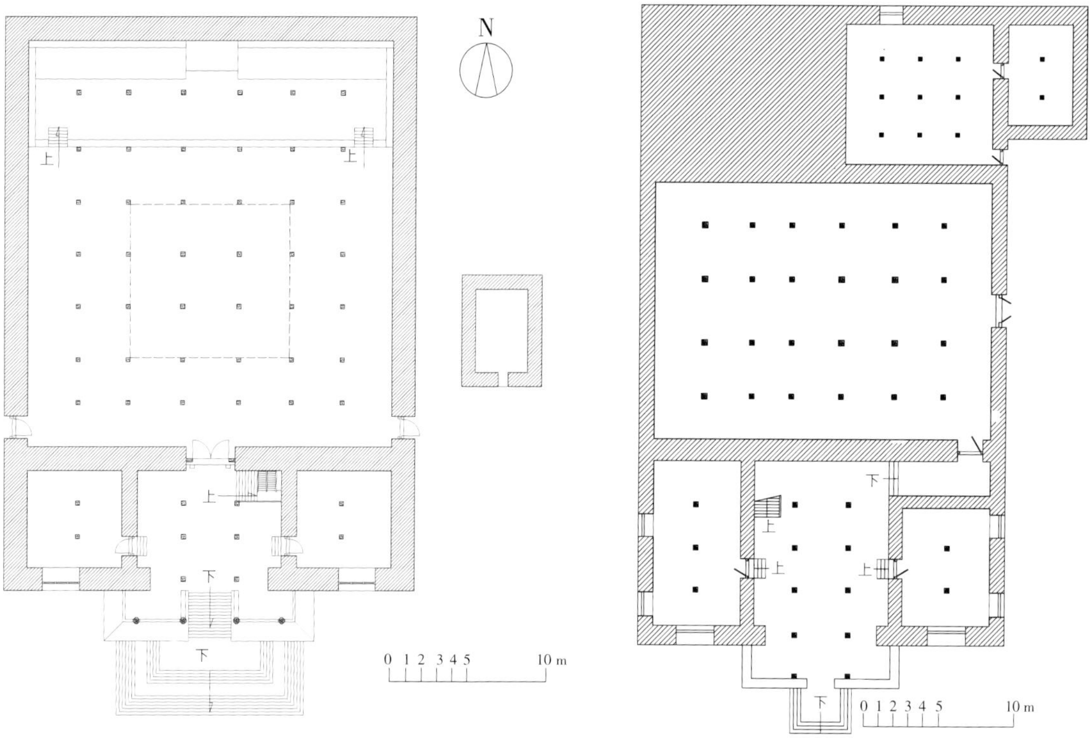

措钦大殿一层平面（左图）
The First Floor of Tshogs-chen Temple
上寺一层平面（右图）
The First Floor of Upper Temple

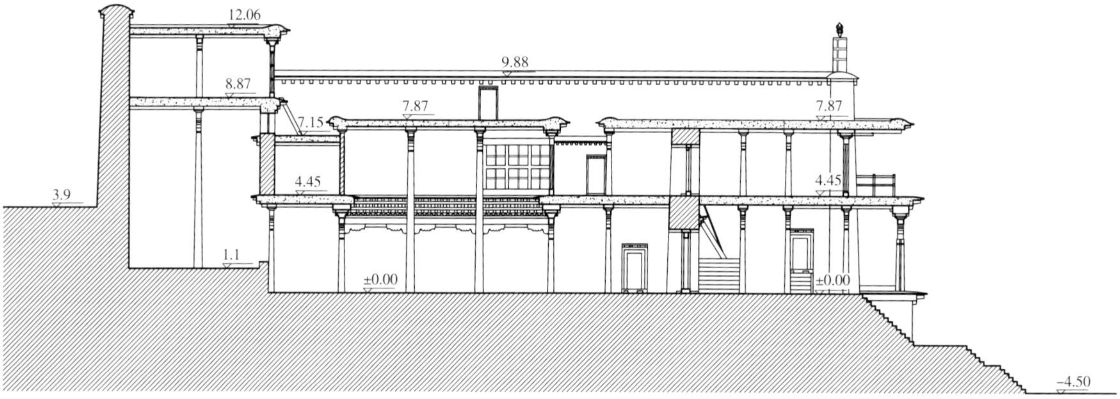

措钦大殿剖面
Section of Tshogs-chen Temple

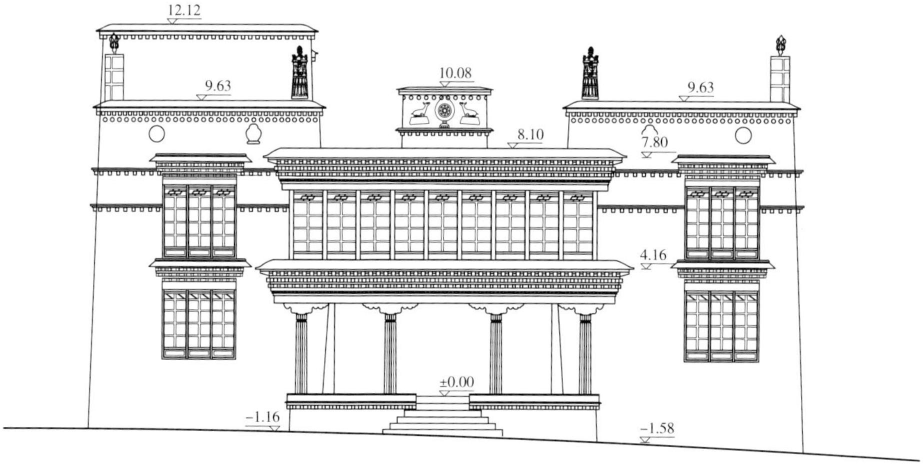

上寺立面
Elevation of Upper Temple

11 热振寺 Reting Monastery

热振寺全景
Panoramic View

热振寺位于拉萨市林周县唐古乡唐古村。1057 年由孟加拉国僧人阿底峡弟子仲顿巴创建，属噶举派首寺，16 世纪改宗格鲁派。寺内主供江白多吉佛，具有代表性的活佛为第六世热振·旦增晋美。历史鼎盛时期有僧人 480 余名。热振寺组织机构未设扎仓和康村，寺内一切政教大权均掌握在热振活佛手中。其活佛转世制度是在改宗格鲁派之后才有，堪布均系弟子传承。

热振寺占地面积约 1.67 hm^2，主殿坐北朝南。第一层为大经堂，大经堂四周有若干小经堂，内藏佛像和经卷。第二层为达赖、摄政等巡游时居住的寝宫。该寺在 1951 年地震时部分被毁坏，在 20 世纪 60 年代严重被毁。1984 年开始重建修复。

室内家具
Furniture

热振寺外观（左图）
Exterior of Reting Monastery
热振寺羊年大典盛况（右图）
Year of the Sheep Ceremony in Reting Monastery

白塔（左图）
White Pagoda
台阶（右图）
Steps

巷道（左图）
Lane
经幡（右图）
Scripture Flag

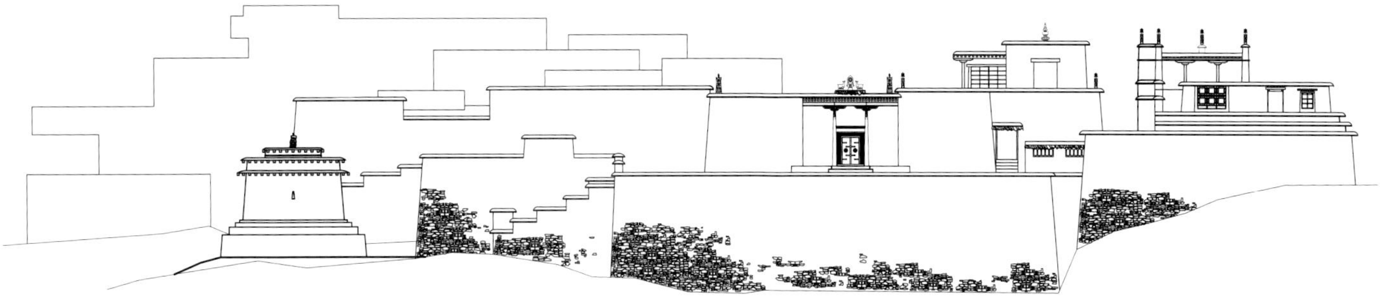

热振寺主殿正立面
Front Elevation of the Main Hall in Reting Monasteny

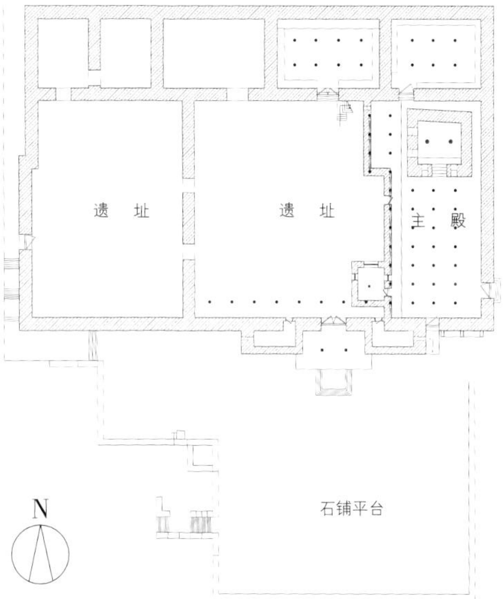

热振寺总平面图（左图）
General Layout
热振寺主殿一层平面图（右图）
The First Floor of the Main Temple

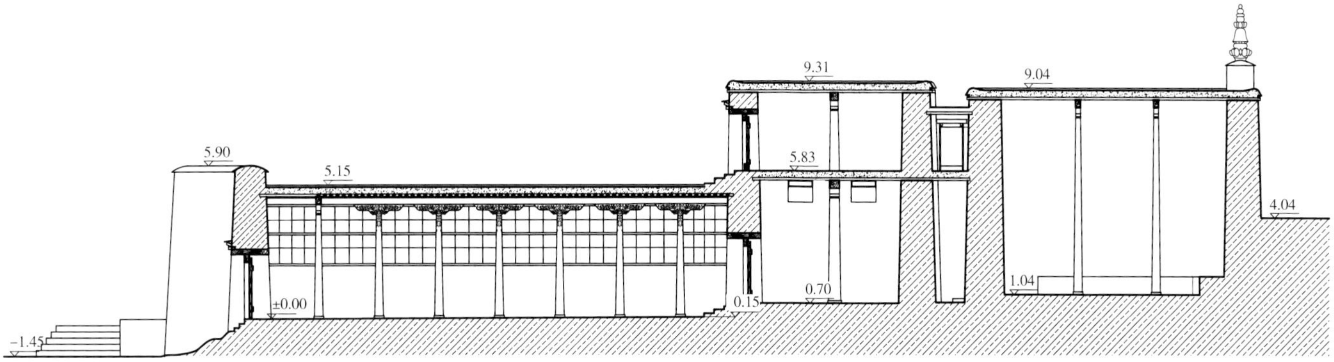

主殿剖面图
Vertical Section of the Main Temple

12 夏拉康 Shar-lahkang

夏拉康外观
Exterior

夏拉康位于拉萨市墨竹工卡县尼玛江热乡，约 8 世纪中叶由娘平丹增沧布主持修建。该寺庙属于宁玛派，当时在寺僧人达到 5 000 人。20 世纪 60 年代该寺庙遭到严重破坏，几乎化为一片废墟，只留下了寺庙的地基和部分柱础。1982 年，寺庙开始恢复重建。现今的寺庙是根据当年所留下的地基、柱础等，按照原貌而恢复重建的，建筑面积约 1 080 m^2。寺庙目前有僧人 3 名，规模比较小。

夏拉康院内白塔（左图）White Pagoda in the Courtyard of Shar-lahkang
斗栱（右图）Dou-gong bracket

整个寺庙历史最久的就是立于入口处的两块石碑，东侧的石碑与房屋一样毁于20世纪60年代，幸运的是西侧的碑还保存完好，但碑盖已不见。两块碑是吐蕃时期建寺时所立，碑底座高0.95 m，宽1.6 m，厚1.14 m，碑身高5 m，从底部往上渐收，碑身上方还有一块高约0.38 m碑盖。碑座上刻有花瓶、云彩等图案，碑身上刻有吐蕃时期的藏族文字，对于研究当时的历史文化有着重要的意义。

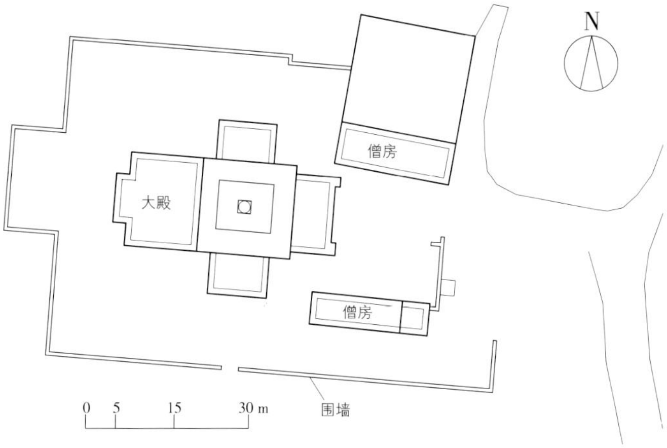

夏拉康总平面
General Layout

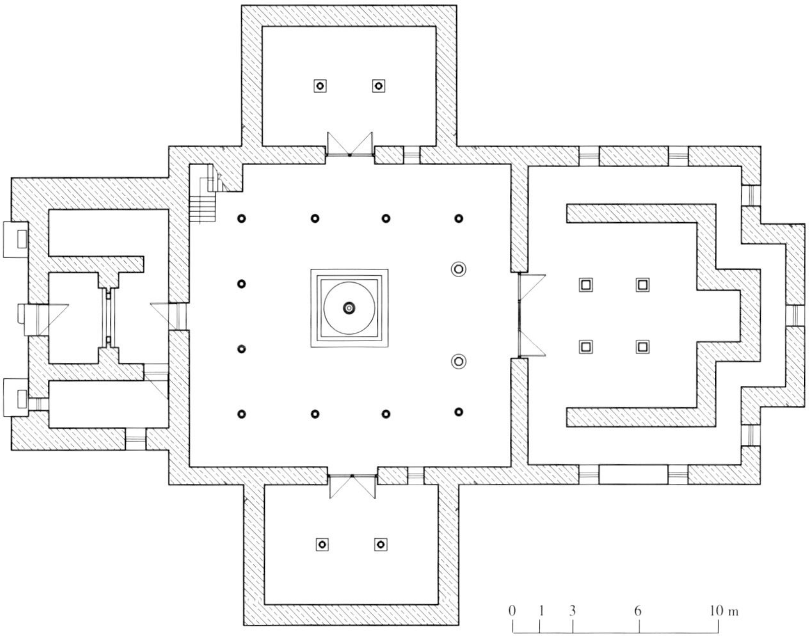

夏拉康一层平面
The First Floor of Shar-lahkang

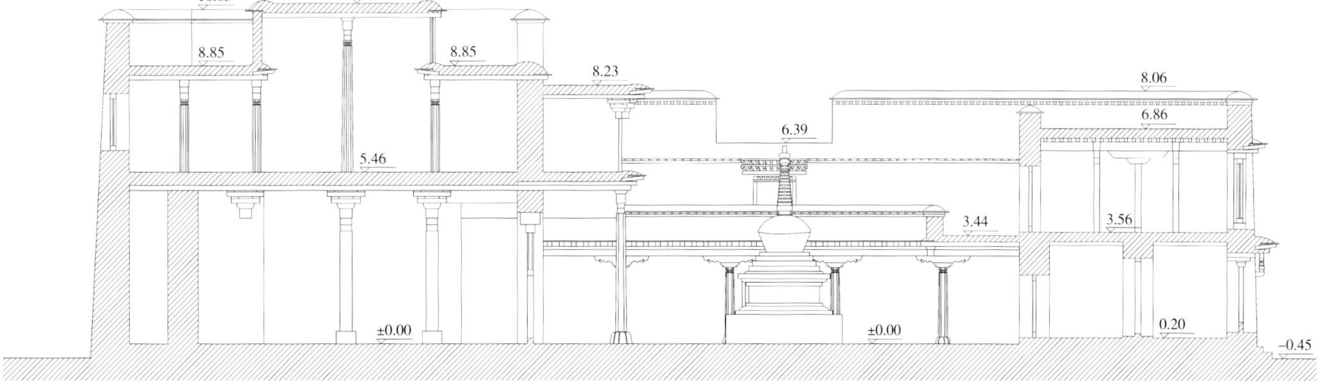

夏拉康纵剖面
Vertical Section of Shar-lahkang

13 卓玛拉康 sGrolma Lhakhang

卓玛拉康外观
Exterior

卓玛拉康位于拉萨市西南 30 km 处曲水县聂塘乡，由阿底侠始建。1054 年阿底侠在聂堂圆寂，1055 年仲敦巴在聂堂主持了悼念阿底侠仪式，同时扩建了卓玛拉康。该寺坐西朝东，大门内有一铺石庭园，院落南北两侧为寺管人员住房。正殿前面有宽敞的檐廊，檐廊北面有 2 座白塔：一座是阿底侠衣冠冢，一座是仲敦巴衣冠冢，内藏有阿底侠和仲敦巴生前穿过的衣帽鞋等。正殿中间为卓玛拉康，主供形象各异、秀丽端庄的 21 尊度母以及阿底侠生前用过的法螺、化缘钵和哲美曲登（阿底侠一生形影不离的白檀香木塔）。

主殿二层（左图）
The Second Floor of the Main Temple
院落（右图）
Courtyard

室内布置（左图）
Interrior Layout
厨房（右图）
Kitchen

佛像（左图）
Statue of Buddha
外廊（右图）
Outer Corridor

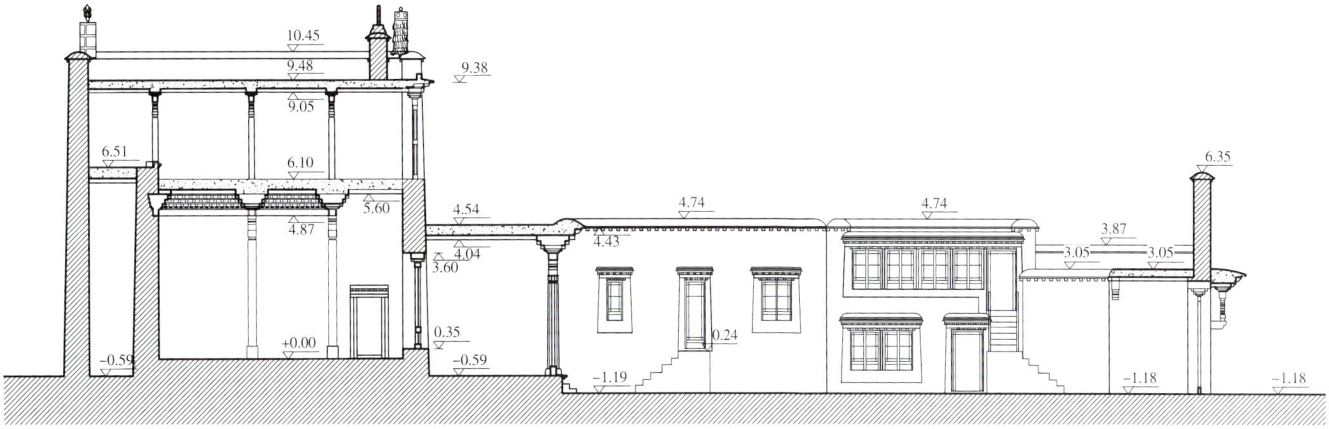

纵剖面图
Vertical Section

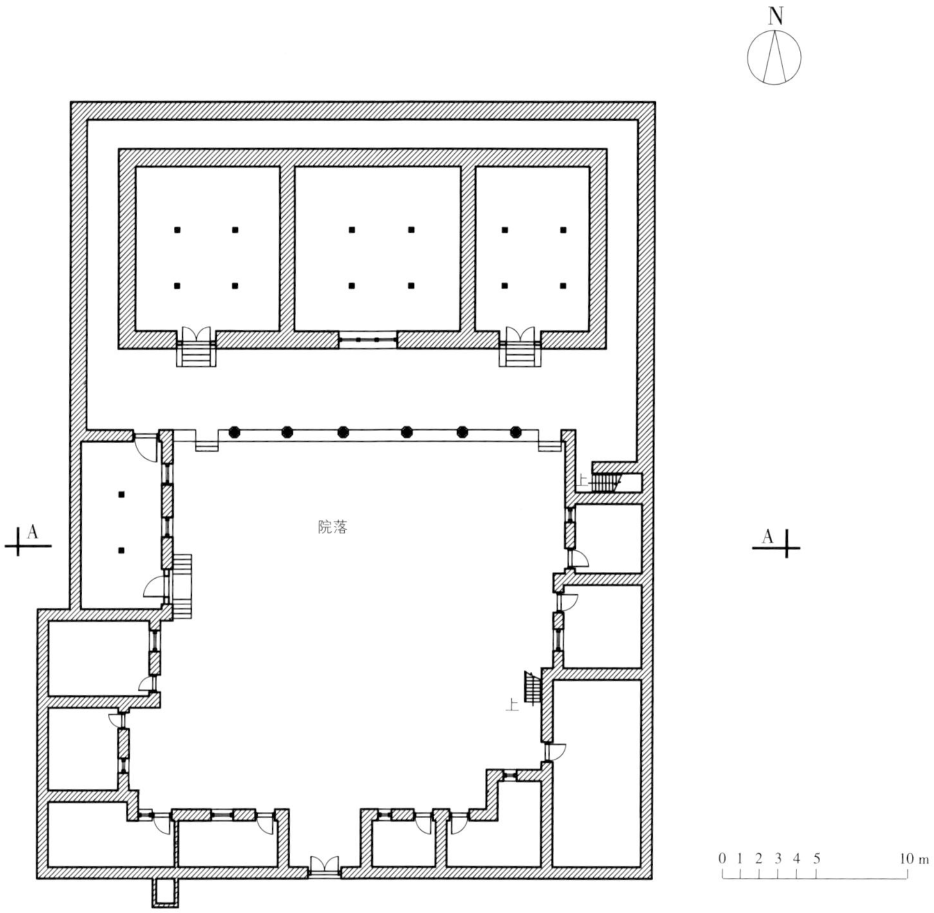

卓玛拉康一层平面
The First Floor

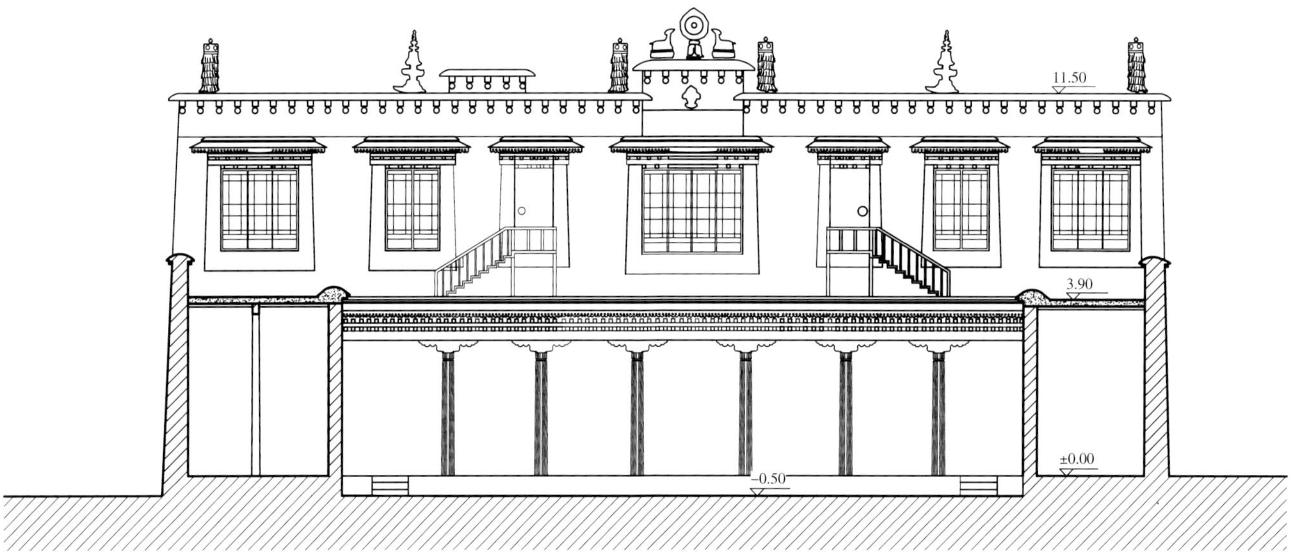

A-A 剖立面
Transversal Section

14 吉拉康 Ji Lhakang

上寺外观
Exterior of the Upper Temple

吉拉康位于拉萨市林周县冲堆乡，是 1112 年由夏拉拉旺久主持修建的。当时修建有上、下两寺，相距 200 m 左右，最初上、下两寺合二为一，但由于种种原因导致内部不合而分离。目前，常用的只是上寺部分。吉拉康属于黄教格鲁派，目前在寺僧人 45 名。20 世纪 60 年代寺庙惨遭破坏，尤其是上寺的三楼部分，寺内原藏文物流散很多，现藏有文物 100 多件。1982 年，政府拨款修复，基本恢复了原貌。

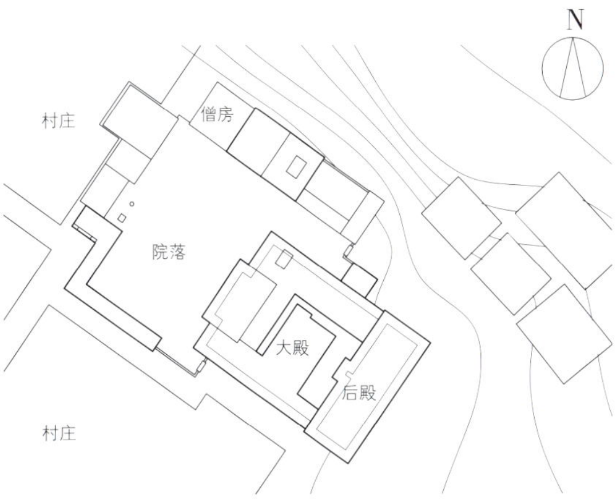

总平面图（左图）
General Layout
门廊（右图）
Porch

后殿立面（左图）
Elevation of Back Hall
周边居民房（右图）
Periphery Residential Building

内廊（左图）
Inner Corridor
室内（右图）
Interior

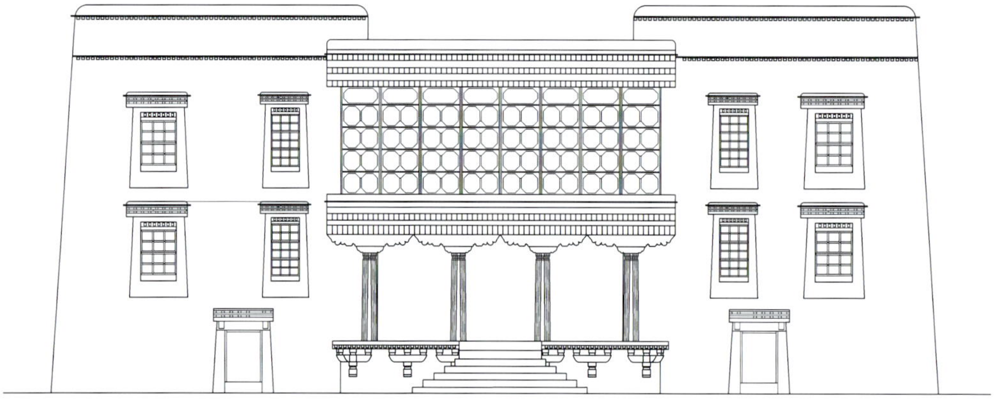

正立面图
Front Elevation

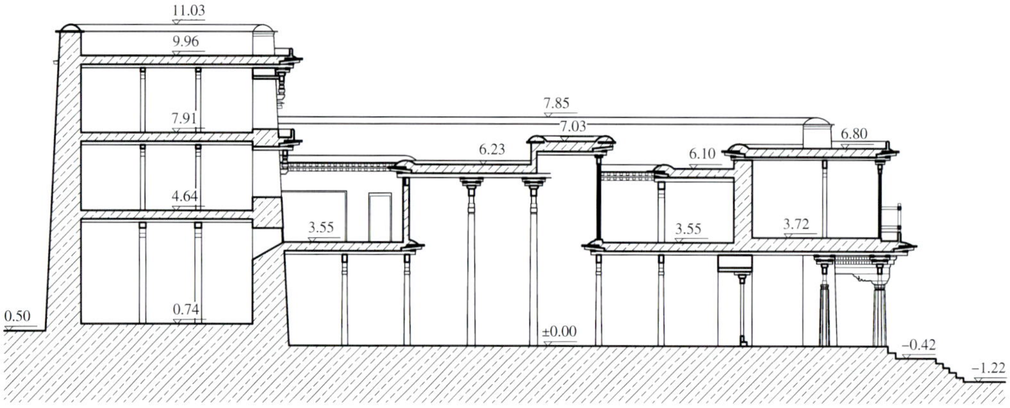

纵剖面图
Vertical Section

15 磨盘山关帝庙 Guanyu Temple

关帝庙大门
Entrance of Guanyu Temple

关帝庙位于布达拉宫以西里许的巴玛日小山冈上，海拔约 3 660 m，这座小山顶部平似磨盘，故又称磨盘山。关帝庙内塑像与藏族民间传说中的英雄格萨尔王相差无几，所以当地人误认为关帝庙内供奉的是格萨尔王，将磨盘山关帝庙又称为格萨尔拉康。关帝庙是拉萨地区现存规模较大，保存较完整的一座古典汉式建筑，是汉藏人民共御外侮，保卫祖国神圣领土的历史见证，也是汉藏人民团结的象征。

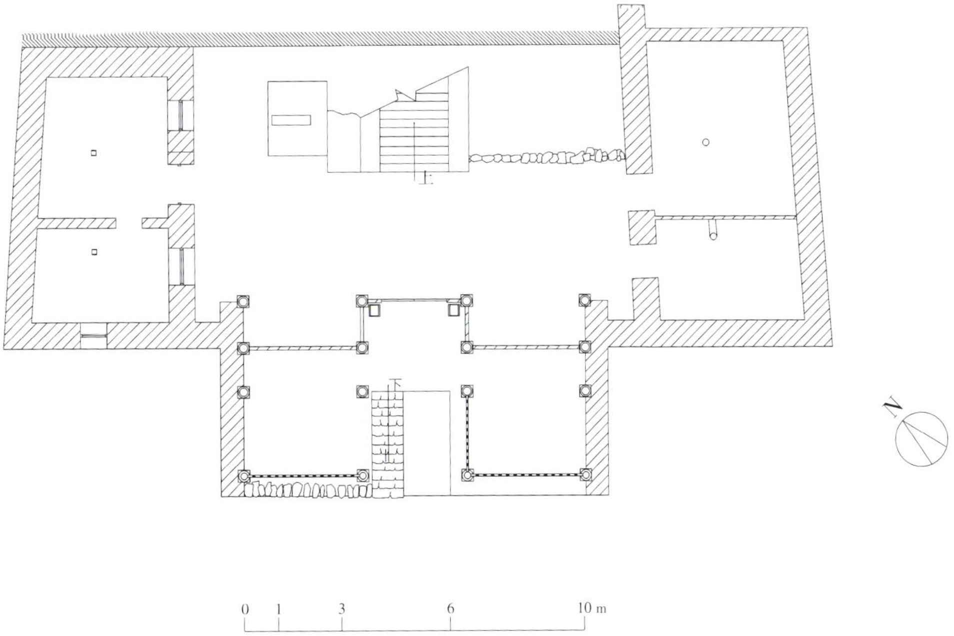

关帝庙一层平面
The Frist Floor of Guanyu Temple

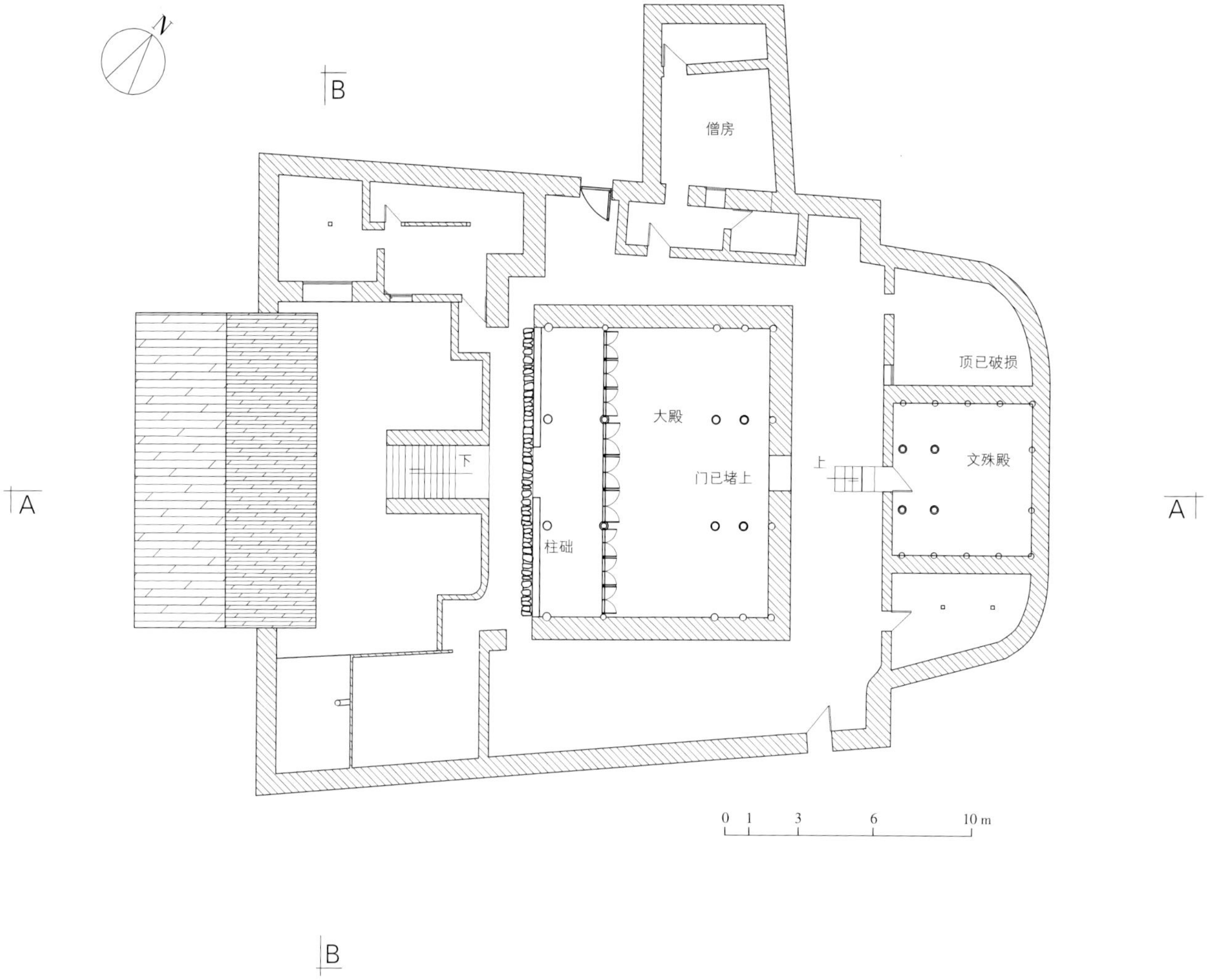

关帝庙二层平面
The Second Floor of Guanyu Temple

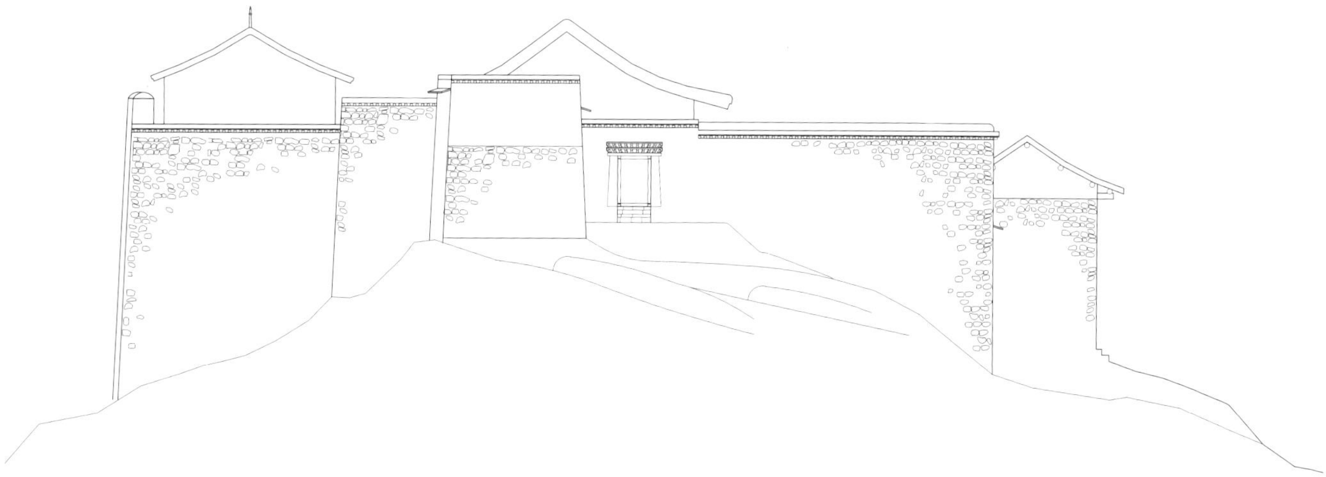

关帝庙侧立面
Side Elevation of Guanyu Temple

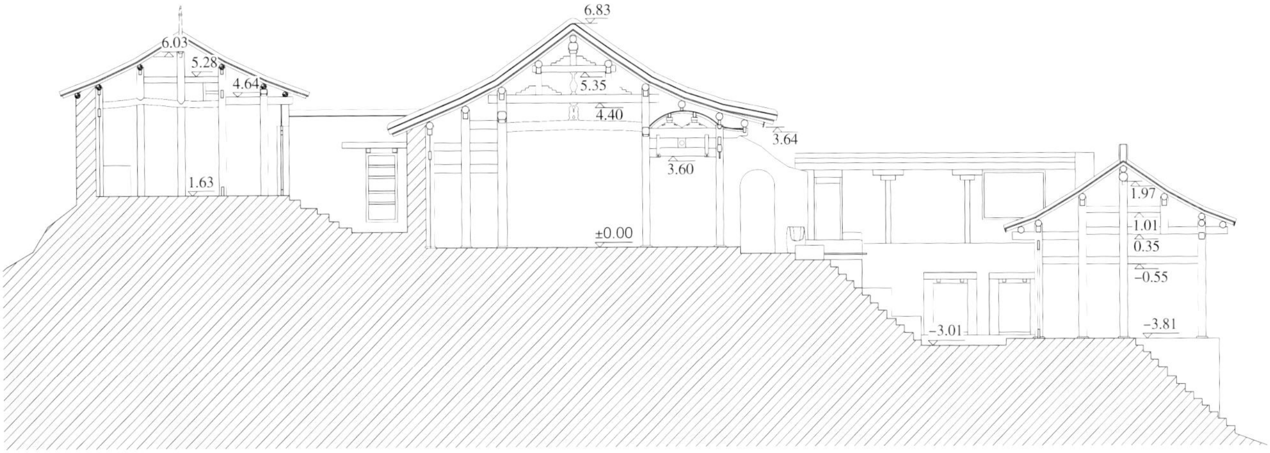

关帝庙 A–A 剖面
A–A Section of Guanyu Temple

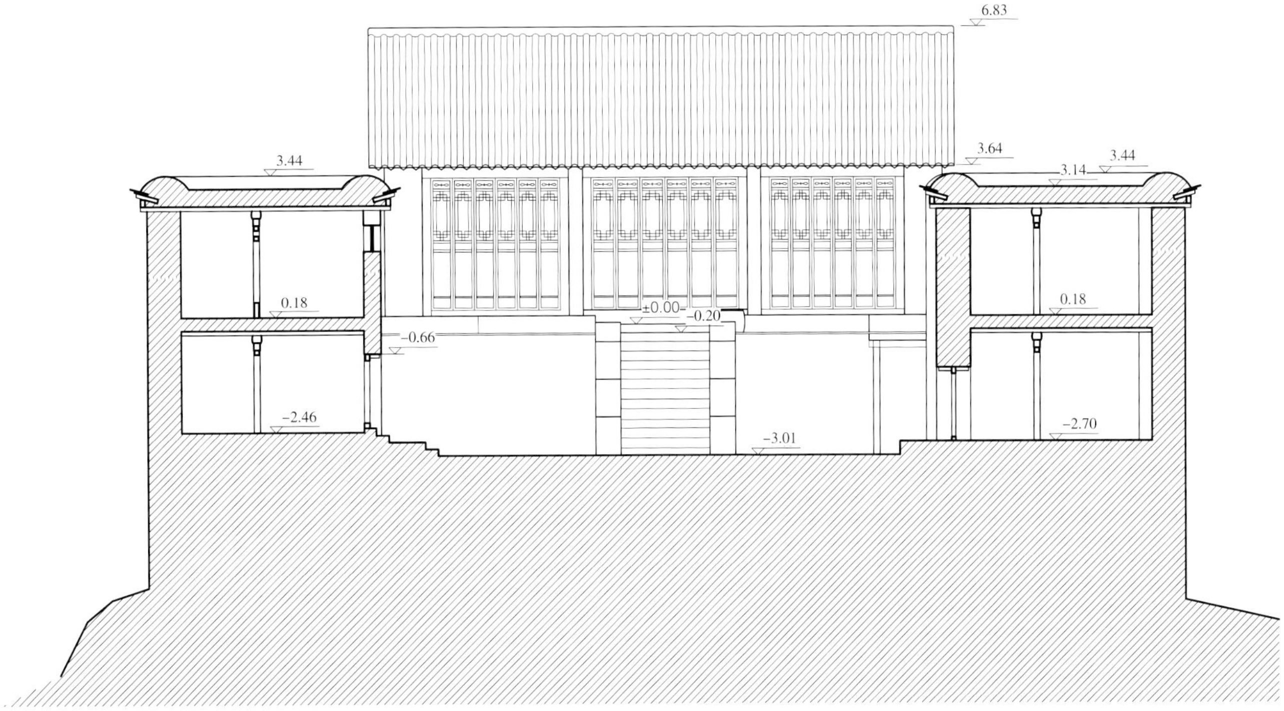

关帝庙 B–B 剖面
B–B Section of Guanyu Temple

16 尼姑庙 Nun Temple

尼姑庙全景
Panoramic View of Nun Temple

尼姑庙位于拉萨市林廓南路中段，始建于明代，距今已有 500 多年的历史。创建人为宗喀巴大师的弟子贡觉多旦。寺庙在 20 世纪 60 年代遭到破坏，寺内原有文物流散一空。1982 年政府拨款复建，基本恢复了原有面貌。建筑坐北朝南，设有经堂、尼姑宿舍、尼姑厨房等。经堂位于二层，内供奉释迦牟尼佛像和 13 幅唐卡。

尼姑庙院落（左图）
Courtyard of Nun Temple
尼姑庙围廊（右图）
Corridor of Nun Temple

17 清真寺 Mosque

大清真寺
Great Mosque

拉萨城内现有大小两座清真寺。大清真寺建于康熙五十五年（1716 年），最初规模不大，建筑面积只有 200 多平方米，到乾隆五十八年（1793 年）平定了廓尔喀之后，大清真寺进行了维修和扩建。现在的清真寺围墙内总建筑面积 2 600 m^2，建筑面积约 1 300 m^2，由大门、前院、宿舍、宣礼塔、礼拜堂和浴室等组成。

小清真寺是 20 世纪 20 年代专门为来拉萨做买卖、短住或长住的克什米尔、拉达克、不丹、尼泊尔、英国等国信奉伊斯兰教的人做礼拜而筹资修建的。小清真寺坐西向东，其范围南北长，东西短，不很规则。建筑分南北两个部分。北边为二层藏式建筑，底层设有大净、小净的洗浴室，二层供作礼拜时领经、宣讲经义的“阿訇”居住。主体建筑礼拜堂坐西向东，为一层藏式建筑。

小清真寺
Small Mosque

18 印经院 Printing Scripture Temple

西印经院外观
Exterior of West Printing Scripture Temple

东印经院外观
Exterior of East Printing Scripture Temple

拉萨印经院共分东西两座，均位于布达拉宫脚下。东印经院藏语原“噶甘平措林”，是“幸福乐园”的意思。该建筑位于雪城的东北角，规模较小。始建于五世达赖时期，与布达拉宫的白宫属于同期建筑。东印经院由印经堂、藏经库、孜仲住室、马厩等建筑组成，大门朝南。主体建筑为一藏式两层楼房，底部为印经堂。因为东印经院规模较小，不能满足需要，十三世达赖派人选址修建了西印经院。西印经院建筑规模比东印经院大很多，主体建筑共 6 层，靠近西城墙，依山而建。西印经院现为自治区档案馆。

19 觉木隆寺 Jo-mu-rong Monastery

大殿外观
Exterior of the Main Hall

觉木隆寺位于拉萨市堆龙德庆县乃琼镇觉木隆村庄，距离拉萨约 10 km，是拉萨地区保存较好的一座典型藏式寺庙，是拉萨佛教建筑中的一个亮点，也是研究 11 世纪寺庙建筑的一个极好例子。

觉木隆寺始建于 11 世纪中期（1153 年—1158 年），属于黄教格鲁派，是拉萨地区中期佛教建筑的杰出代表之一。它巧妙地就地取材，形成土、木、石的建筑结构，平面布局没有一味地强调完全对称，而是追求自由和统一相结合，采取从中心向四周的分散式布局。

大殿内遗留下来的壁画具有鲜明的艺术特点，壁画内容有佛教经变、历史事件、护法神祇、寺庙殿塔和装饰图案等。壁画线条流畅，不仅保持和继承了藏族的传统技艺，而且还吸收了印度、尼泊尔和我国汉族的艺术风格，具有独特的韵味。

屋顶（左图）
Roof
遗址（右图）
The Ruins

院落（左图）
Courtyard
大殿内景（右图）
Interior of the Main Hall

灶台（左图）
The Hearth
唐卡（右图）
Thangka

壁画一（左图）
Mural 1
壁画二（右图）
Mural 2

觉木隆寺初建距今约900多年历史，最初该寺建在乃琼镇，由阿底峡大师徒弟尊珠旺久主持修建，由于他在帮嘎区顿山洞修行，修行期间发觉现今寺庙所处地点风水好，则将寺庙搬迁至此，故而将这里取名觉木隆村庄。觉木隆在藏语中是“邪”的意思，属于早期的格鲁派。寺庙建成时非常之大，方圆数平方公里。主殿周围建有108座塔，在寺僧人最多时达到12 000多名，寺内许多壁画也是那时形成的，它的壁画、雕刻都是西藏仅有的。20世纪60年代，该寺庙惨遭破坏，房屋毁坏数百间，周围的108座塔也未能幸免，全部毁于一旦。所幸的是主殿由于群众的竭力保护，留下了一部分，大殿的结构完整。

觉木隆寺现占地28 000 m²，包括大殿、僧房、辩经台、库房和周边遗址。其中大殿占地面积1 400 m²，建筑面积3 000 m²。觉木隆大殿为四合院平面，主体三层，南面两层回廊，经堂在二层，由室外大台阶直达。殿堂内12根柱，直通二层屋顶，周边形成采光井。建筑的结构和外观保存完整，具有早期的特点。大殿底层的壁画色彩艳丽，人物线条流畅，是保存完好的珍贵壁画，具有较高的历史价值和文物价值。

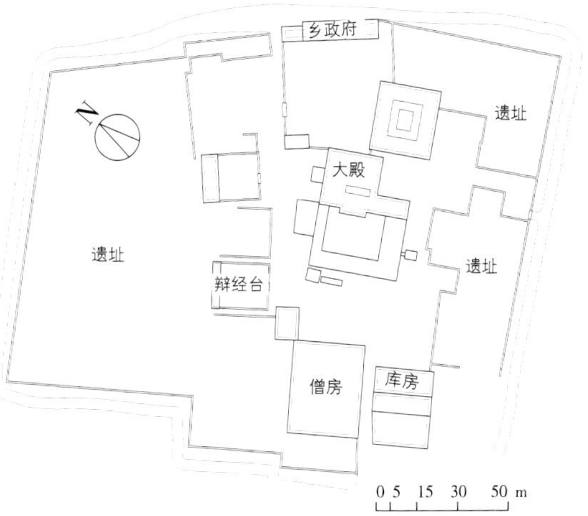

总平面图
General Layout

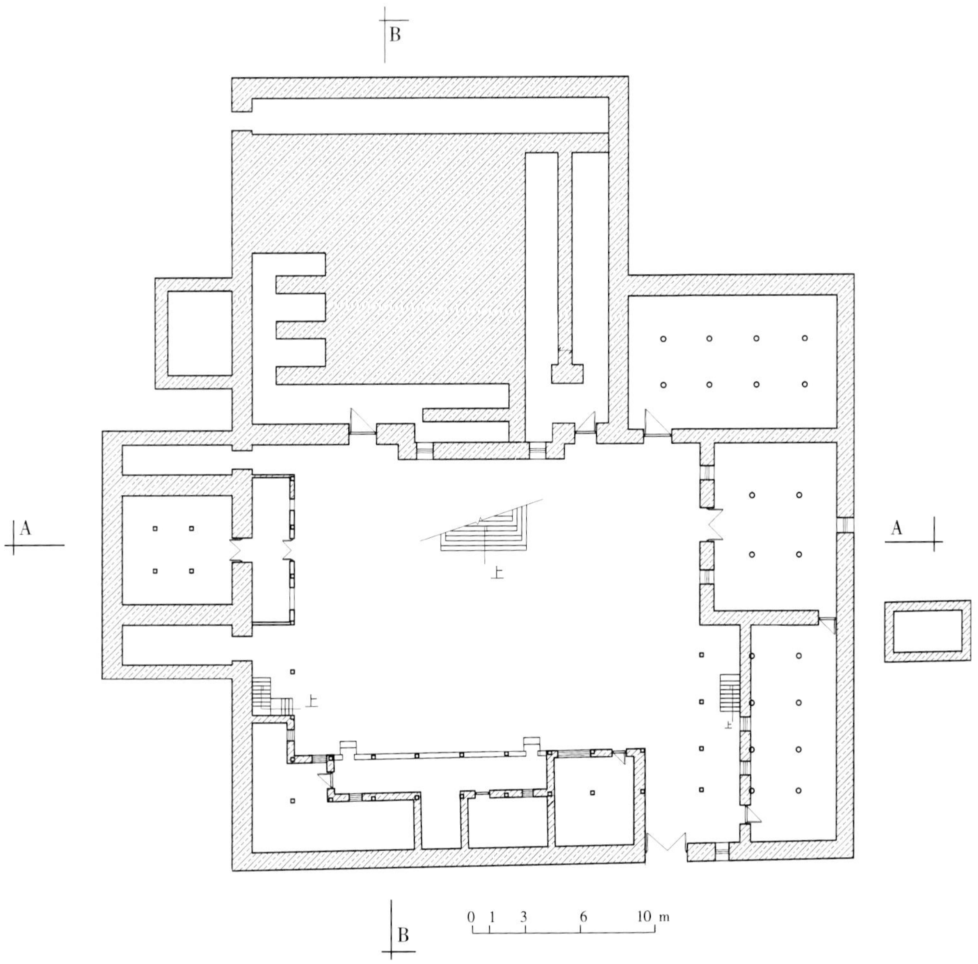

一层平面图
The First Floor

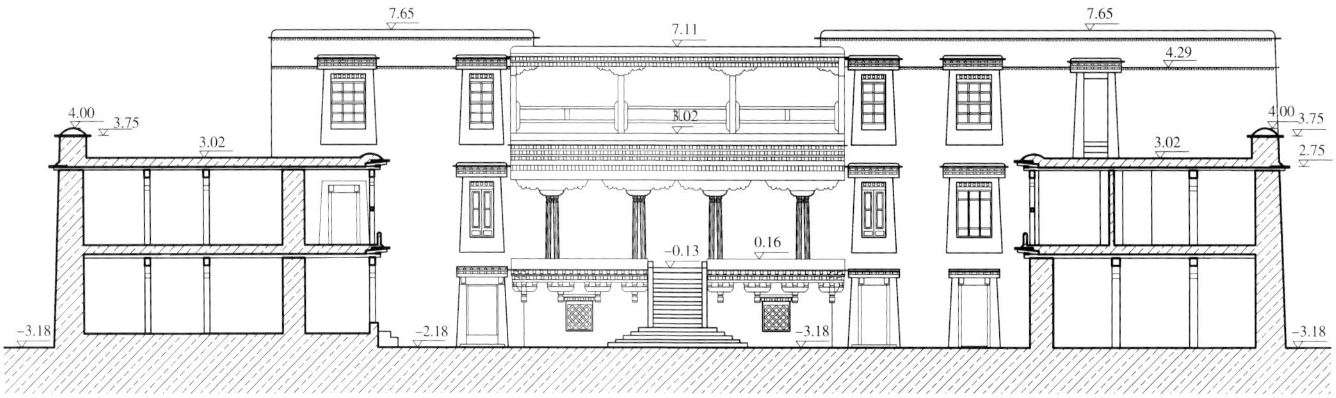

A–A 剖面图
A–A Section

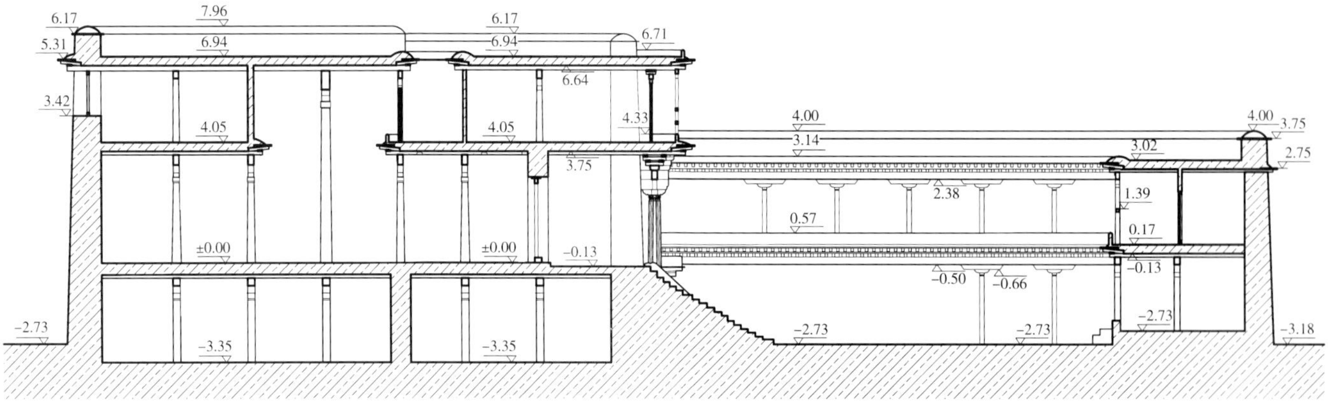

B–B 剖面图
B–B Section

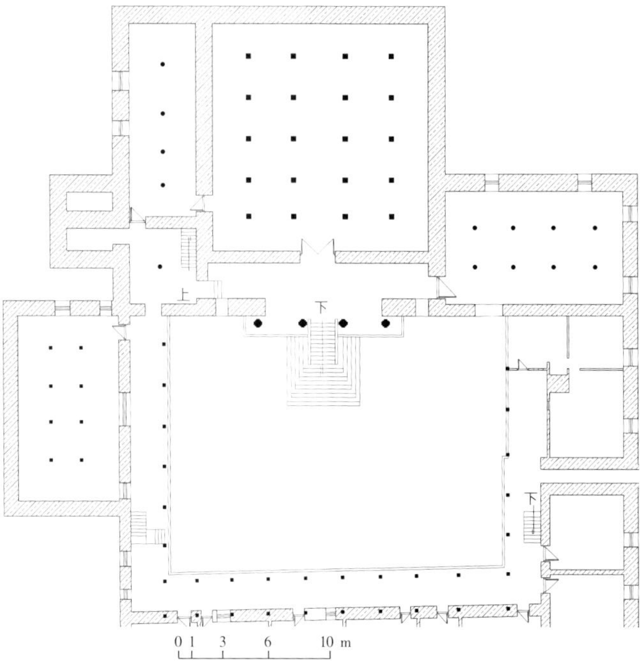

二层平面图
The Second Floor

20 吉嘎曲德寺 Jika-chu-de Monastery

大殿外观
Exterior of the Main Hall

吉嘎曲德寺位于拉萨市尼木县塔荣乡塔荣村。1100 年由桑顶•多吉帕姆创建，具有代表性的活佛是桑顶•多吉帕姆。历史鼎盛时期有僧人 69 名，1985 年对其进行修复并对外开放。

远景（左图）
Perspective
转经道（右图）
Path of Revolving Scripture

大殿内景（左图）
Interior of the Main Hall
白塔（右图）
White Pagoda

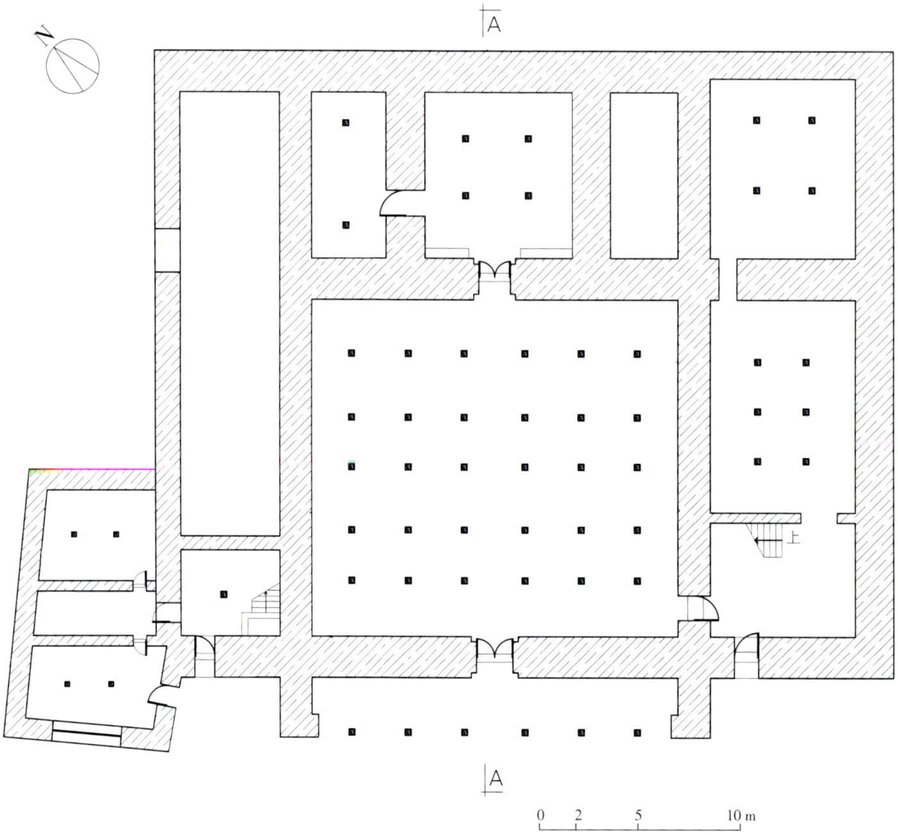

一层平面图
The First Floor

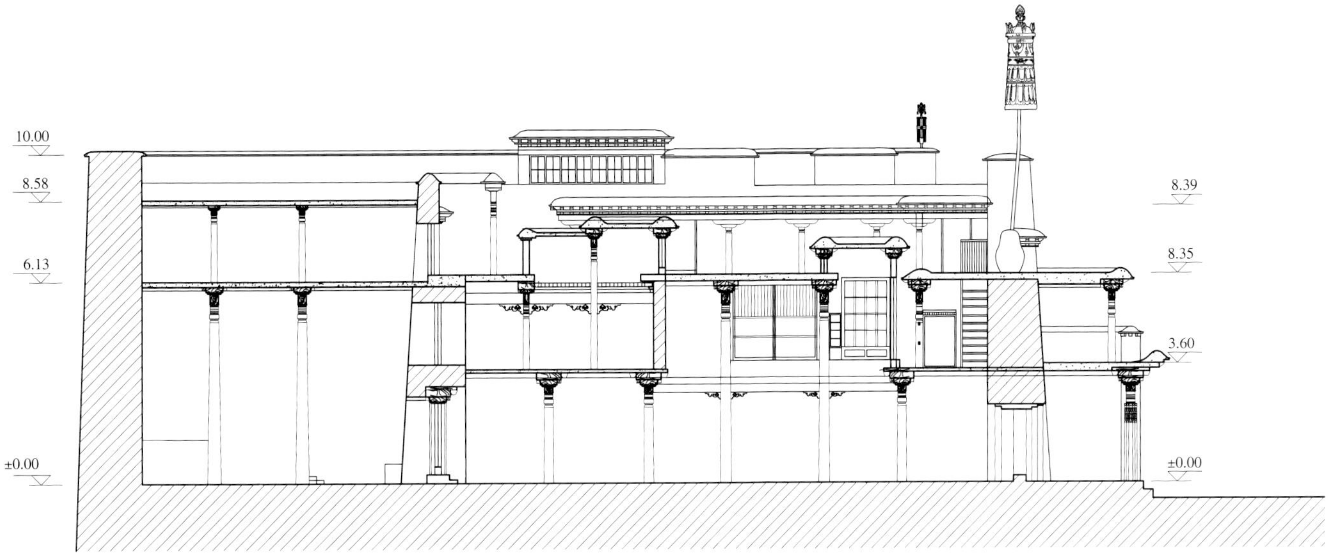

A-A 剖面图
A-A Section

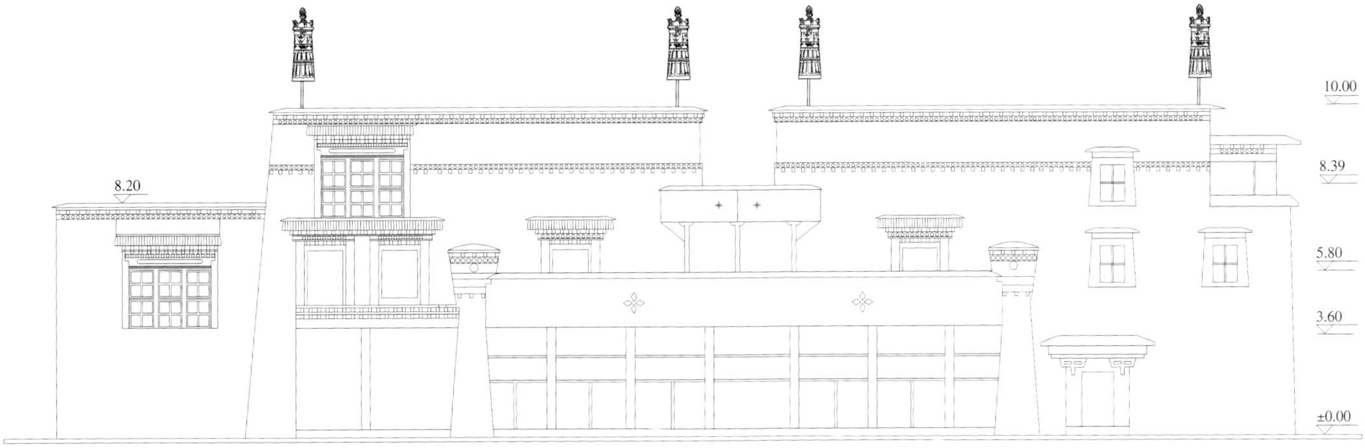

南立面图
South Elevation

21 惜德林 Hi-de-ling

惜德林现状外观
Exterior

惜德林早先又叫惜德寺、呼徵寺，位于小昭寺西南约一里处，现占地面积约 6 200 m^2。据《七世达赖格桑嘉措传》记载，惜德寺是吐蕃赞普赤热巴巾(815 年—838 年)在大昭寺周围所修的 6 座拉康之一，时名嘎瓦。当时规模较小，编制仅有 4 名扎巴，寺名惜德即源于此。到了 9 世纪，朗达玛毁法灭佛，包括大昭寺、小昭寺、桑耶寺在内的许多寺院都受到不同程度的破坏，惜德寺也未免于难。元代时，在蔡巴万户长的支持下，惜德寺在原址基础上有所扩大，人员编制增加至 20 多个，并规定了固定的供养制度。

此寺早先属红教教派，主要诵胜乐、密集、金刚等经典。八世热振呼图克图时期改为黄教教派，隶属于色拉寺吉扎仓。

后殿现状(左图)
Status Quo of the Back Hall
大殿现状(右图)
Status Quo of the Main Hall

入口现状（左图）
The Status Quo of the Entrance
院内现状（右图）
The Statue Quo of the Yard

回廊（左图）
Cloister
斗栱（右图）
Dou-gong Bracket

大殿东侧现状（左图）
The Status Quo of East of the Main Hall
大殿西侧现状（右图）
The Status Quo of West of the Main Hall

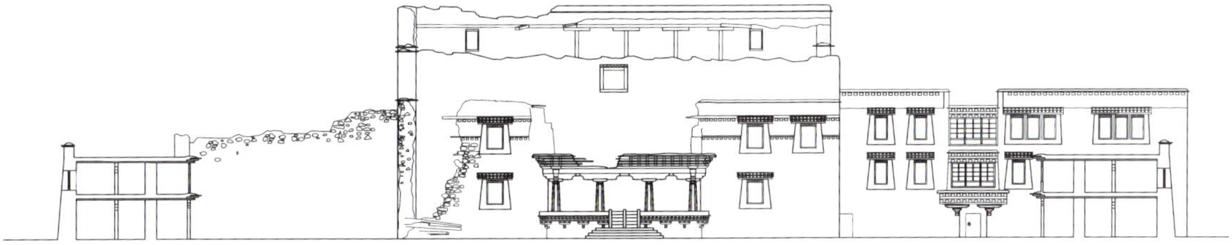

惜德林剖立面图
Section of Hi-de-ling

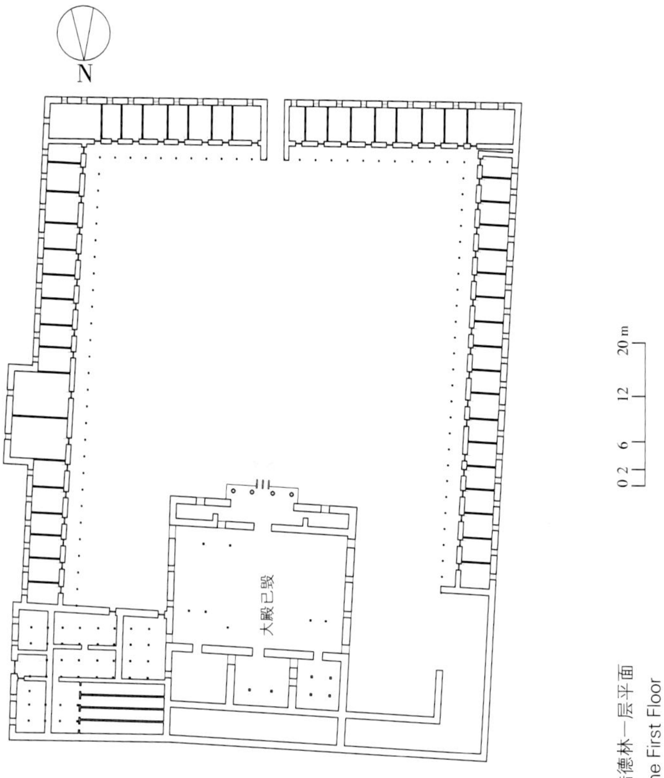

惜德林一层平面
The First Floor

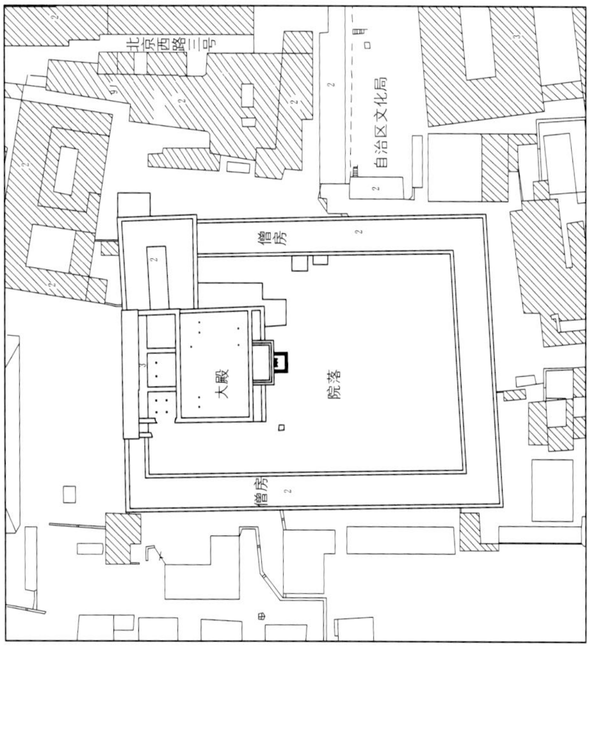

惜德林总平面图
General Layout

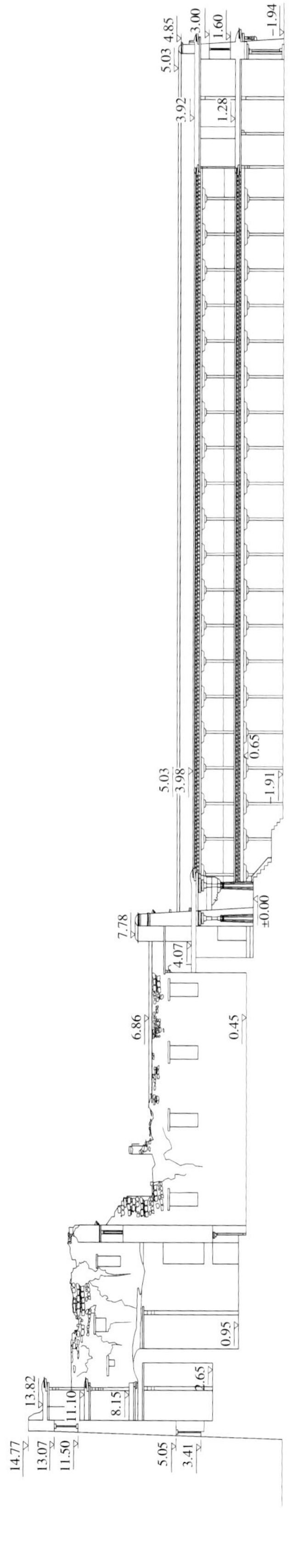

惜德林纵剖面
Vertical Section

22 策默林寺 Ce-mu-ling Monastery

策默林大殿外观
Exterior of the Main Hall

策默林寺位于北京东路3巷23号，隶属策默林居委会。始建于1777年，由第一世策默活佛阿旺楚臣担任摄政时主持兴建的。策默林建筑坐北朝南，占地面积6 240 m²，建筑平面布局基本呈方形院落状。主体建筑明显为两个时期所建。东半部称白宫，是第一世策默活佛阿旺楚臣摄政时修建的；西半部称红宫，是第二世策默活佛阿旺疆贝修建的。现在正在维修中。

边玛墙（左图）
The Willow Wall
原柱式（右图）
Column

策默林维修场景(左上图)
The Repairing Scene
院落(右上图)
Courtyard
柱子(左中图)
Column
窗子(右中图)
Window
斗栱(左下图)
Dou-gong Bracket
回廊(右下图)
Cloister

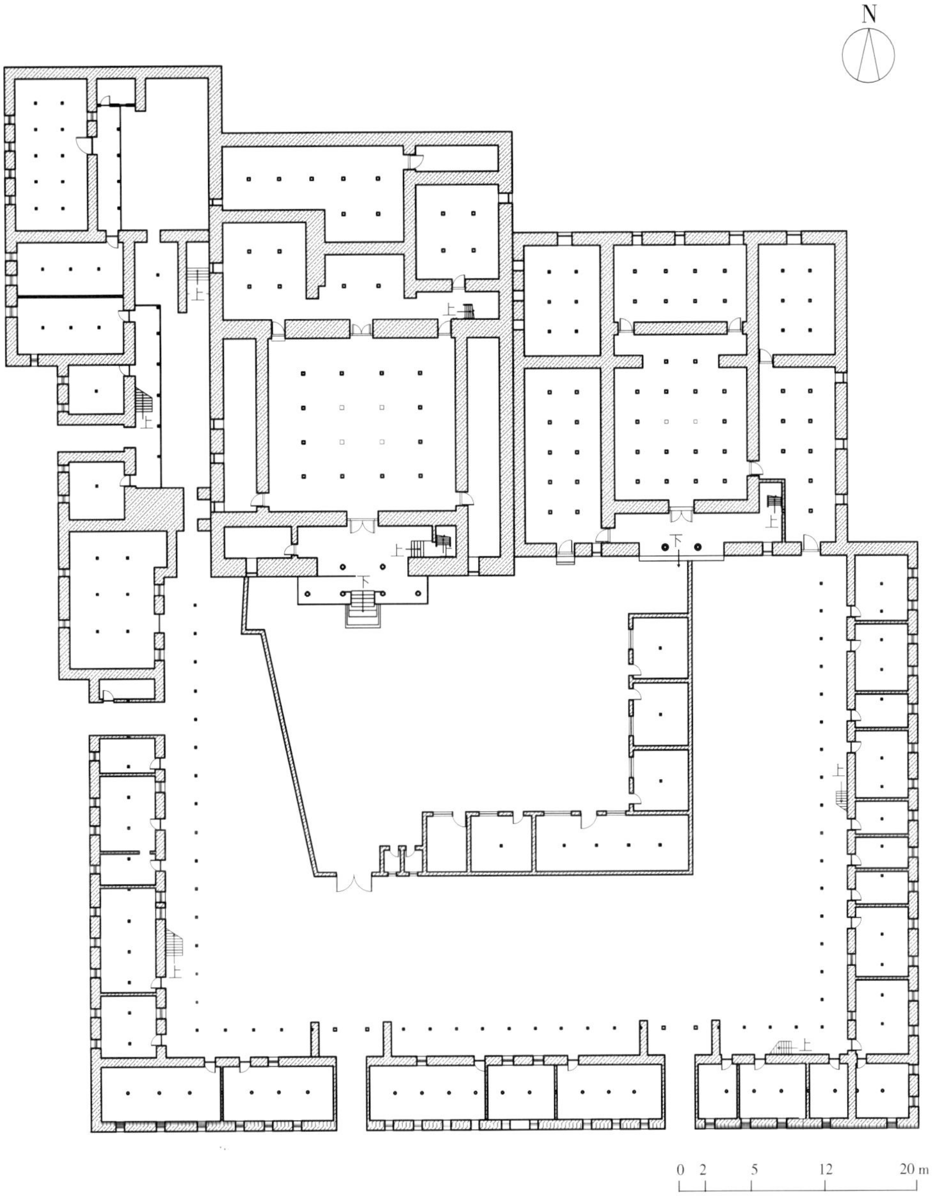

一层平面
The First Floor

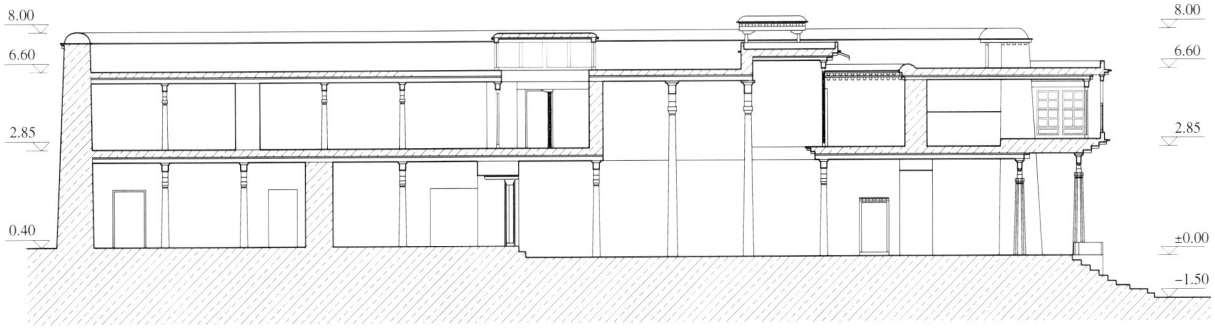

剖面
Section

23 拉囊宁巴 Labrang Nyingba

入口
Entrance

拉囊宁巴位于八廓南街 4 号，坐北朝南。早期为宗喀巴大师在拉萨的住地，每年传昭大会期间居住于此，具有很高的知名度。在大昭寺未建有寝室之前，五世达赖到拉萨时仍按旧传统住在此处，故得名为“拉囊”。大昭寺建成上拉囊后，五世达赖曾住过的拉囊被称为“拉囊宁巴”（旧拉囊）。以后又成了著名的藏文发明家吞米桑布扎的后裔贵族吞巴在拉萨的住所。

回廊（左图）
Cloister
外廊（右图）
Out Corridor

大厅改作教室（左图）
Make Hall as Classroom
室内布置一（右图）
Interior Layout 1

室内家具（左图）
Furniture
梁柱（右图）
Beam and Column

制作酥油茶（左图）
Making Buttered Tea
室内布置二（右图）
Interior Layout 2

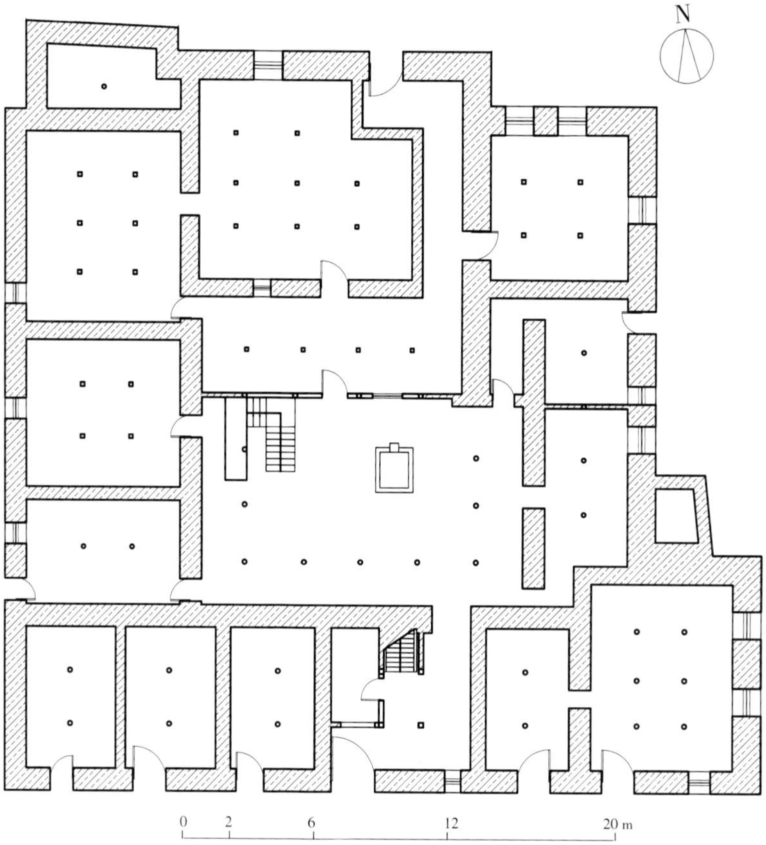

一层平面
The First Floor

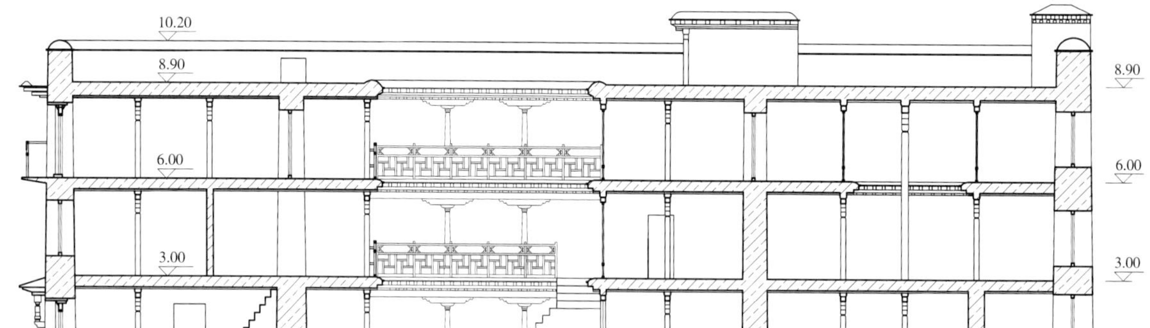

剖面
Section

24 罗布林卡 Norpulinka

入口
Entrance

罗布林卡，在藏语中是“宝贝园林”的意思。罗布林卡始建于七世达赖喇嘛时期，位于拉萨布达拉宫西南三里许，占地 36 hm^2。这里浓阴密布，郁郁葱葱，景色秀丽，是达赖喇嘛专用的园林。集中表现了藏族造园、建筑、绘画、雕刻等多方面的艺术成就和藏、汉民族间文化艺术的交流，具有藏、汉园林艺术合璧之美，是一份珍贵的园林遗产。

东大门（左图）
The East Gate
大门斗栱（右图）
Dou-gong Bracket of the Gate

贤劫福旋宫外观（左图）
Bhadrakalpa Bless Palace
贤劫福旋宫家具装饰
（右图）
Ornament of the Furniture

贤劫宫内部（左图）
Interior of Bhadrakalpa Palace
贤劫福旋宫门廊（右图）
Porch of Bhadrakalpa Palace

新宫内院（左图）
Courtyard in New Palace
祝寿殿内院（右图）
Courtyard of Wish Longevity Temple

外观马宫（左图）
Outer Watch Horses Palace
内观马宫（右图）
Inner Watch Horses Palace

威镇三界阁外观（左图）
Exterior of the Overawe the Three Kingdoms Pavilion
威镇三界阁近景（右图）
Close View of the Overawe the Three Kingdoms Pavilion

宠幸宫（左图）
The Patronize Palace
宠幸宫宝座（右图）
The Throne of Patronize Palace

宠幸宫内部（左图）
Interior of Patronize Palace
度母（右图）
Tara

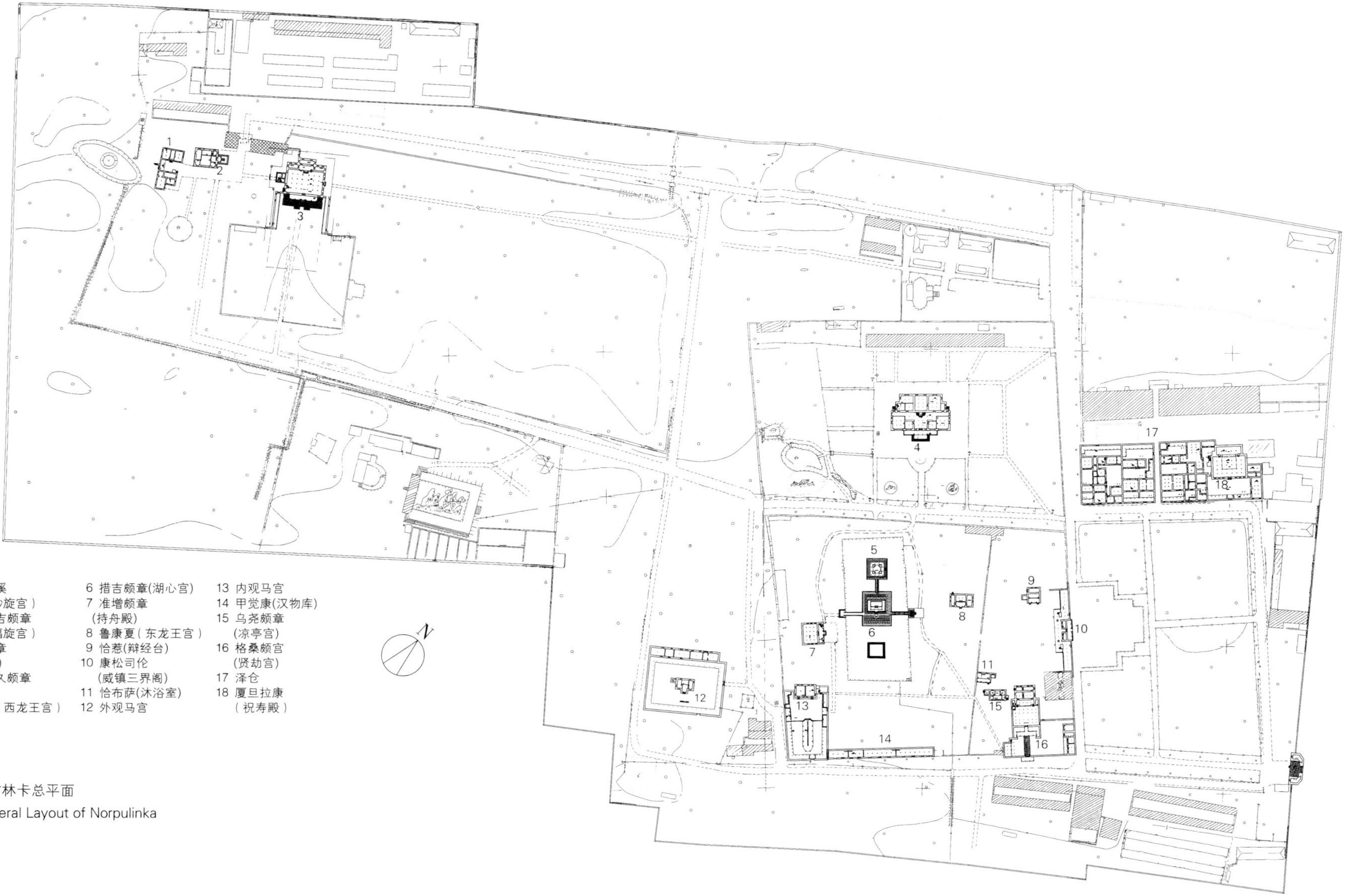

1 吉美曲溪
（不灭妙旋宫）
2 格桑德吉颇章
（贤劫福旋宫）
3 金色颇章
(宠幸宫)
4 达旦明久颇章
(新宫)
5 鲁康奴（西龙王宫）
6 措吉颇章(湖心宫)
7 准增颇章
(持舟殿)
8 鲁康夏（东龙王宫）
9 恰惹(辩经台)
10 康松司伦
(威镇三界阁)
11 恰布萨(沐浴室)
12 外观马宫
13 内观马宫
14 甲觉康(汉物库)
15 乌尧颇章
(凉亭宫)
16 格桑颇宫
(贤劫宫)
17 泽仓
18 厦旦拉康
（祝寿殿）

罗布林卡总平面
General Layout of Norpulinka

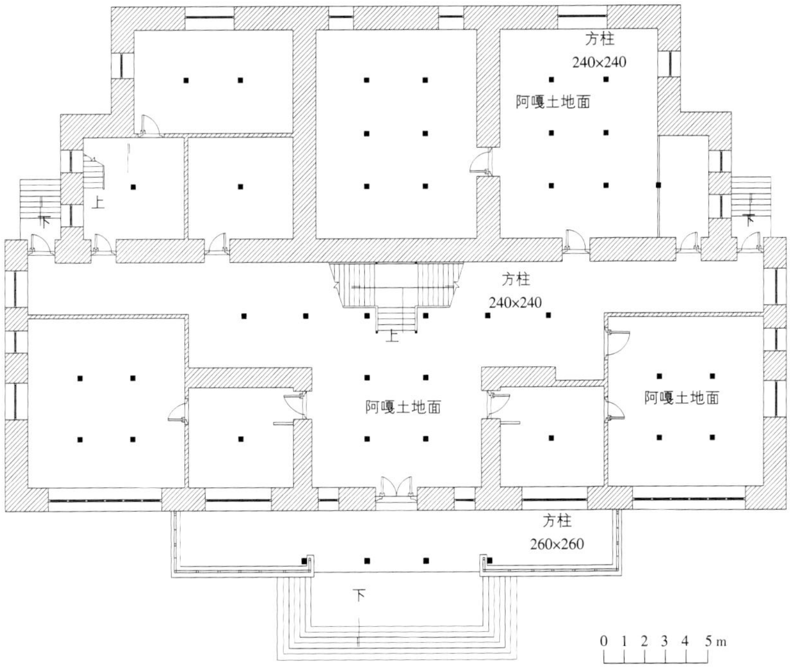

达旦明久颇章一层平面
The First Floor of Tardan-ming-ju Po-trang

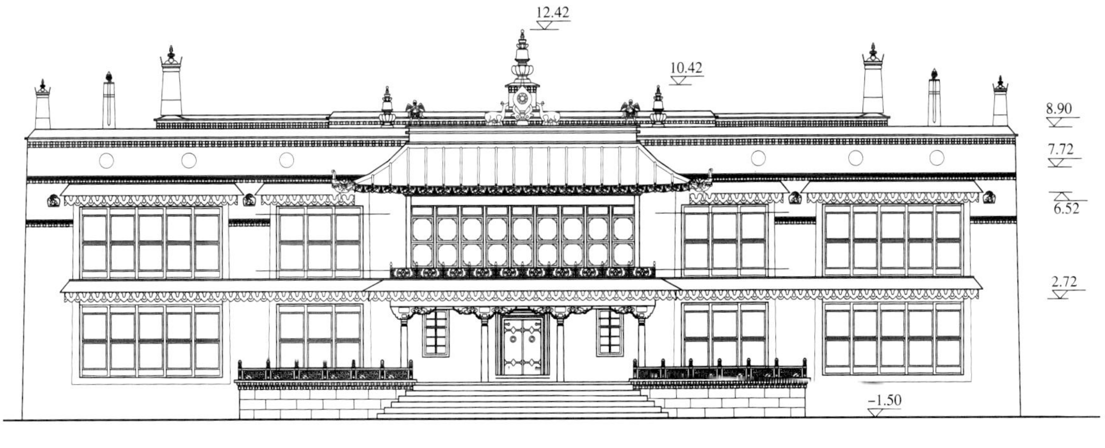

达旦明久颇章立面
Elevation of Tardan-ming-ju Po-trang

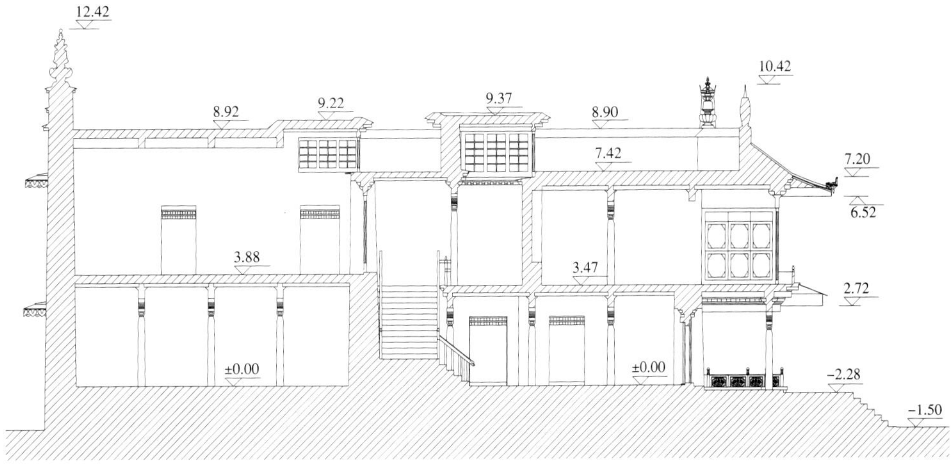

达旦明久颇章剖面
Section of Tardan-ming-ju Po-trang

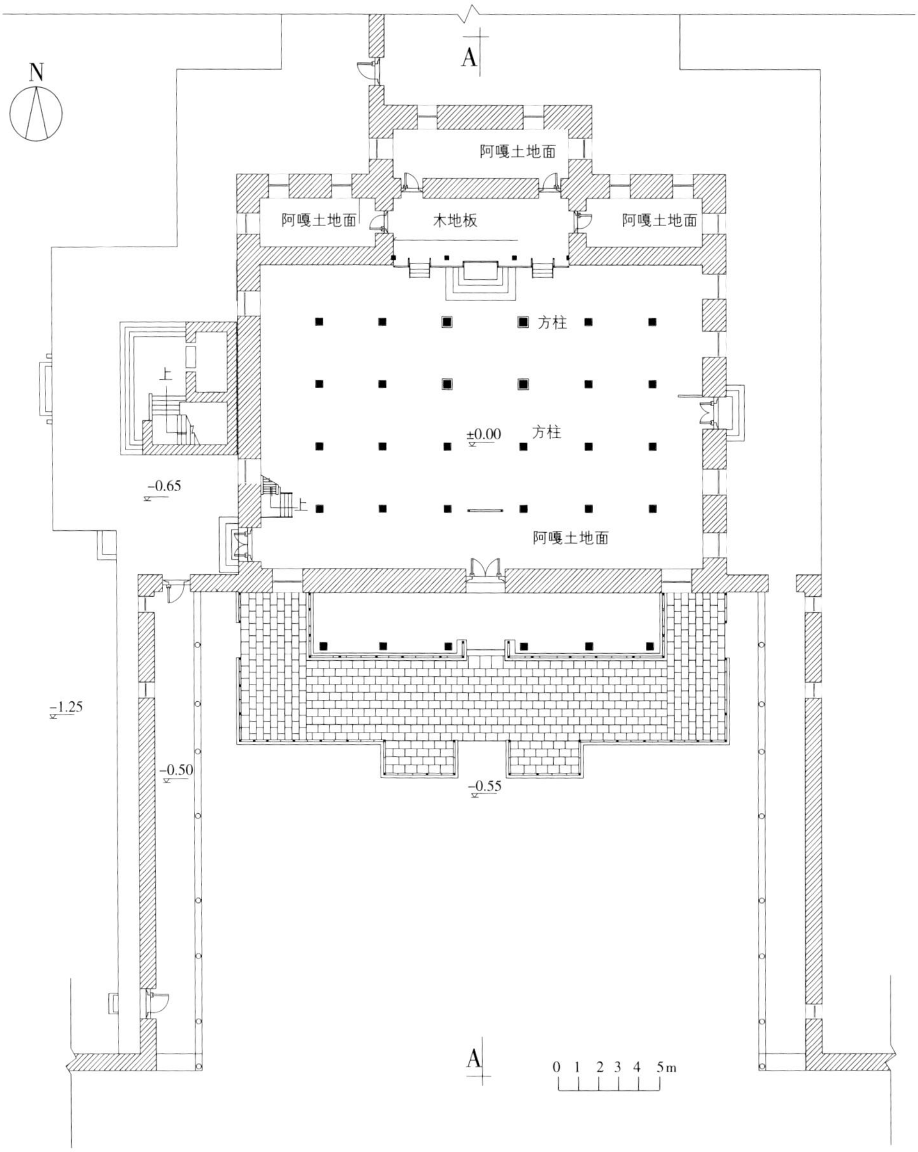

金色颇章一层平面
The First Floor of Golden Po-trang

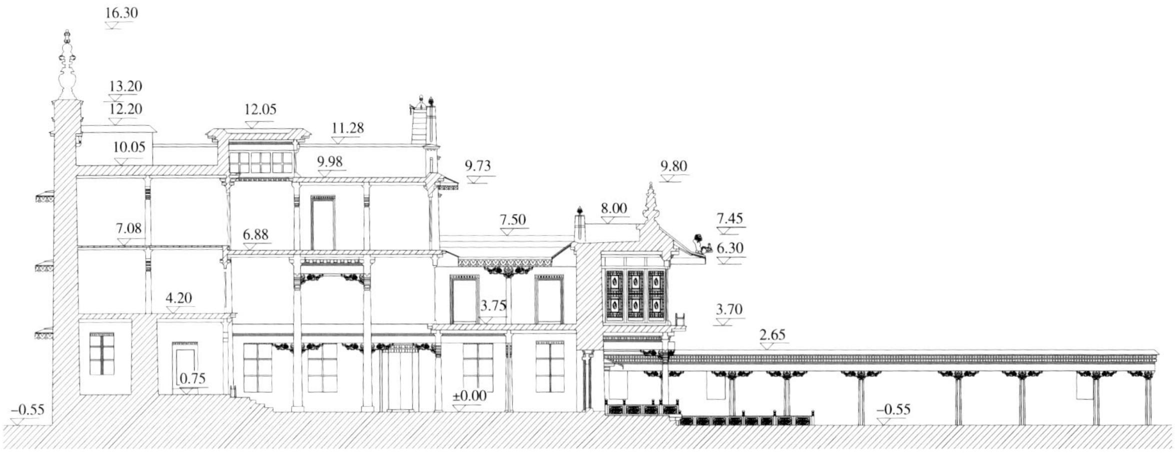

金色颇章剖面 A-A
A-A Section of Golden Po-trang

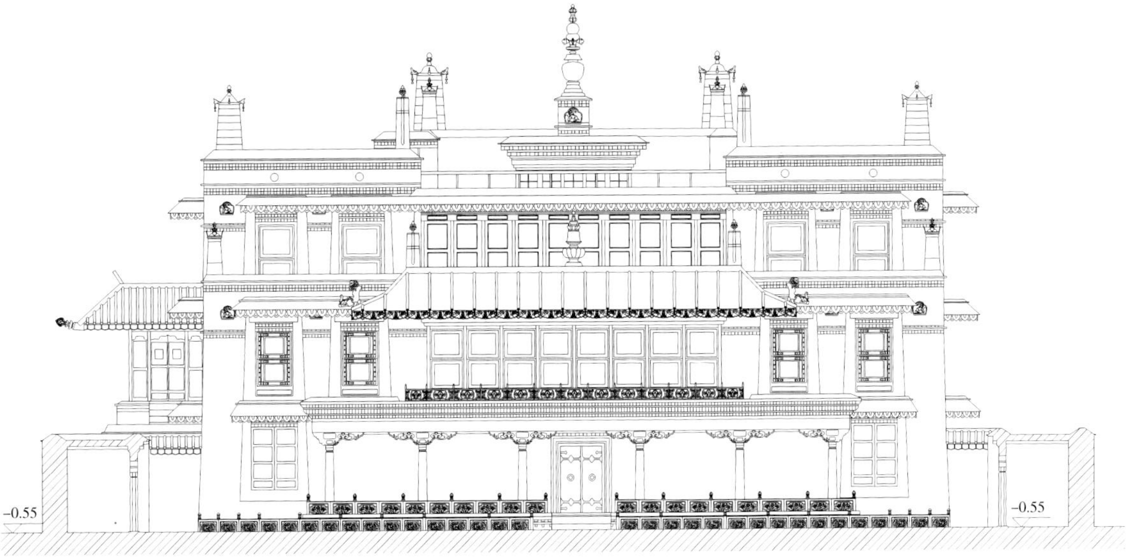

金色颇章正立面
Front Elevation of Golden Po-tang

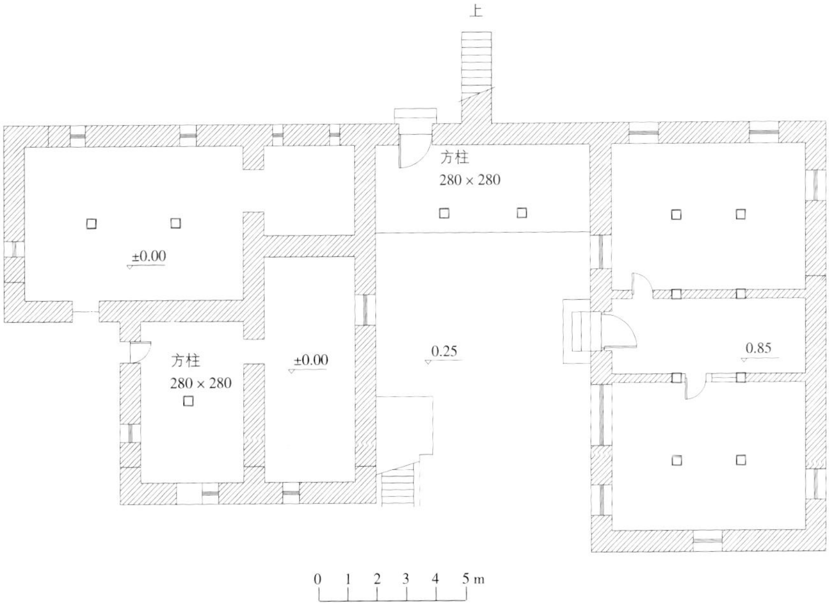

不灭妙旋宫一层平面
The First Floor of Immortalisation Palace

不灭妙旋宫立面
Elevation of Immortalisation Palace

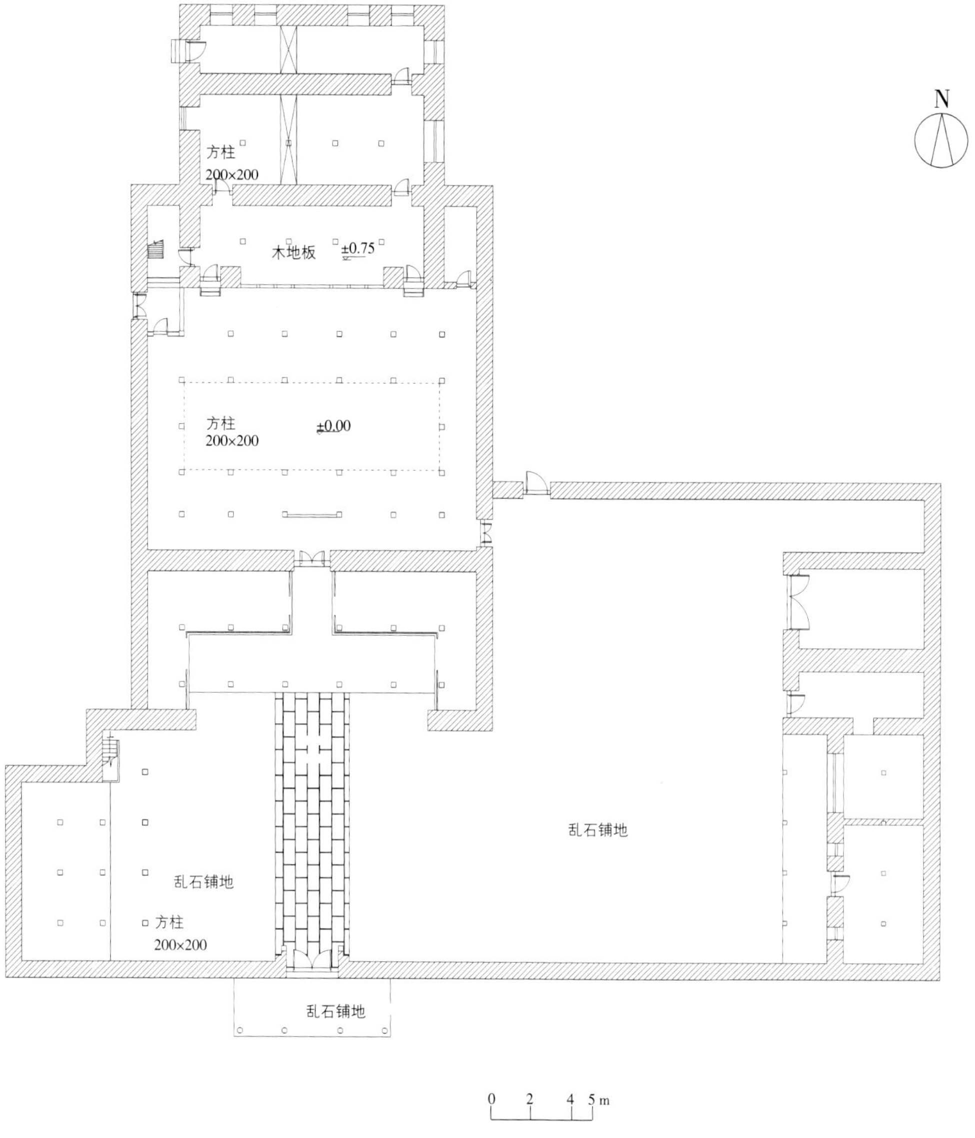

贤劫宫一层平面

The First Floor of Bhadrakalpa Palace

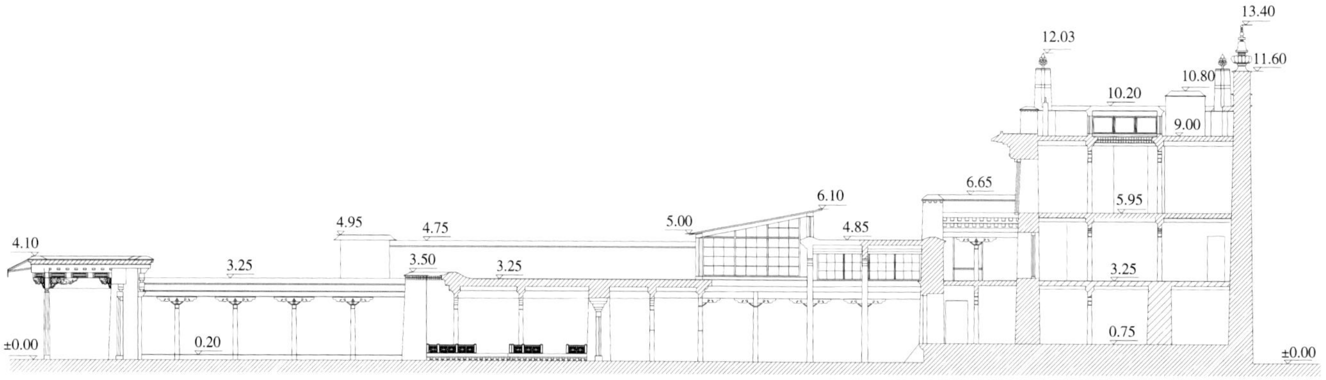

贤劫宫剖面

Section of Bhadrakalpa Palace

25 龙王潭 Dragon Pool

鸟瞰
Bird's Eye View

龙王潭是拉萨著名的园林建筑，位于布达拉宫山阴，其潭水坑是五世达赖喇嘛修建布达拉白宫和第巴桑结嘉措修建布达拉红宫时从山脚取土所致。园林依据布达拉山势，灵活布局。园林东西向长 610 m，南北向最宽处 303 m，最窄处 205 m。中部潭水范围东西向长 270 m，南北向宽 112 m。潭中有一不规则圆形的孤岛，直径约 42 m，岛上有一按照佛教仪规中坛城的模式建造的阁楼。四周湖光山色、绿树葱葱，风景美不胜收。

阁楼
Attic

布达拉宫为背景（左图）
Potala Palace as Back-ground
湖光山色（右图）
A Beautiful Scenery of Lakes and Mountains

大门（左图）
Entrance
绿地（右图）
Green

龙王潭内景一（左图）
Inner View of Dragon Pool 1
龙王潭内景二（右图）
Inner View of Dragon Pool 2

龙王潭内景三（左图）
Inner View of Dragon Pool 3
龙王潭内景四（右图）
Inner View of Dragon Pool 4

26 容扎 Rong-zha

容扎内景（左图）
Inner View
容扎内院（左下图）
Courtyard
容扎一层平面（右下图）
The First Floor

容扎位于卧堆布巷5号，建筑坐南朝北。当地政府于1996至1999年对其进行了维修。现居住有18户人家。

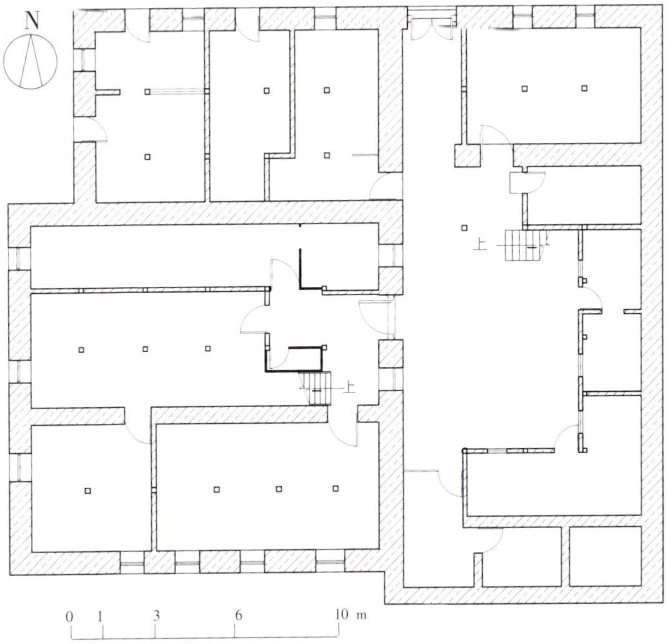

室内布置（左图）
Interior Layout
外墙（右图）
External Wall

门头斗栱（左图）
Dou-gong Bracket of the Gate
经堂（右图）
The Scripture Hall

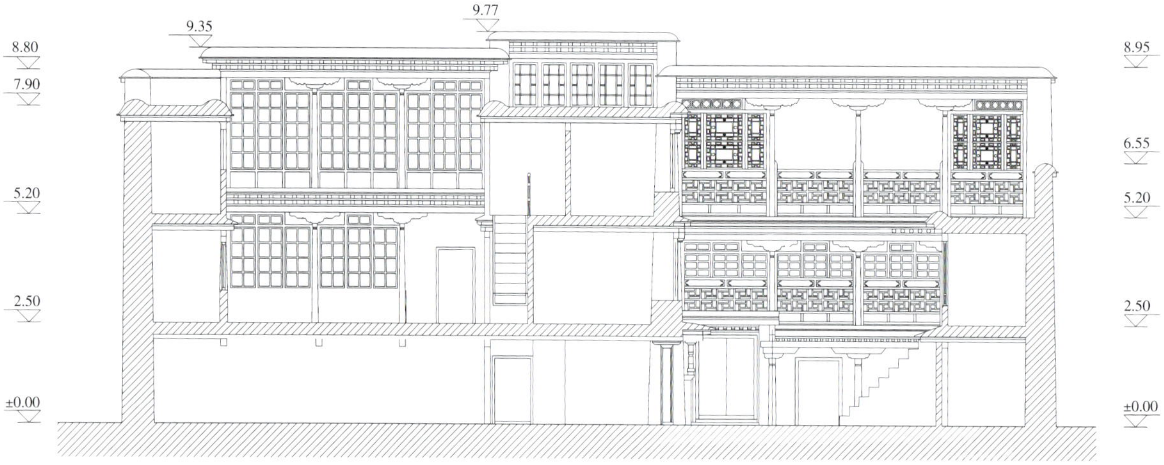

容扎剖面
Section of Rong-zha

27 吉日卓康 kyi-re-sGro-khang

院落空间
Courtyard

吉日卓康位于八廓街，主人是从印度归来的古董商人，个人出资购买改造后私人居住。在改造过程中，保持了原有传统的居住形式，在空间、结构、色彩以及室内布置等方面都依循了传统的风格，仅在住宅内合适地添加了现代生活用具，以适合现代的生活需求。

外墙（左图）
External Wall
新柱头（右图）
New Column Head

卧室(左图)
Bedroom
客厅(右图)
Living Room

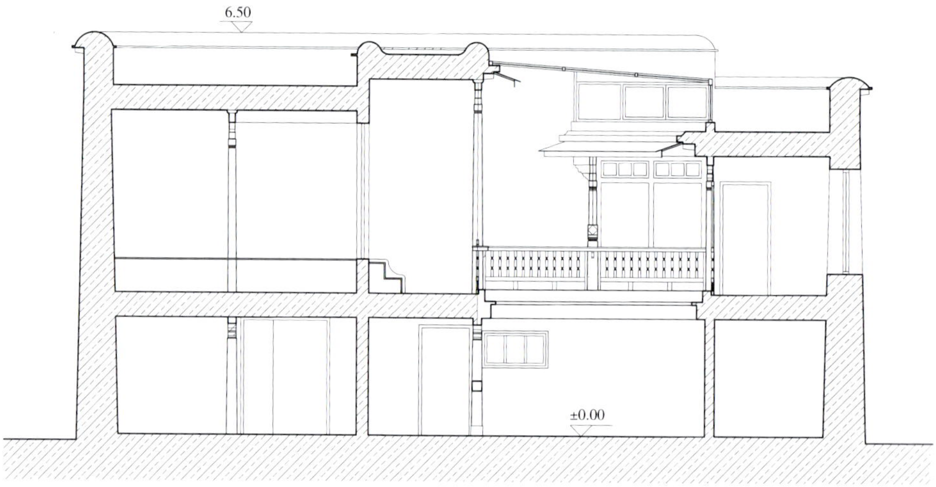

剖面
Section

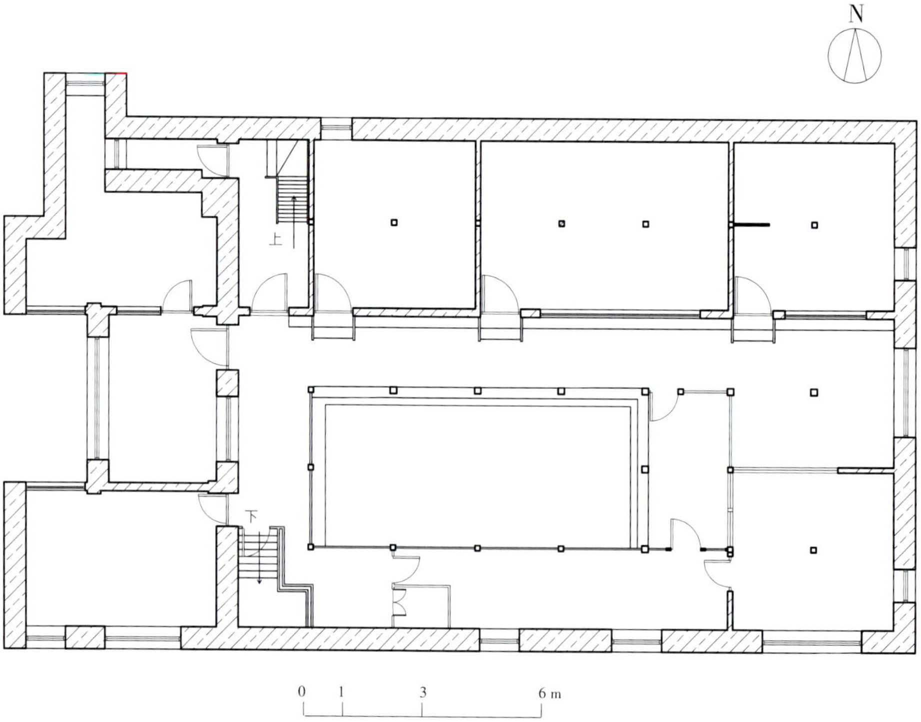

二层平面
The Second Floor

28 查齐夏 Trepchi-shar

外观
Exterior

查齐夏位于八廓北街 49 号，坐南朝北。在藏语中，"查"是"僧人"的意思，"齐"是"四"的意思，"夏"是"住宅"的意思，即原来是供 4 个僧人居住的地方。20 世纪 30 年代修建，1999 年进行过维修。

查齐夏结构为夯土墙，回廊为梁柱结构。建筑层高较低，净高仅 1.9~2.0 m。建筑围合而成，形成了一个院落空间，居民们经常在此喝茶聊天、淘米洗衣。院内仅有一自来水龙头，供居民共用。每层各有一厕所，使用蹲便器，自来水冲洗，供同一楼层居民使用。

查齐夏中住有 14 户居民，有不少是外来经商人员。建筑共 3 层，一层多为商店，直接对外。仅有一甜茶馆与庭院相连。二层、三层为住家，建筑状况尚可。室内家具装饰具有藏式风格，条件较好的家庭有单独的佛堂。

院落
Courtyard

回廊的梁架（左图）
Beam Frame of the Cloister
室内布置（右图）
Layout of the Interior

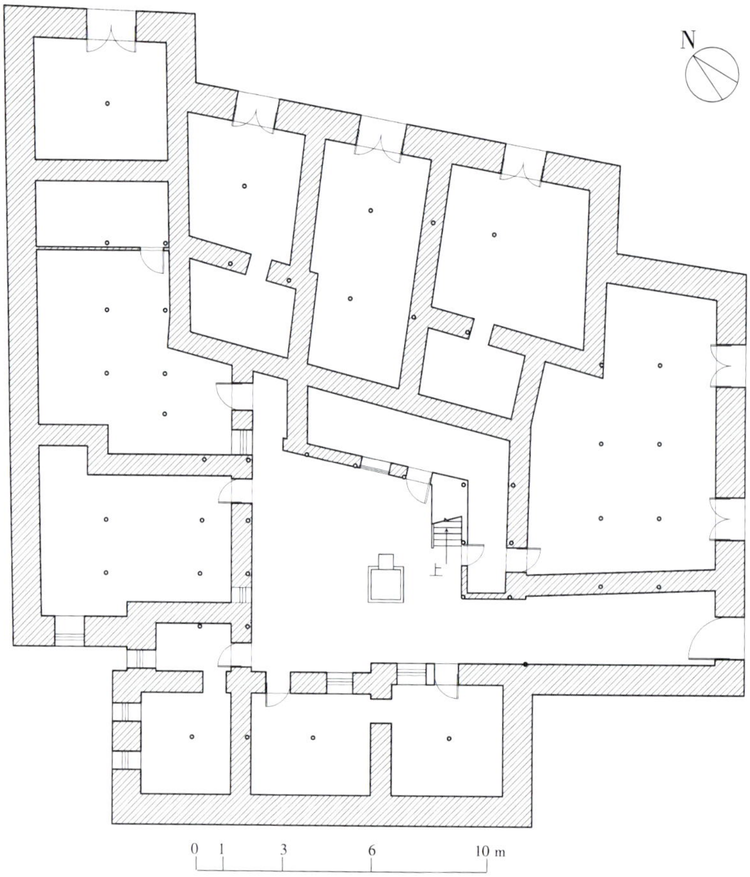

一层平面
The First Floor

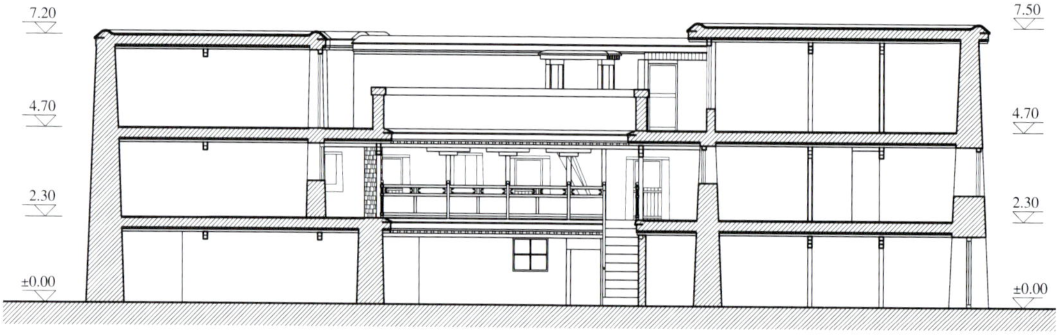

剖面
Section

29 达东夏 Tardongshar

院落（左图）
Courtyard
室内佛堂（右图）
Scripture Hall

达东夏位于卧堆布巷4号，坐北朝南。该建筑为3层，围合院落，有一天井。建筑室内冬暖夏凉。最初是藏王松赞干布时期的旅馆，是外来官员办事居住的地方。后来，西藏著名的强巴活佛从昌都来到拉萨居住于此，后搬离此处居住于寺庙。此后龙冬活佛也曾在此处居住过。后两人相识，得知曾居住于同一住处，因此达成共识，决定将此住所赎回，以备每年传昭大法会时居住之用，平时供普通居民居住。每年藏历正月初三到二十四的传昭大法会期间，两位活佛和喇嘛们就居住在这里。

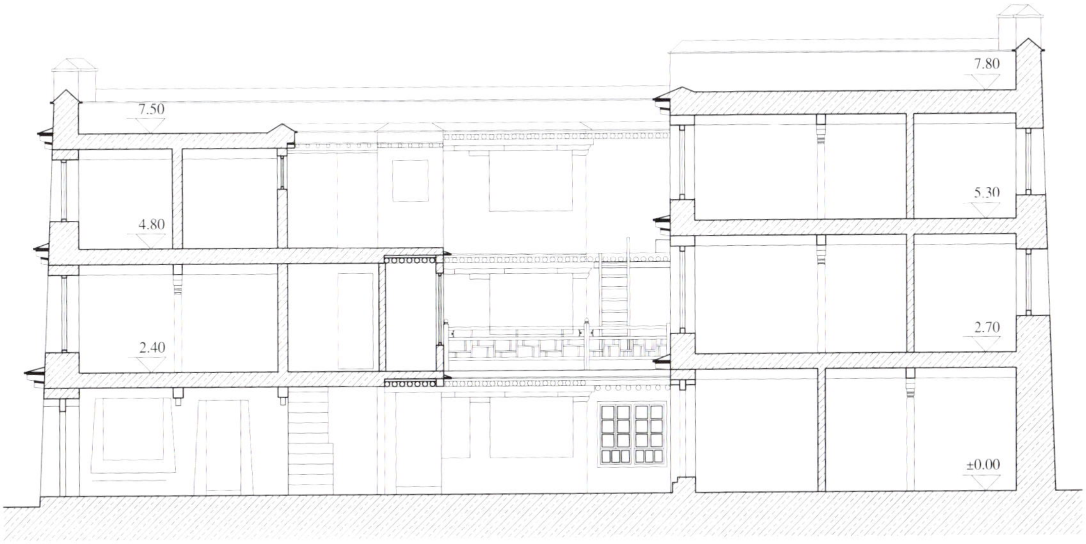

达东夏剖面
Section of Tardongshar

30 俊巴，左母热 Jun-pa, Cho-mu-ra

院落
Courtyard

俊巴位于卧堆布巷 11 号，坐西朝东。初建于 7 世纪，原是修建大昭寺时制作糌粑的磨房。20 世纪初院内有一小庙，保存着当时的磨盘。后为藏军司令部一个住所。左母热位于八廓街阿康巷 4 号，坐东朝西。藏语中“左母”是“牦牛”的意思，“热”是“圈”的意思，即是贵族拴牦牛等牲口的地方。2001 年经过维修，现居住 10 户人家。俊巴和左母热两组建筑连成一片，围合成两个院落，可以作为一个完整的建筑群加以保护，是较为典型的藏式居住建筑。

柱廊（左图）
Colonnade
中庭（右图）
Atrium

内院（左图）
Courtyard
室内（右图）
Interior

一层平面
The First Floor

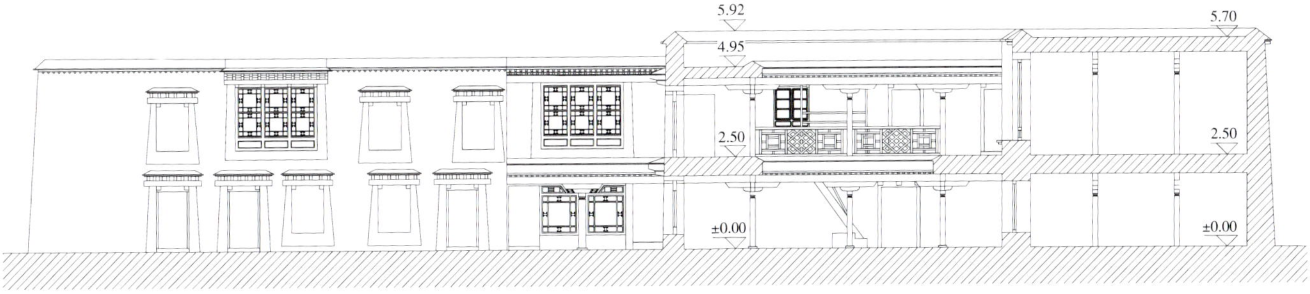

剖面
Section

31 热堆康赞，果瓦康赞 Ra-to Khamtsen, Gowa Khamtsen

热堆康赞
Ra-to Khamtsen

果瓦康赞院落（左下图）
Courtyard of Gowa Khamtsen
热堆康赞和果瓦康赞一层平面（右下图）
The First Floor of Ra-to Khamtsen and Gowa Khamtsen

热堆康赞位于卧堆布巷 9 号，坐西朝东。初建于 7 世纪，是热堆寺僧人来参加传昭大法会期间在拉萨的住所，热堆寺活佛也曾在此居住过。它的后门直接通向大昭寺。果瓦康赞位于卧堆布巷 10 号，坐西朝东。初建于 7 世纪，是修大昭寺时为徭役民工酿酒之地，后属甘丹寺管理。2001 年进行过维修，共投资 27 万元。柱子、门窗都进行了更新，加入了防盗门、铝窗等现代元素。热堆康赞和果瓦康赞建筑连成一体，是非常典型的藏式院落住宅。

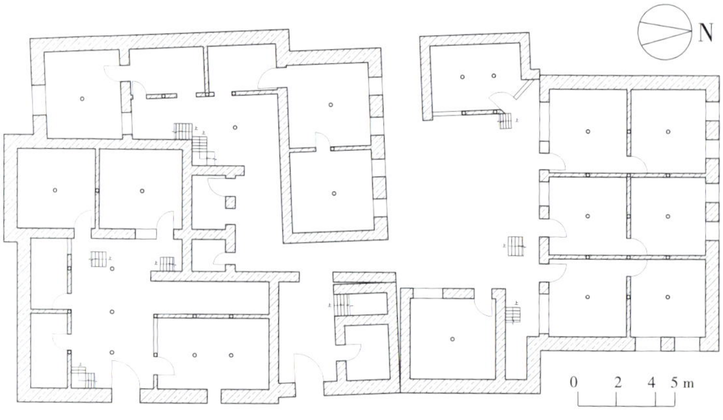

32 盘雪 Pan-shear

主体建筑部分外观
Exterior of the Main Building

盘雪隶属于目如居委会，位于石桥巷19号，坐北朝南。盘雪由主体建筑和附属建筑两部分组成，围合成一个院落。在主体部分的二层中，留有一天井，用于采光通风，构思十分巧妙。过去曾是日喀则白朗的贵族盘仲学巴家族在拉萨的住地。2001年拉萨市文物局投资45万元进行了维修。

院落（左图）
Courtyard
大门（右图）
Entrance

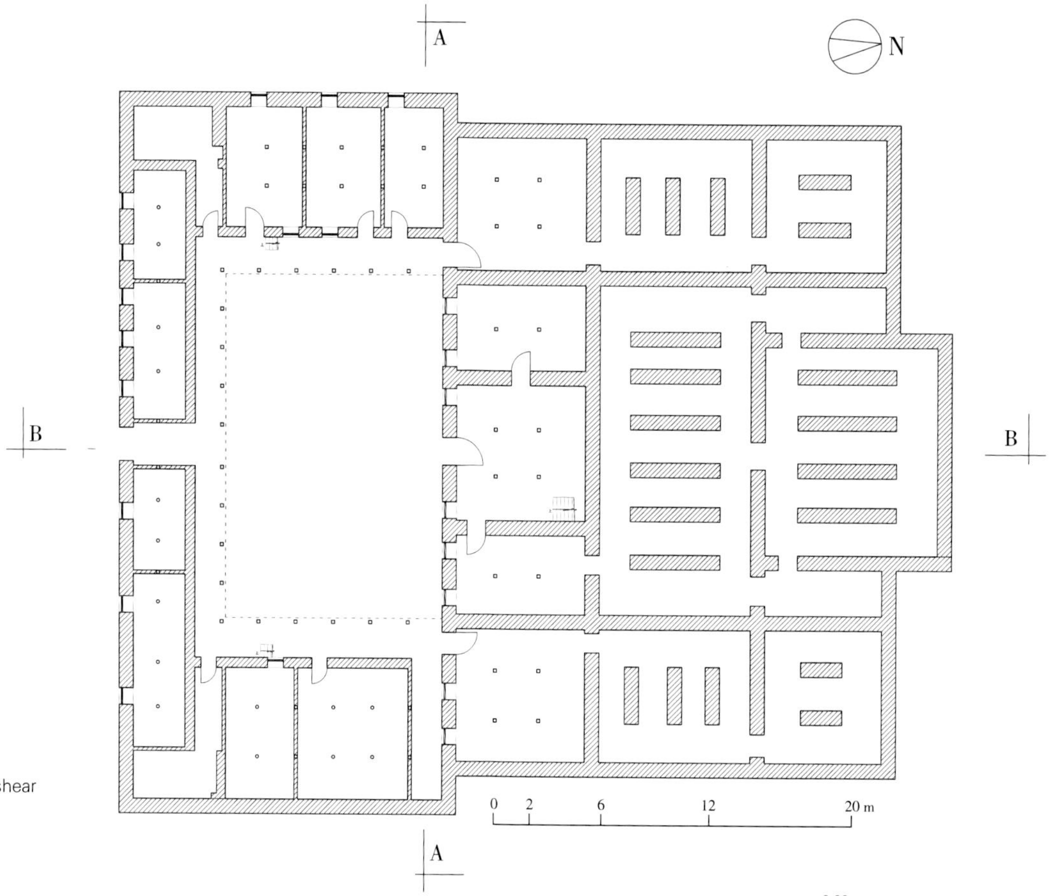

盘雪一层平面
The First Floor of Pan-shear

A-A 剖面
A-A Section

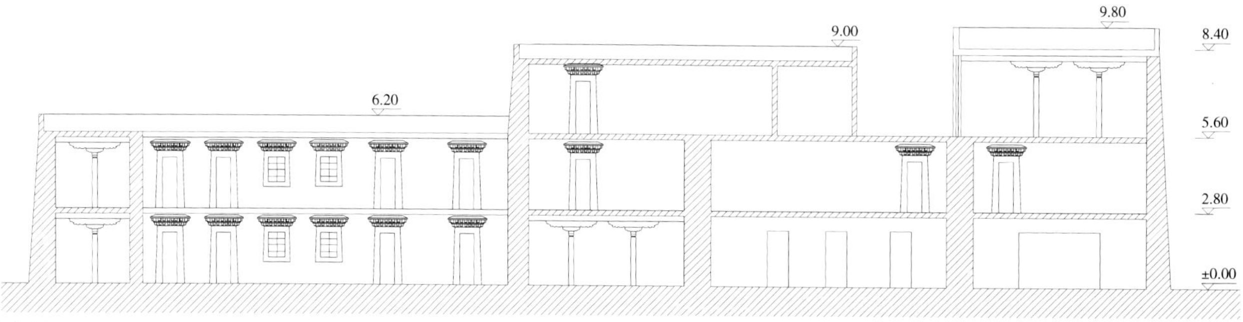

B-B 剖面
B-B Section

室内布置（左图）
Interior Layout
中庭（右图）
Atrium

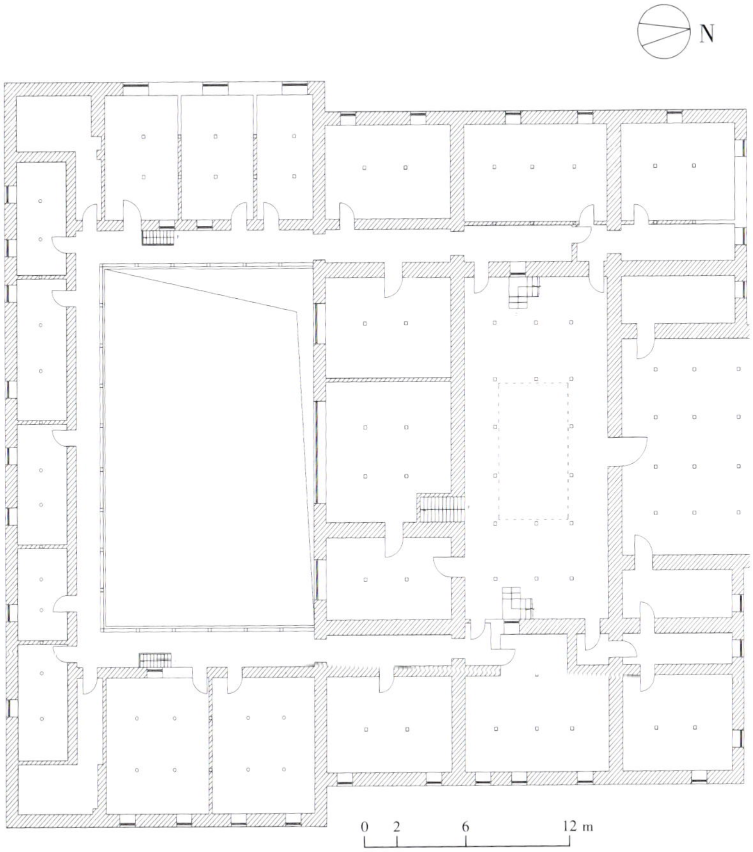

盘雪二层平面
The Second Floor of Pan-shear

南立面
South Elevation

33 顿旺 Dun-wam

顿旺外观
Exterior

顿旺属目如居委会，北京中路自治区民族艺术研究所院内，建筑坐北朝南。原是噶伦喇嘛的驻地，1950年十八军军管会购买了此房，作为军事管制委员会，后归属区气象局、藏剧团；现属区文化厅民族艺术研究所。

大门（左图）
Gate
门头斗栱（右图）
Dou-gong Bracket of the Gate

从损坏部分看构造(左图)
Structure of the Damaged Part
室内装饰(右图)
Ornament

檐口(左图)
Cornice
楼梯(右图)
Staircase

A–A 剖面
A–A Section

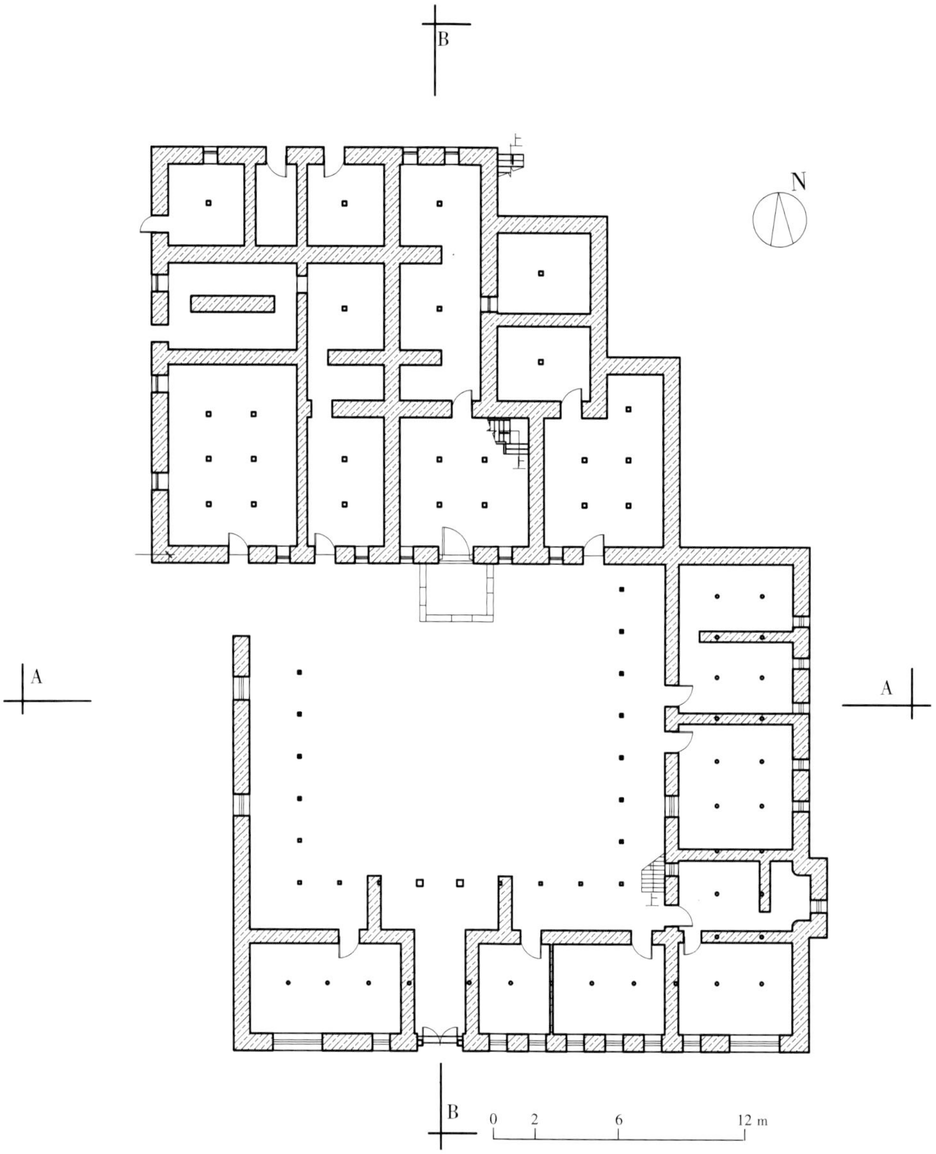

一层平面
The First Floor

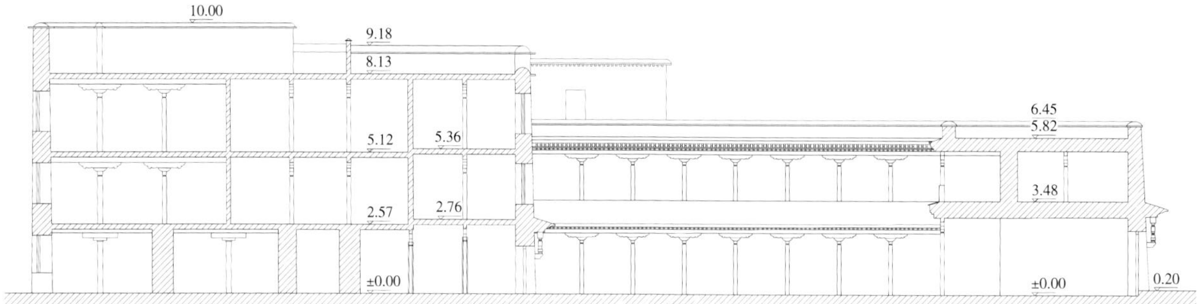

B–B 剖面
B–B Section

34 朗奴 Nang–nu

院落（左图）
Courtyard
室内布置（右图）
Interior Layout

朗奴属吉日居委会，位于翁堆兴卡路 48 号。建筑坐北朝南，初建于 8 世纪，吐蕃赤松德赞修建。曾是吐蕃赤松德赞从山南琼结县迁至拉萨时，在此地住过的地方，现属民居。

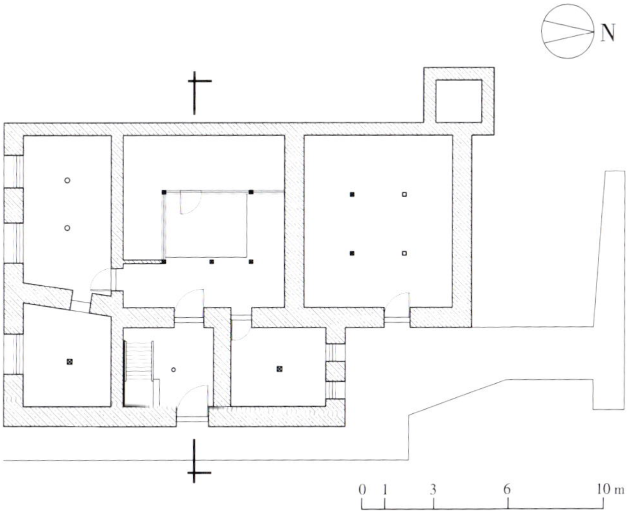

一层平面
The First Floor

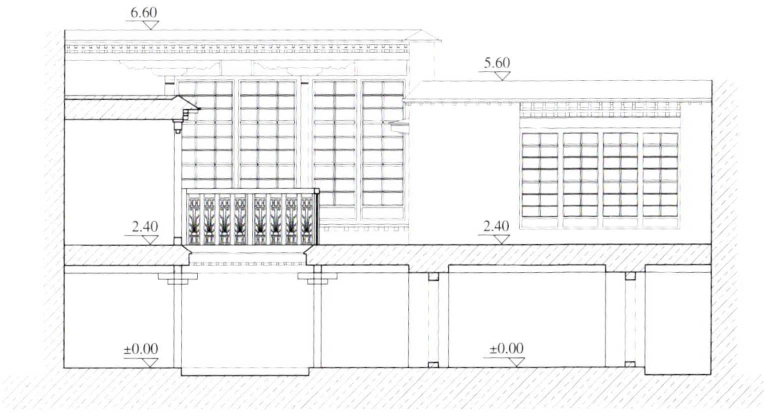

剖面
Section

35 夏幅嘎布 Shar-fu Ka-bu

建筑外观
Exterior

夏幅嘎布位于八廓北街 27 号，毗邻于郎孜夏。建筑坐南朝北，始建于 20 世纪 30 年代，由尼泊尔人巴苏然纳创办。建筑大体为矩形，12 个开间。一层面对八廓街为店铺，二层居住了 3 户人家。分别有 3 部楼梯通往二层。除东面尼泊尔人家的楼梯坡度较缓外，其余楼梯坡度均很陡。三户的屋顶不相连。由于室内部分墙体厚达 700 mm，因此推断该建筑可能分 3 次建造。

现居住于房屋东侧的为尼泊尔商人，家中有 4 口人，已居住在此近十年。室内有单独的工作室以及单独的淋浴室。厨房与餐厅结合较好，客厅与卧室分置，不同于一般的藏族人家。建筑内部有一个 4 m^2 左右的小中庭，保证了良好的采光通风。

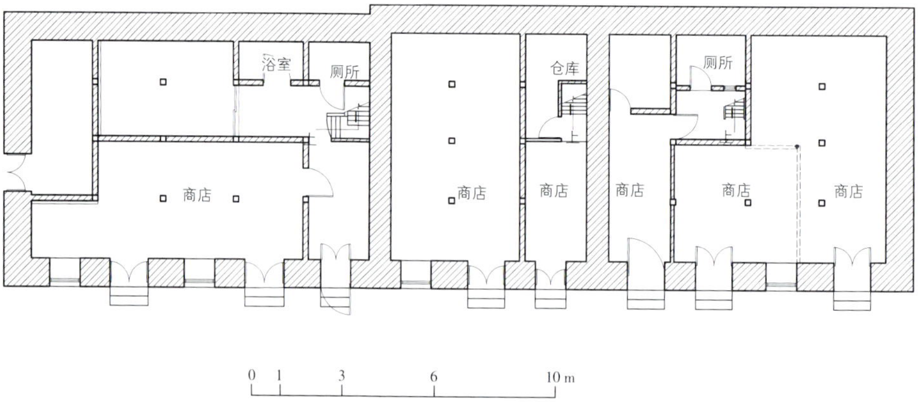

一层平面图
The First Floor

36 岗嘎夏 Gang-ga-shar

岗嘎夏院落
Courtyard of Gang-ga-shar

岗嘎夏位于色拉达果巷12号，建筑坐东朝西，1959年前建，曾是贵族住宅。该建筑为两层，底层为一院落，院落内有一共用自来水龙头。2001年维修后，加建了一个公用厕所，现有12户人家居住在此。

室内布置一（右上图）
Interior Layout 1

内景（左图）
Inner View
室内布置二（右下图）
Interior Layout 2

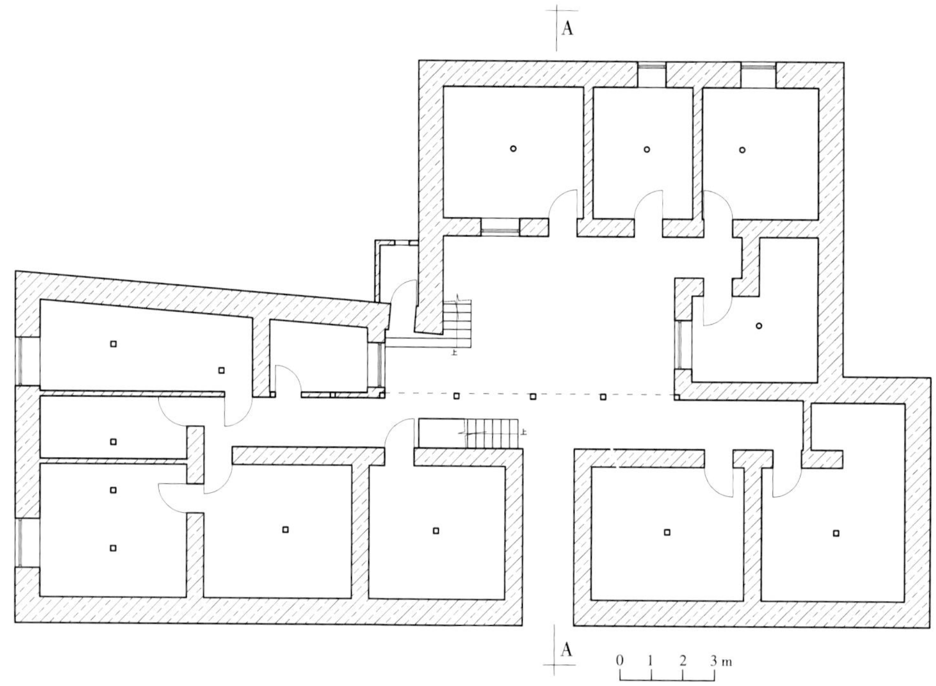

一层平面
The First Floor

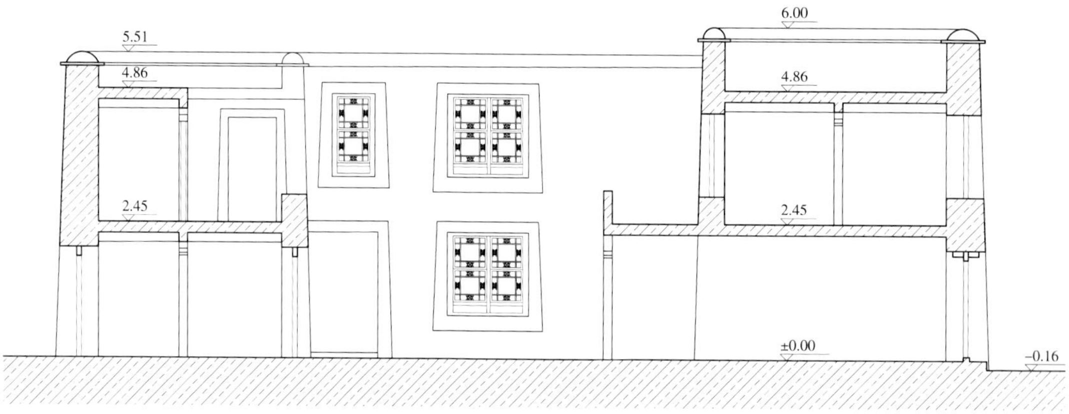

剖面
Section

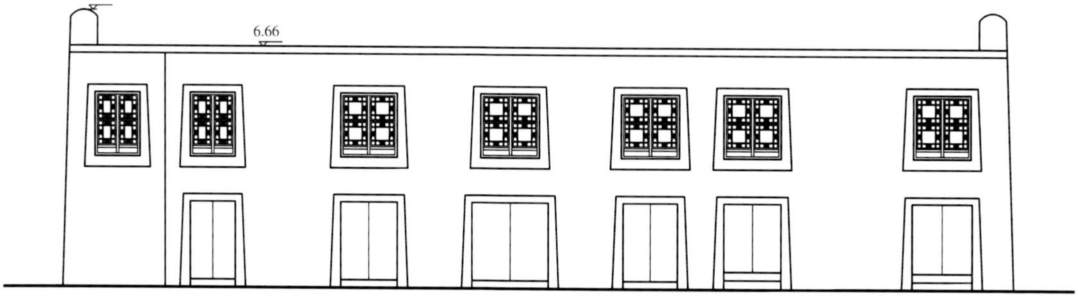

立面
Elevation

37 北京从康，果赤从康 Peking Cung-khang, Go-chi Cung-khang

北京从康院落（左图）
Courtyard of Peiking Cung-khang
果赤从康室内（右图）
Interior of Go-chi Cung-khang

果赤从康位于八廓东街 15 号，北京从康位于八廓东街 17 号，两个院落连接在一起，坐北朝南。“从康”是“商店”的意思，“北京从康”就是“北京人开的商店”的意思。店主民国时期从北京来此开店，娶了当地藏族女子为妻。

一层平面
The First Floor

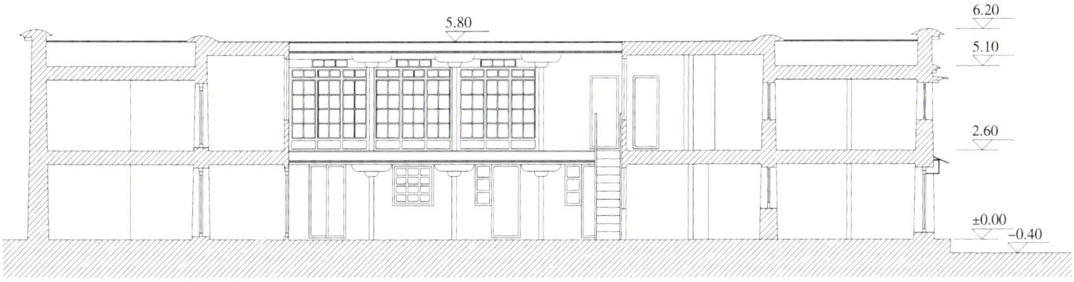

北京从康 A-A 剖面
A-A Section of Peking Cung-khang

38 奴玛 Nu-ma

奴玛内景（左图）
Inner View
室内裁缝店（右图）
Tailor Shop

奴玛位于八廓北街 49 号，建筑坐南朝北，由一院落组织建筑空间。

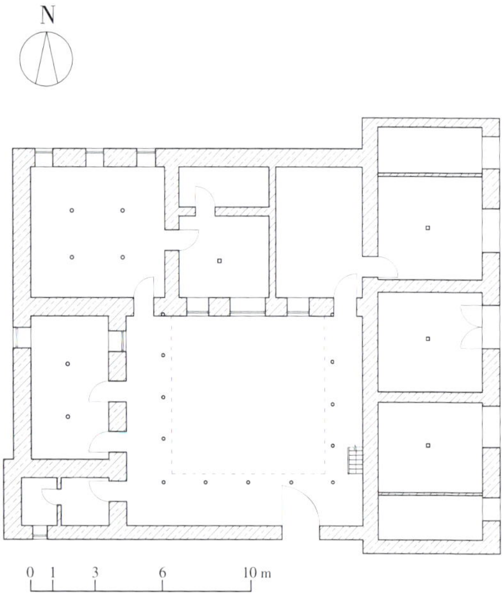

楼梯（右图）
Staircase
一层平面（左图）
The First Floor

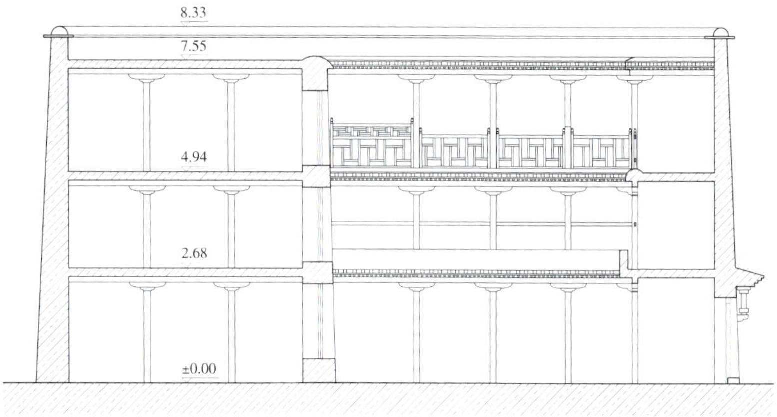

剖面
Section

39 扎康 Rtsa-khang

扎康入口（左图）
Entrance of Rtsa-khang
扎康内院（右图）
Courtyard of Rtsa-khang

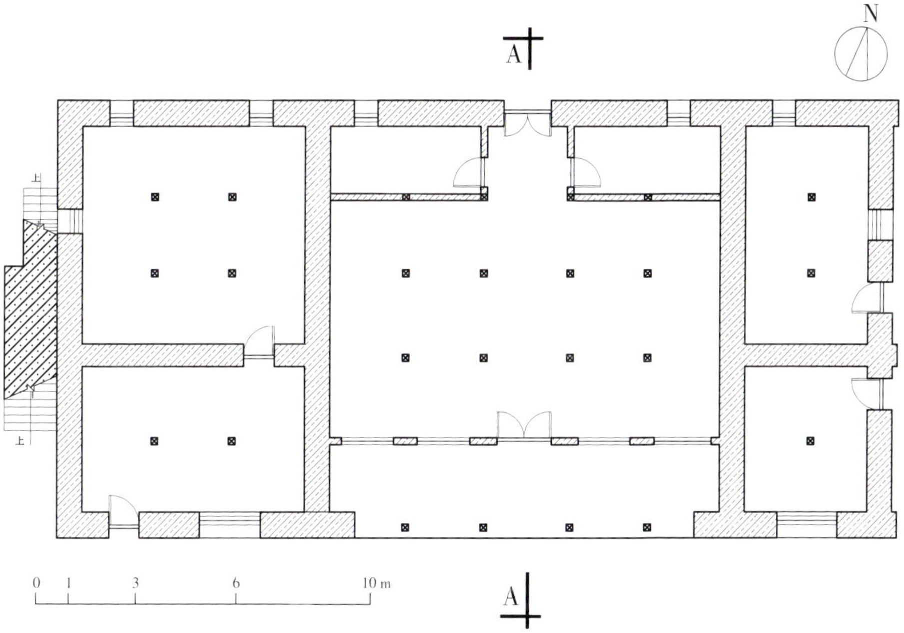

一层平面
The First Floor

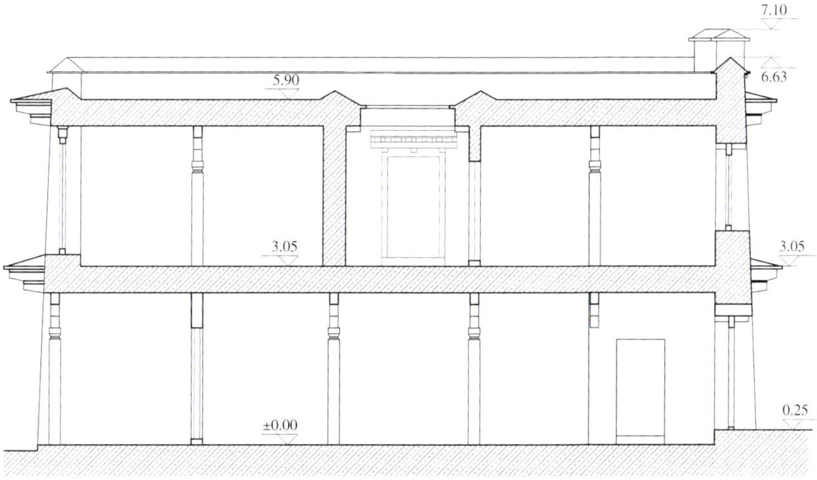

A-A 剖面
A-A Section

40 泽当康萨，独康强 Rtsed-thang Khang-sa, Dus Khang-jam

院落（左图）
Courtyard
画唐卡（右图）
Painting Thangka

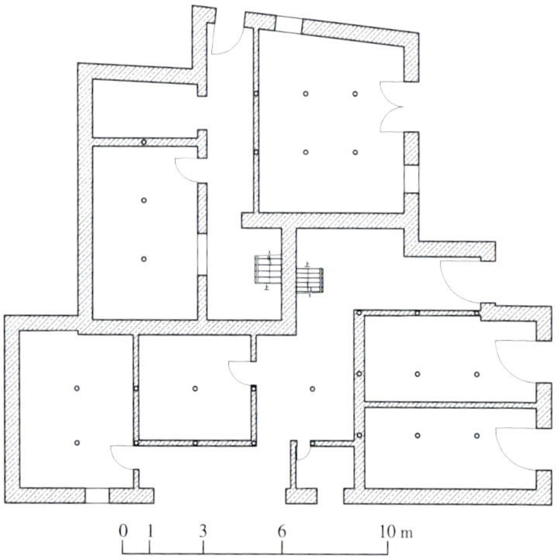

泽当康萨和独康强一层平面（左图）
The First Floor of Rtsed-thang Khang-sa and Dus Khang-jam
织布（右图）
Weaving

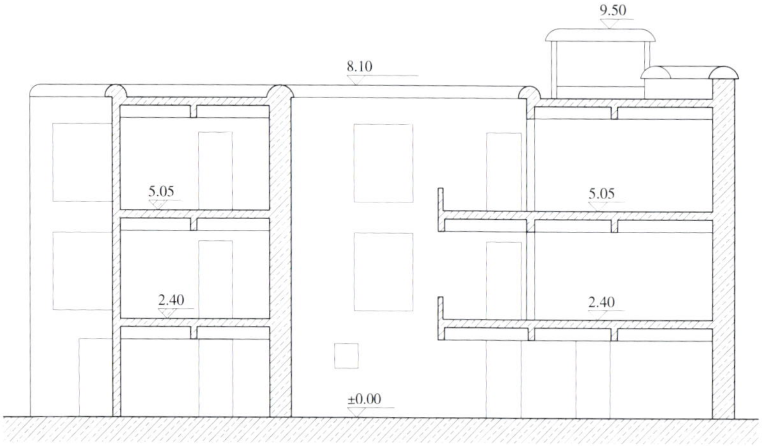

泽当康萨剖面
Section of Rtsed-thang Khang-sa

泽当康萨位于八廓东街59号，独康强位于八廓东街62号。两个大院建筑连成一片，为藏式建筑典型的组合方式。

41 东吉苏 Dong–ji–sue

院落（左图）
Courtyard
入口（中图）
Entrance
香炉（右图）
Censer

东吉苏位于卧堆布巷 1 号。建筑为 3 层，体量较小，由一院子组织空间。

梁架（左图）
Column Frame
室内家具（右图）
Furniture

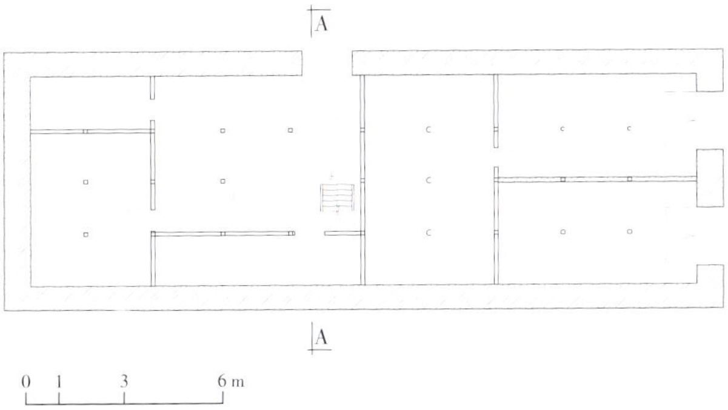

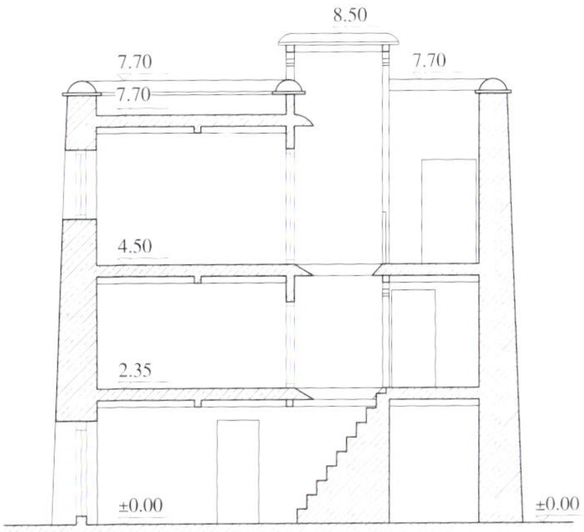

一层平面（左图）
The First Floor
剖面（右图）
Section

42 嘎结夏 Kam-je-shar

院落(左图)
Courtyard
大门(右图)
Gate

经堂(左图)
Scripture Hall

嘎结夏位于色拉达果巷 4 号，建筑坐北朝南，藏语中“嘎结”是“有 8 根柱子”的意思，“夏”是“住宅”的意思。最初建筑是只有 8 根柱的一层房屋，供僧人居住。嘎结夏于 2001 年维修，共投资 20.7 万。

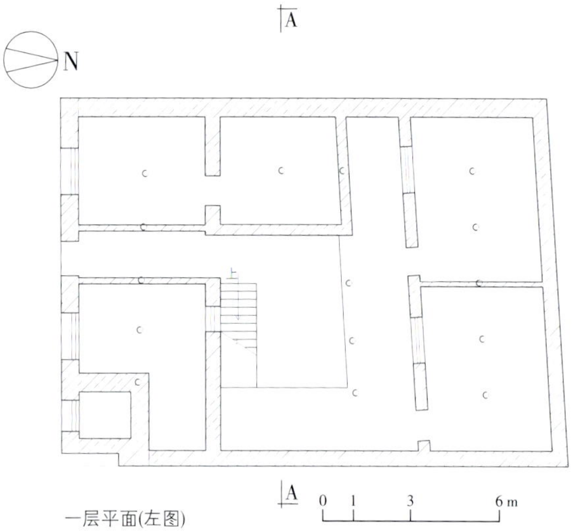

一层平面(左图)
The First Floor
剖面(右图)
Section

43 根布夏 Gem-bu-shar

沿街外观
Perspective

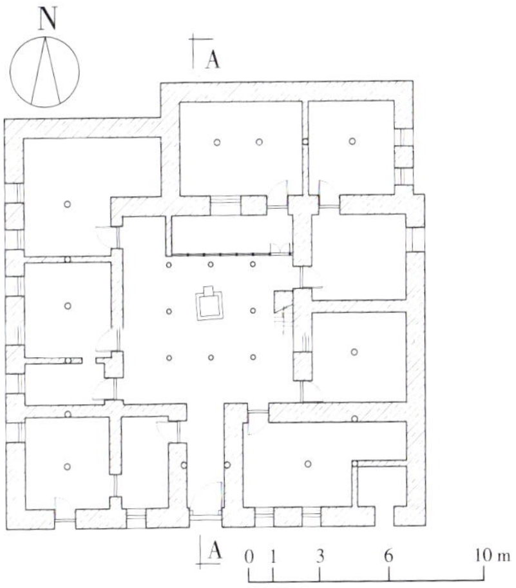

内院（左图）
Courtyard
一层平面（右图）
The First Floor

根布夏位于色拉达果巷9号，建筑坐北朝南，共3层，采用四合院形式。根布夏过去属目如尼巴寺，为目如尼巴老僧人的养老院。

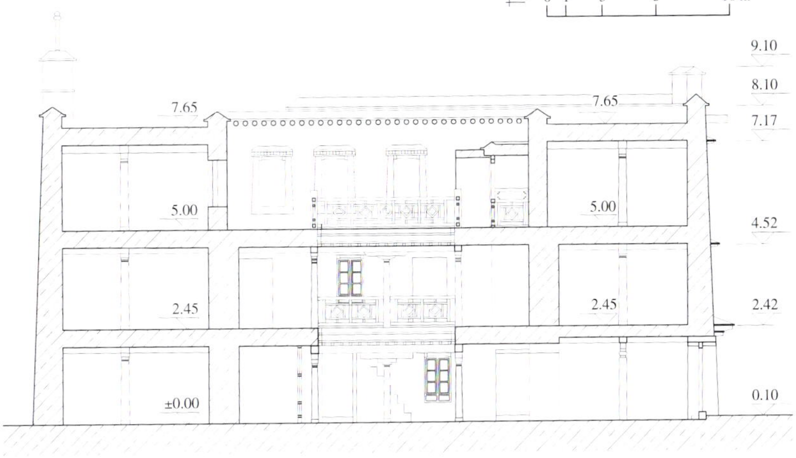

A-A 剖面
A-A Section

44 娘容夏 Nyang-rong-shar

内院(左图)
Courtyard
室内(右图)
Interior

娘容夏位于色拉达果巷 8 号，该建筑为两层，坐北朝南，由数个大小不等的院子组织空间。

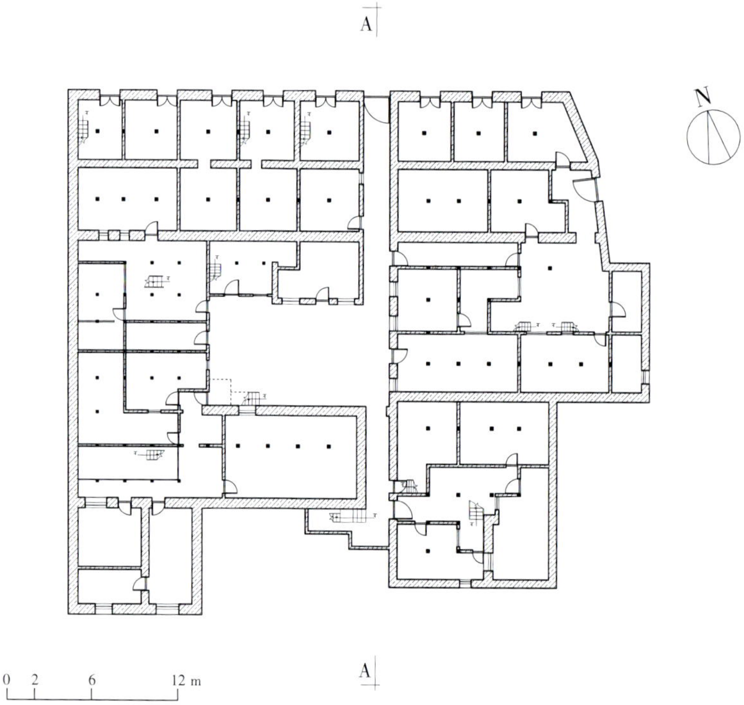

一层平面
The First Floor

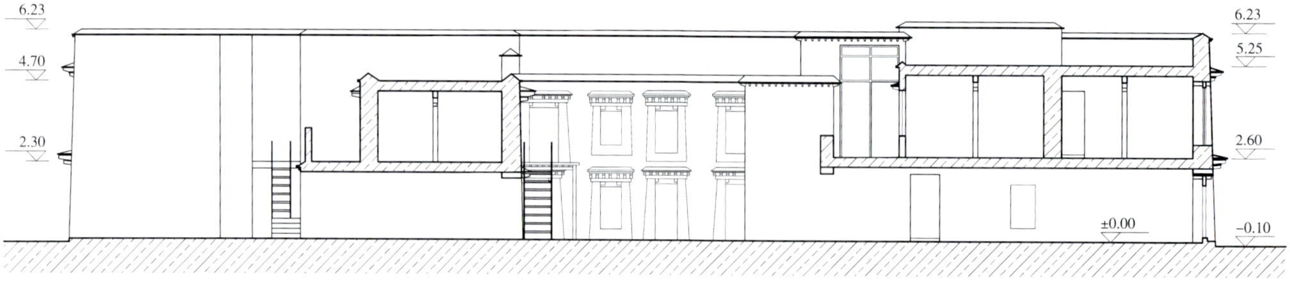

A–A 剖面
A–A Section

45 措那从康 Tshogs-na Cung-khang

院落（左图）
Courtyard
内景（右图）
Inner View

措那从康位于色拉达果巷 2 号。建筑共两层，围绕院子布置，为典型的西藏院落式住宅。

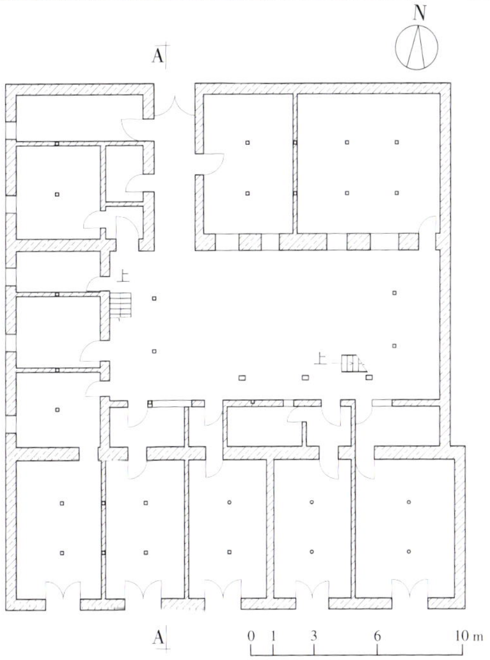

外廊（左图）
Out Corridor
一层平面（右图）
The First Floor

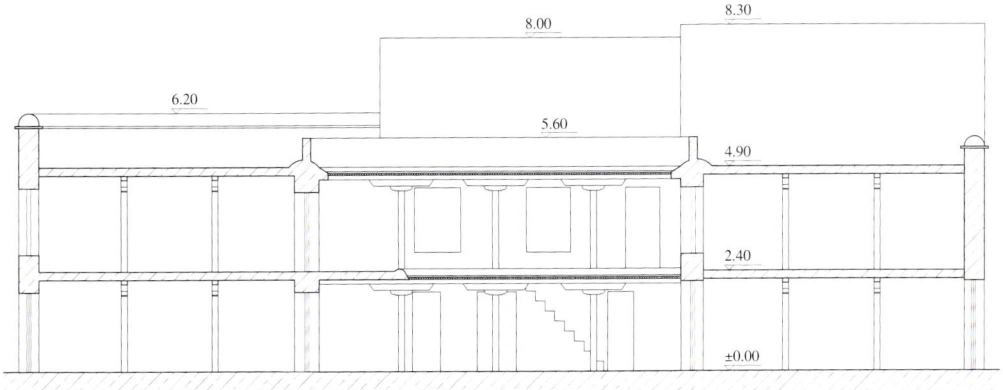

A–A 剖面
A–A Section

46 罗崩夏 Luo-peng-shar

院落(左图)
Courtyard
内景(右图)
Inner View

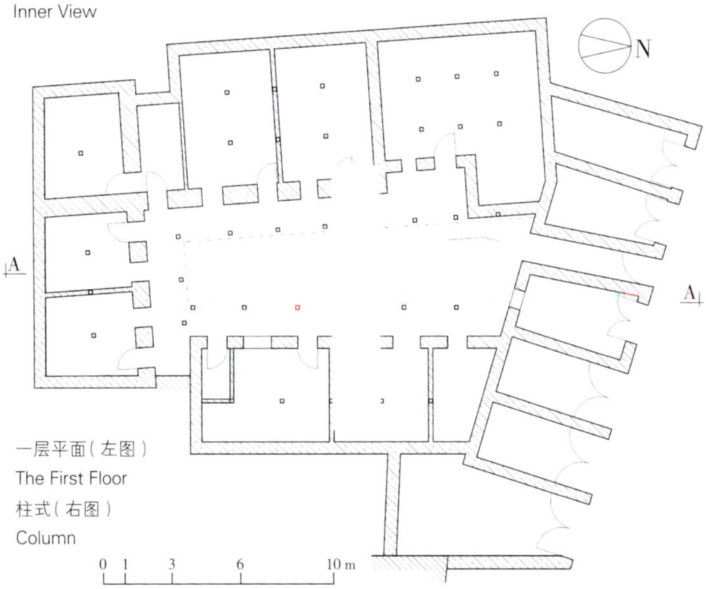

一层平面(左图)
The First Floor
柱式(右图)
Column

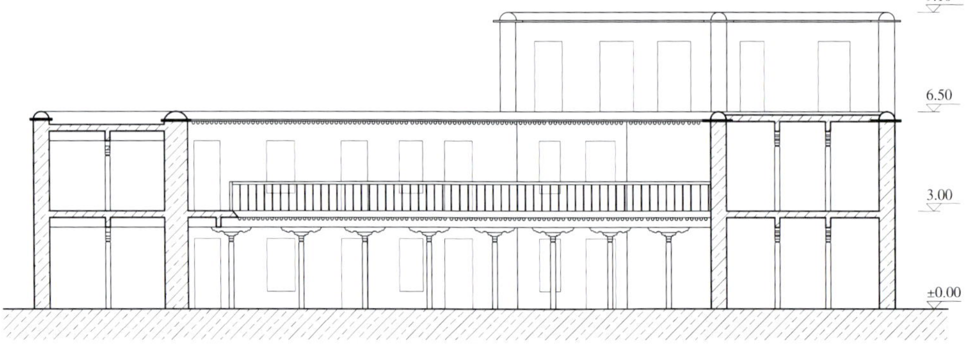

A–A 剖面
A–A Section

47 朗嫫嫫 Nang-mo-mo

立面现状（左图）
The Status Quo of Elevation
柱子（右图）
Column

朗嫫嫫位于北廓东街卧堆布巷2号。建筑共3层，围绕院落布置。照片中的朗嫫嫫正在维修中。

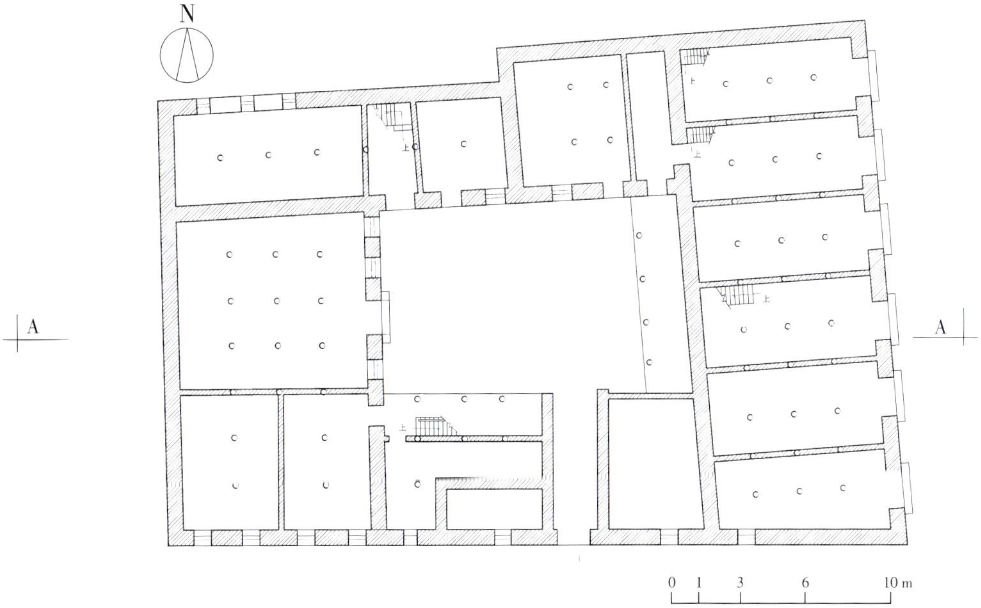

一层平面
The First Floor

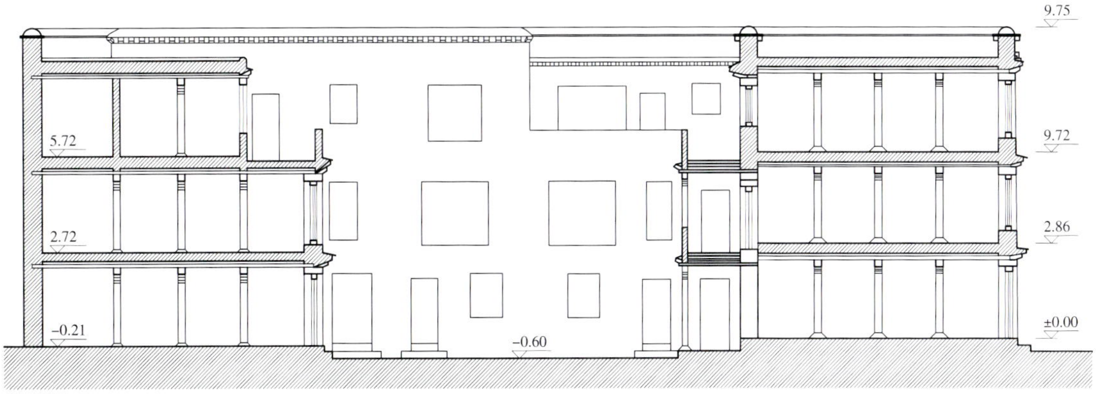

A–A 剖面
A–A Section

48 朗苍强 Lang–khra–yams

朗苍强
Lang–khra–yams

朗苍强位于八廓东街卧堆布巷 3 号，建筑坐南朝北。

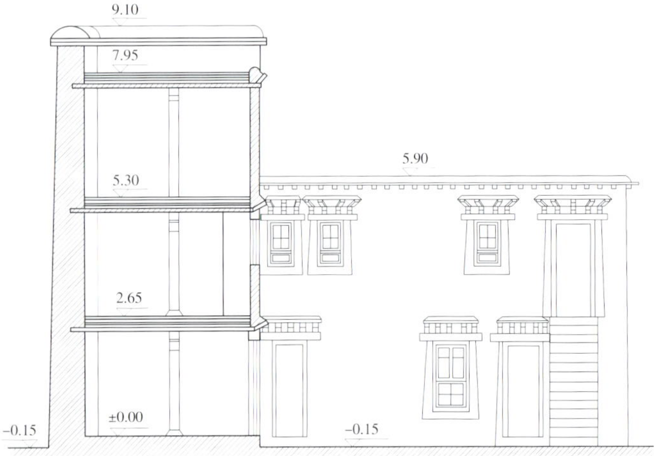

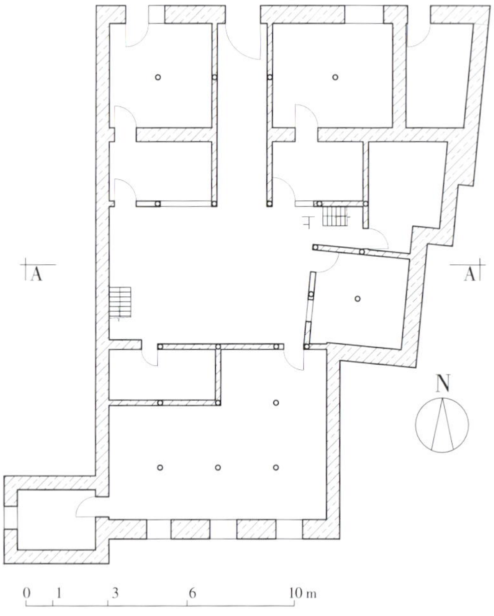

A–A 剖面(左图)
A–A Section
一层平面(右图)
The First Floor

49 夏扎 Bshad-sgra

主体建筑外观
Exterior of Main Building

夏扎位于鲁固一巷17号，属绕色居委会，建筑坐北朝南，始建于18世纪。

门头斗栱（左图）
Dou-gong Bracket
中庭（右图）
Atrium

室内梁柱（右下图）
Column and Beam

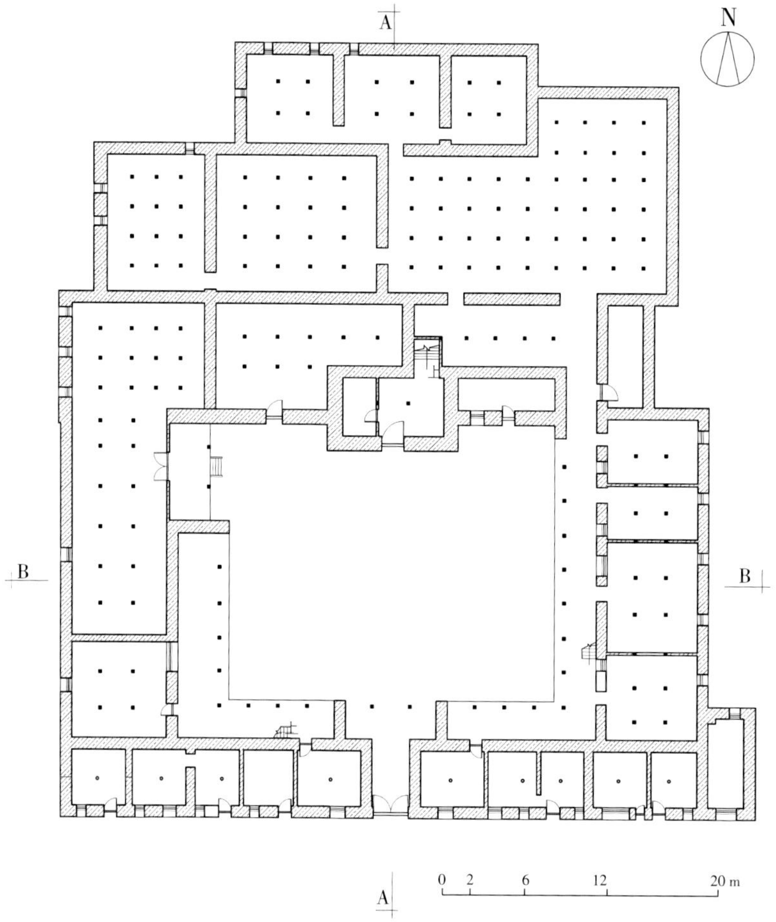

一层平面
The First Floor

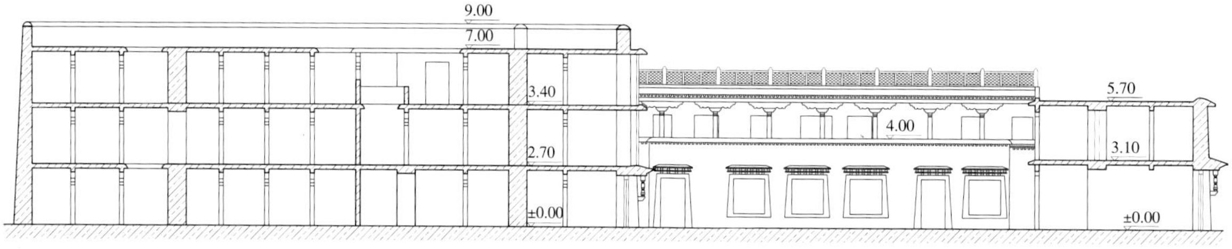

A–A 剖面
A–A Section

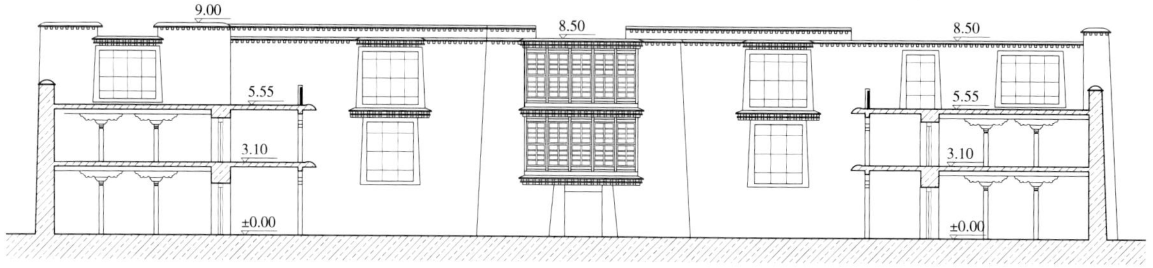

B–B 剖面
B–B Section

50 日苏奴 Ri–sum–num

内院
Courtyard

内景（左图）
Inner View
阳台（右图）
Balcony

日苏奴位于吉日巷，建筑为三面围合的小型院落住宅形式，建筑外立面已改造。

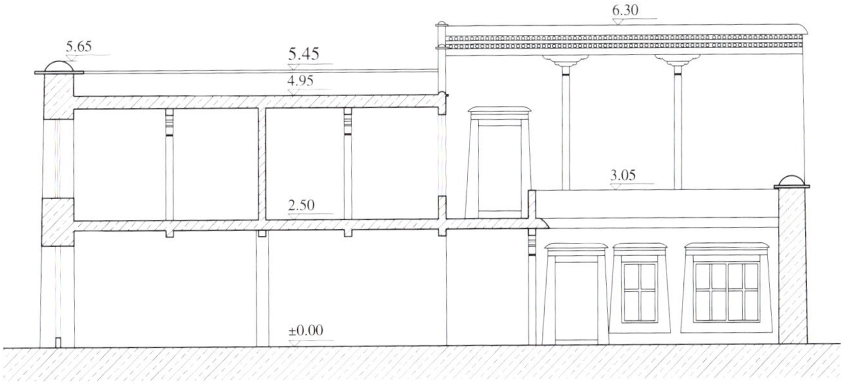

剖面
Section

51 坡容卡 Pho-rong-ka

维修场景
Scene of Repairing

内院（左图）
Courtyard
院落（右图）
Courtyard

梁上彩绘（左图）
The Painting on the Beam
细部（右图）
Detail

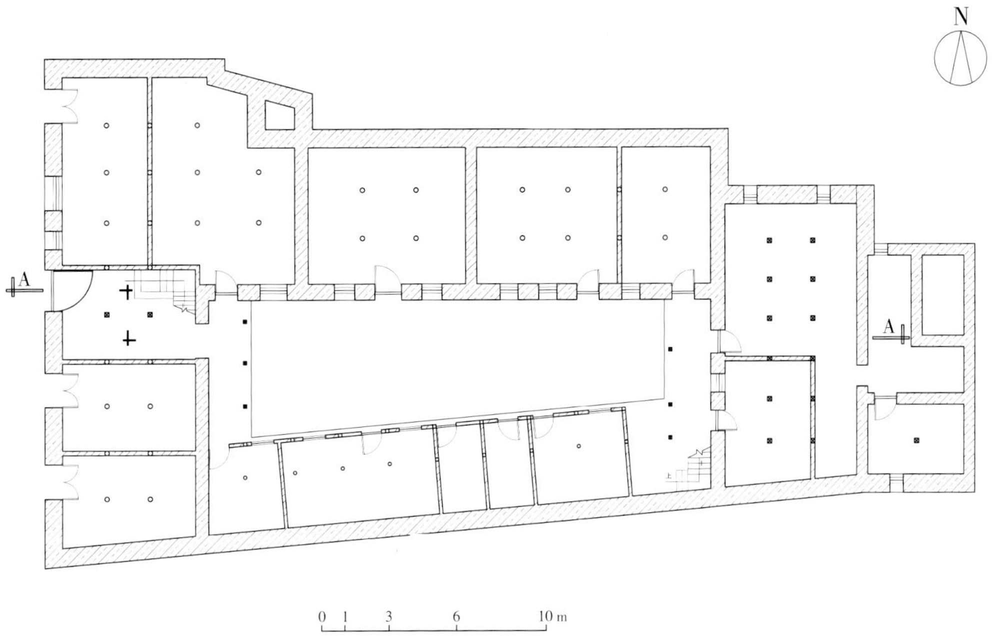

一层平面
The First Floor

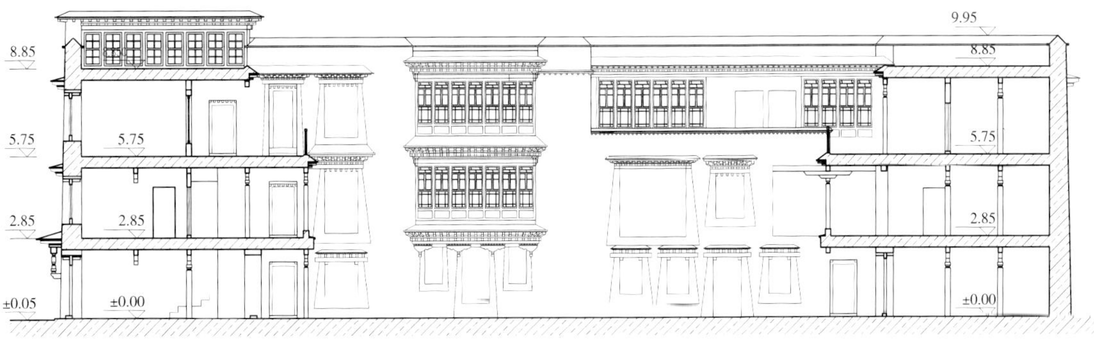

A–A 剖面
A–A Section

坡容卡位于吉日巷，内部院落狭长，建筑局部三层，北面主楼内的梁柱上有精美的藏式彩画。

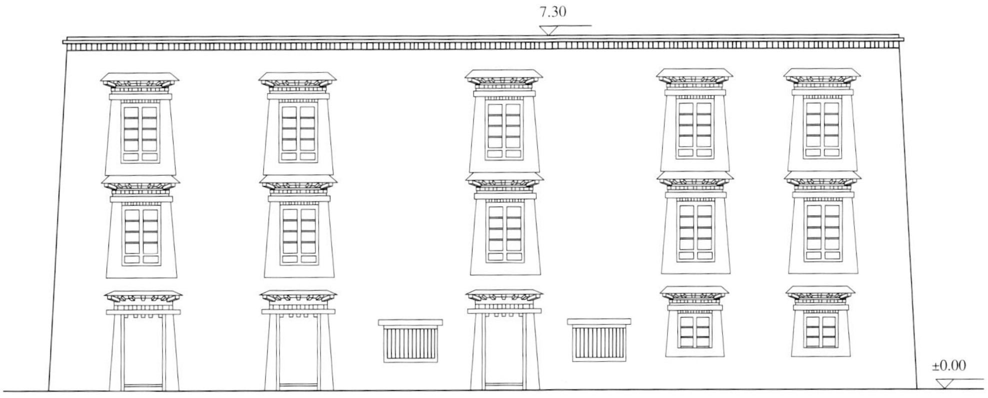

立面
Elevation

52 德吉康萨 Sde-kyi-khang-sa

外观（左图）
Exterior
内院（右图）
Courtyard

德吉康萨位于吉日巷，建筑内部天井较大，通风采光良好，二层有一宽敞的活动平台。

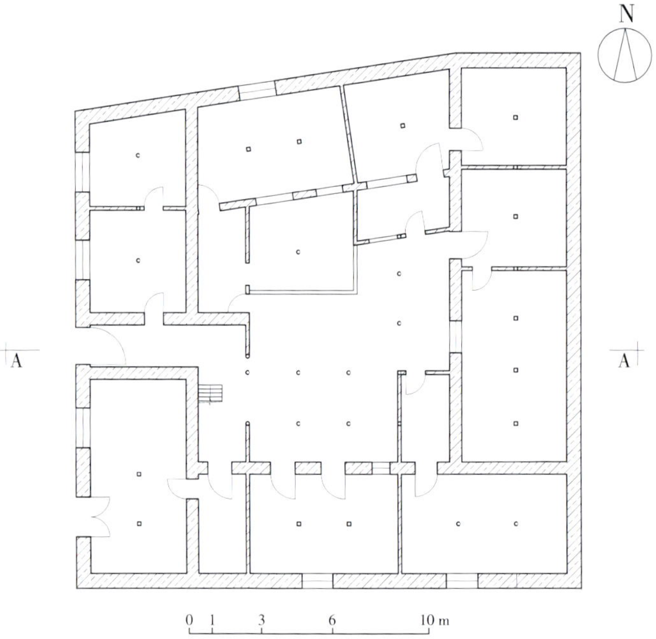

一层平面
The First Floor

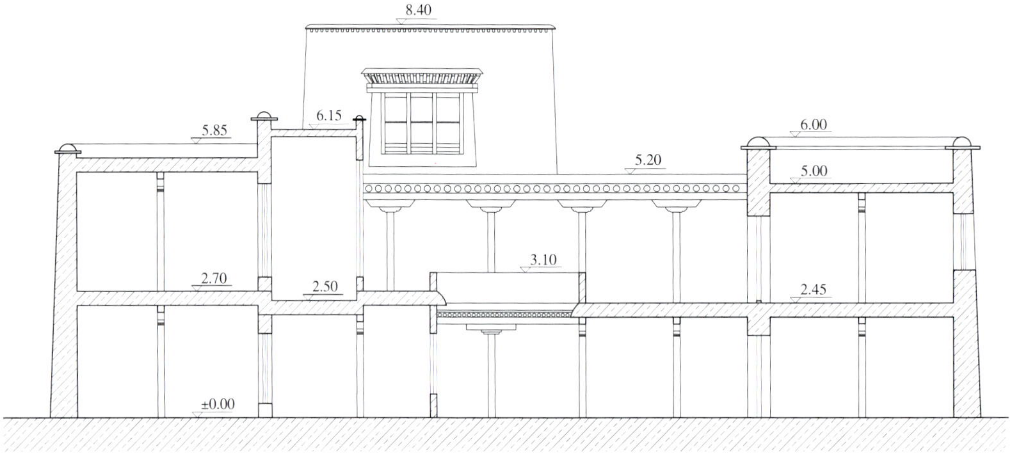

A–A 剖面
A–A Section

53 岭苍 Nying-cang

天井（左图）
Courtyard
内景（右图）
Inner View

岭苍位于胜利路巷，建筑为三层的围合院落形式，内部天井狭小。

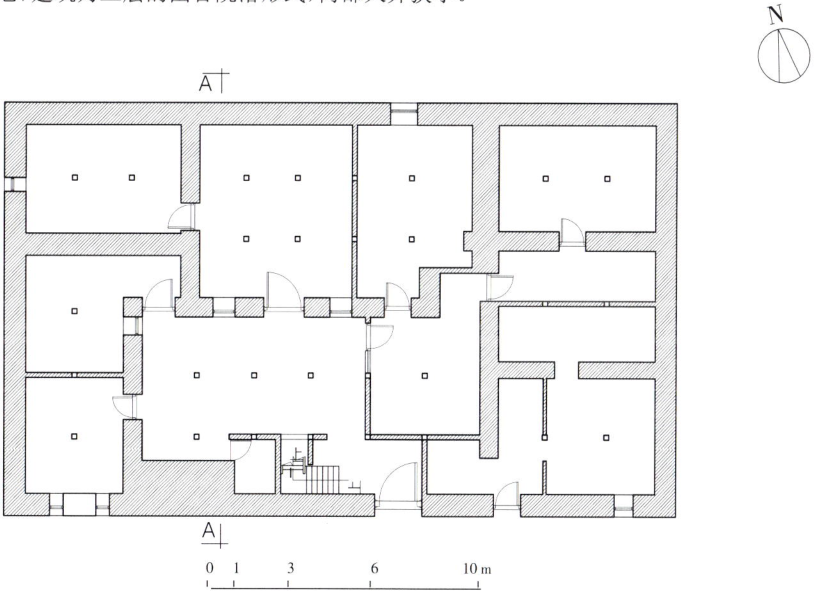

一层平面
The First Floor

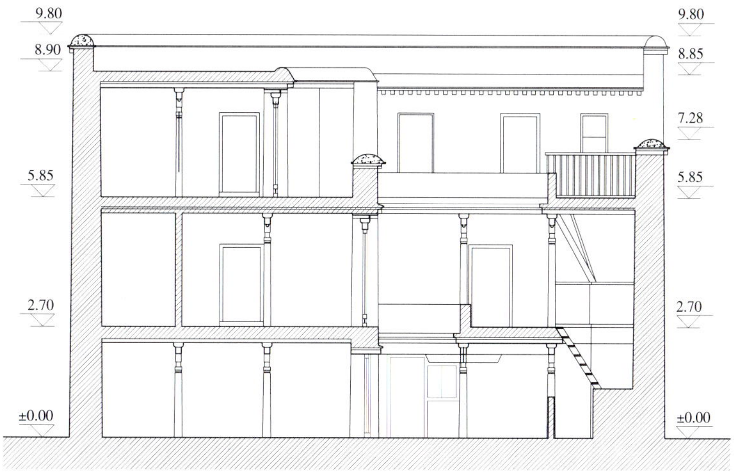

A–A 剖面
A–A Section

54 平 康 Ping-khang

主体建筑外观
Exterior of the Main Building

大门(左图)
Gate
柱子(右图)
Column

维修场景(左图)
Scene of Repairing
柱头彩绘(右图)
Painting on the Column Head

平康位于北京东路南侧，是一组规模较大的贵族居住建筑。由三层的主楼和周围的两层廊屋围合而成。内部装饰精美，具有典型的藏式风格。

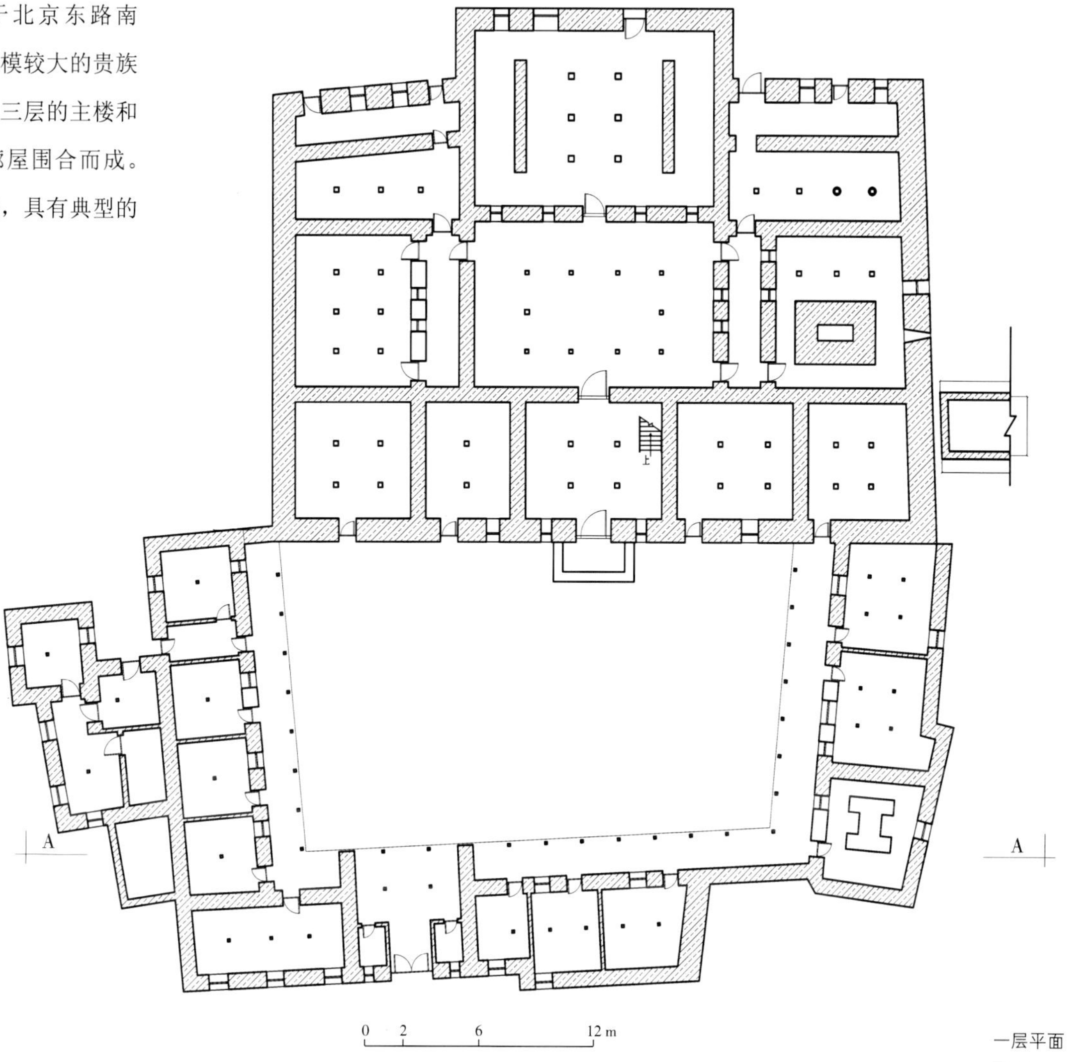

一层平面
The First Floor

A–A 剖立面
A–A Section

55 角那仓 Jo-nam-tshang

角那仓位于八朗学三巷2号，是一组规模较大的居住建筑。

一层平面(左图)
The First Floor

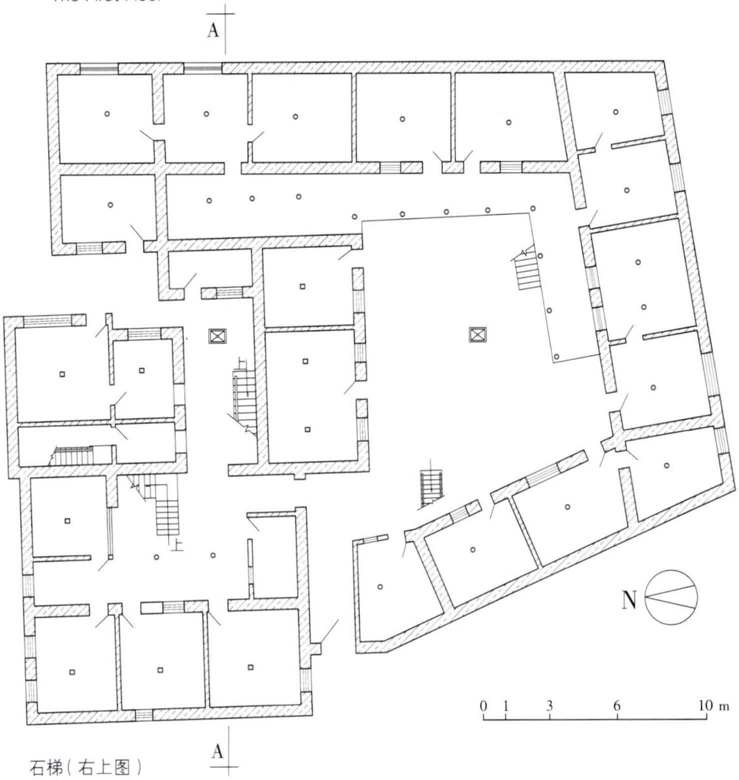

石梯(右上图)
Stone Stair
建筑内院(右下图)
Courtyard

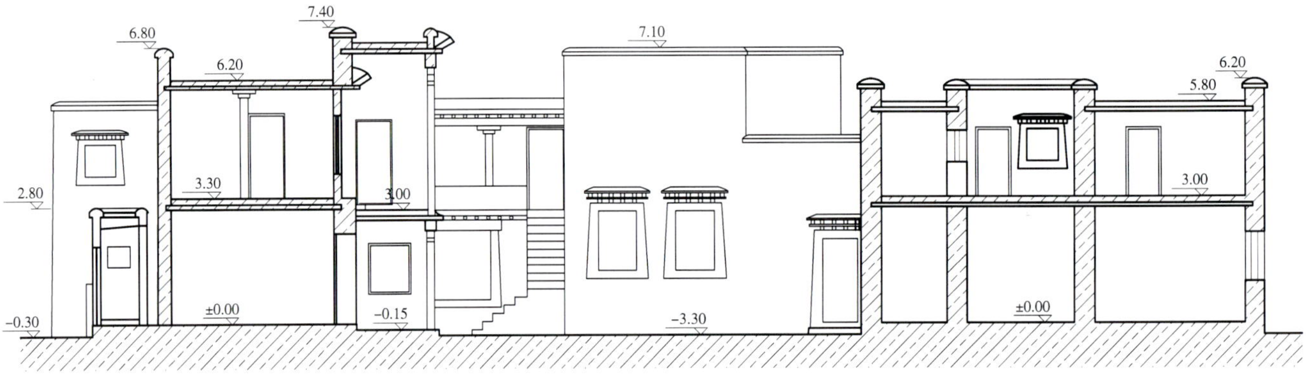

A-A 剖面
A-A Section

56 杰吉林 Gye-gyi-ling

杰吉林内景（左图）
Inner View
室内布置（右图）
Interior Layout

杰吉林位于林廓南路北侧，是小型居住建筑的典型实例。内有一狭小的采光天井。

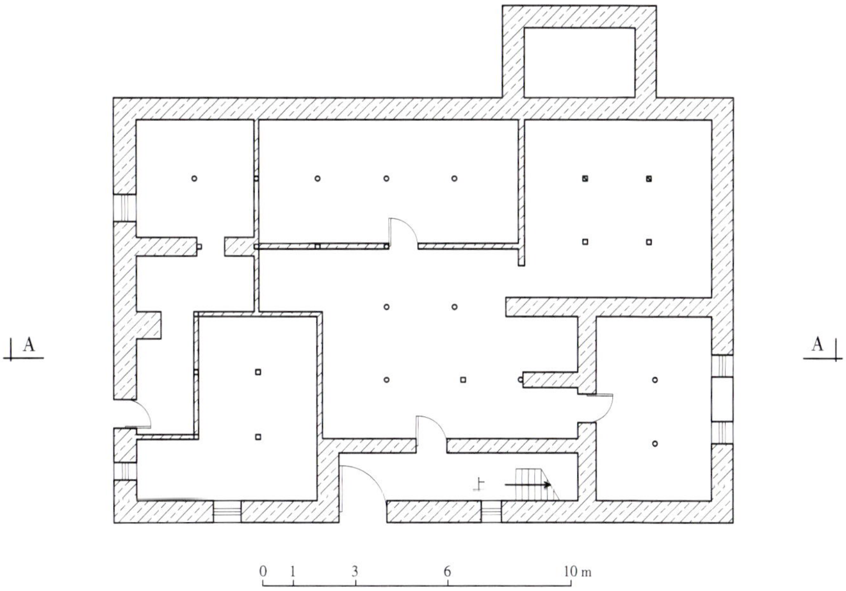

一层平面
The First Floor

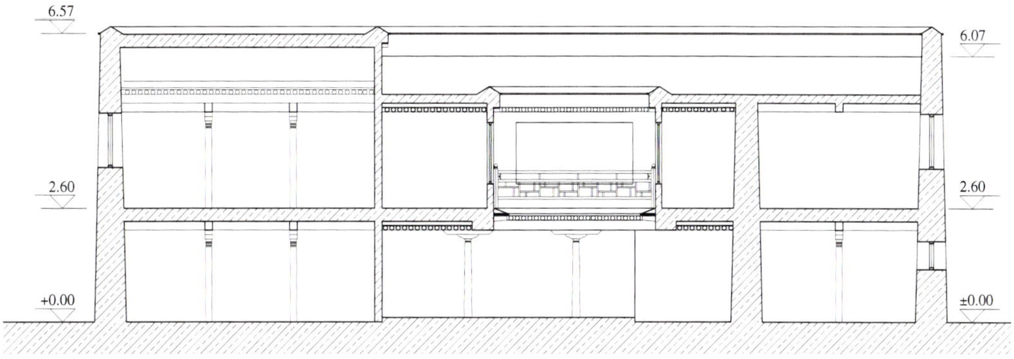

A–A 剖面
A–A Section

57 琼结崩唐 Jong-je Beng-tang

内景（左图）
Inner View
大门斗栱（右图）
Dou-gong Bracket

天井（左图）
Courtyard
入口（右图）
Entrance

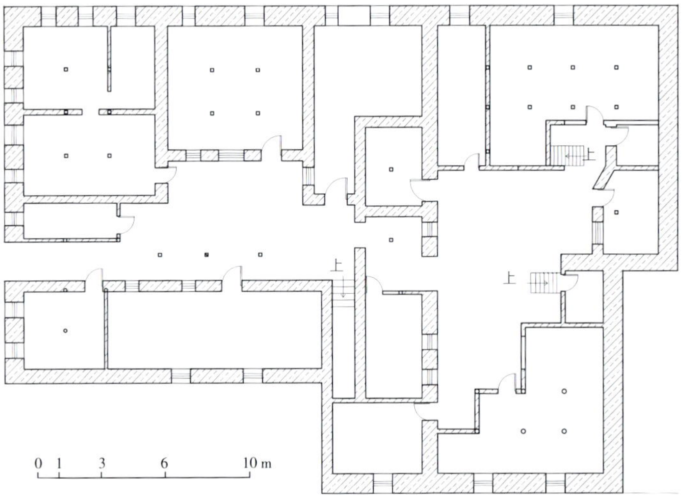

一层平面
The First Foor

琼结崩唐位于吉堆巷东侧，建筑形式为东西向的两进院落。

58 卡尔旦 Kar-dam

卡尔旦内景(左图)
Inner View of Kar-dam
卡尔旦剖面(右图)
Section of Kar-dam

卡尔旦位于八廓街吉堆巷，属于鲁固居委会管辖。建筑为二层四合院形式。

59 唐嘎 Thangka

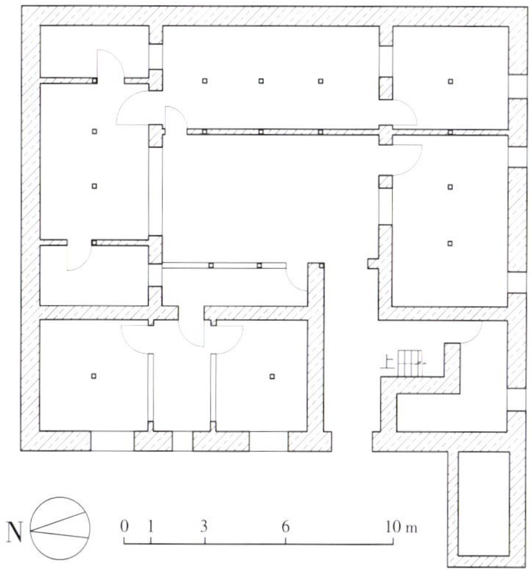

内景(左图)
Inner View
一层平面(右图)
The First Floor

唐嘎位于八廓街吉堆巷，始建于清代。20 世纪 50 年代曲水县县长搬至此处，为其取名为“唐嘎”。

60 冲巴卡 Trom-pa-ka

建筑内院（左图）
Courtyard
室内布置（右图）
Interior Layout

冲巴卡位于八朗学一巷 28 号，为传统藏式的民居建筑。建筑较为简陋，现内有一织布作坊。

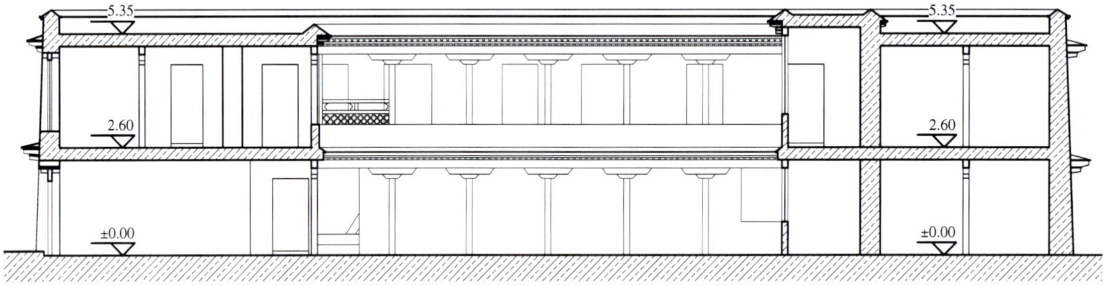

A-A 剖面
A-A Section

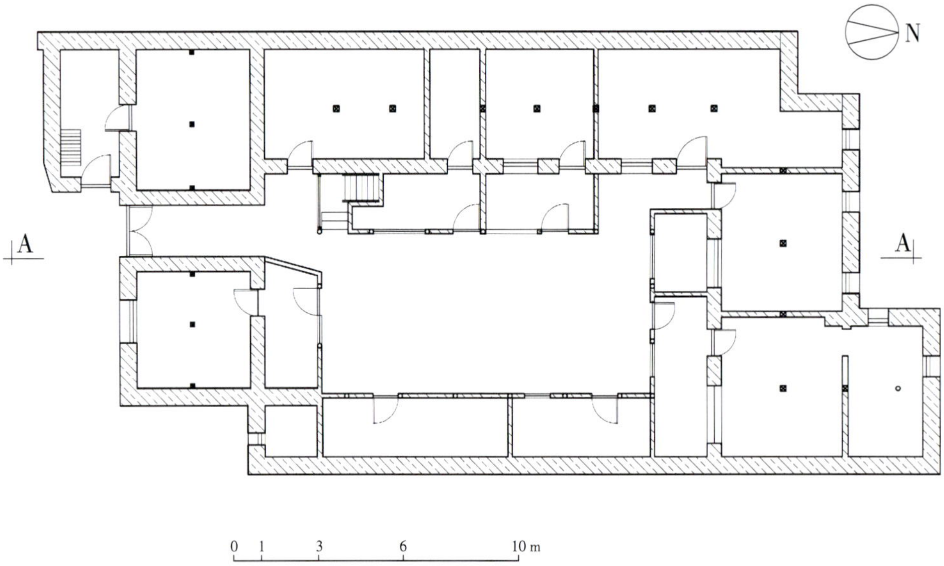

一层平面
The First Floor

61 强维巴 Jam-vod-pa

外观
Exterior

强维巴建于20世纪50年代，位于北京东路。原为私人住宅，现改为拉萨市人民医院的办公楼。

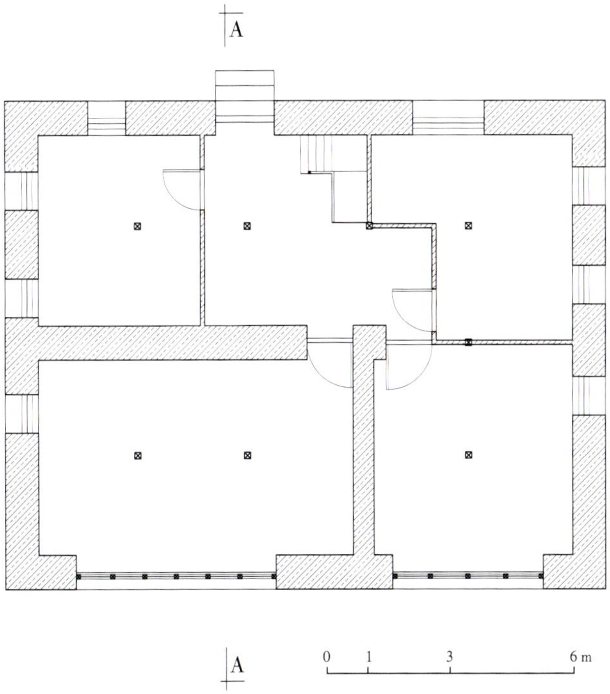

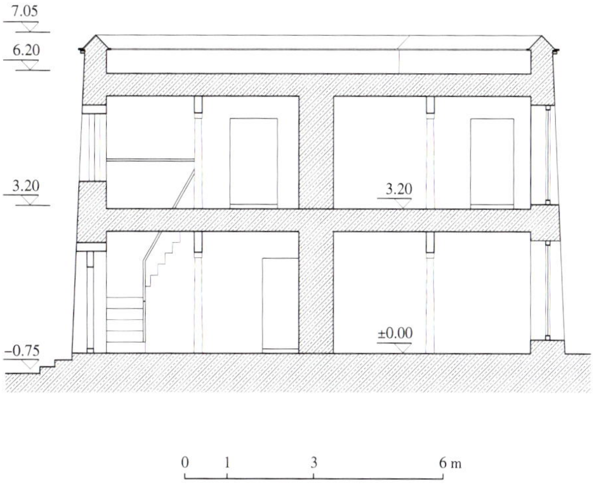

一层平面（左下图）
The First Floor
A–A 剖面（右下图）
A–A Section

62 朗色康萨 Rnan-se Khang-sa

建筑外墙（左图）
External Wall
院落内景（右图）
Inner View of the Yard

朗色康萨位于吉日巷，属于吉日居委会管辖。建筑为单层四合院形式。

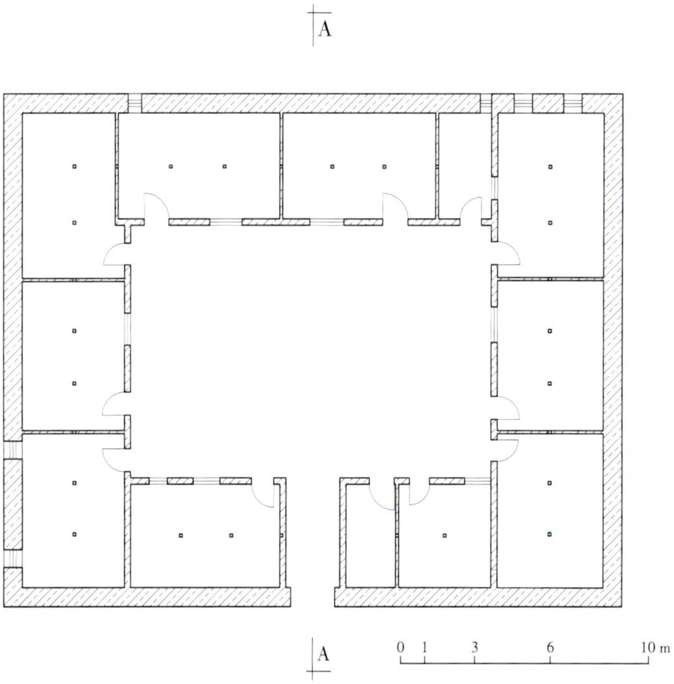

一层平面
The First Floor

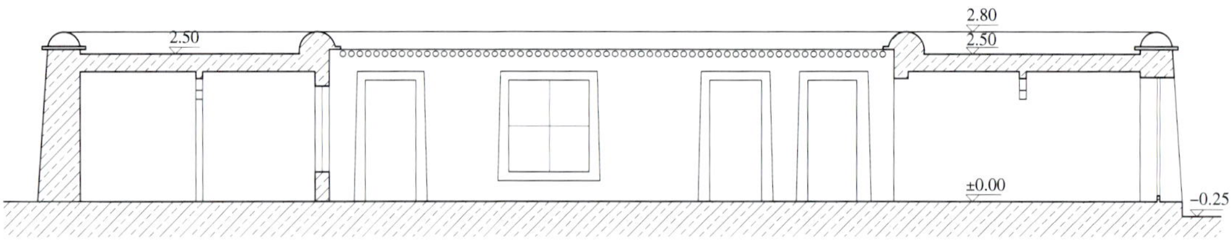

A-A 剖面
A-A Section

63 琉璃桥 Glazed Bridge

琉璃桥外观（左图）
Exterior of Glazed Bridge
梁架（右图）
Frame of the Beam

琉璃桥位于大昭寺以西约300 m处，今宇拓路南侧，原是连接拉萨古城内外的要道之一。琉璃桥建于何时，一说建于10世纪文成公主进藏时期；另一说建于18世纪。据建筑特征判断，现存石桥年代当较早，桥上汉式风格的歇山顶桥廊则不会早于18世纪。琉璃桥为石筑，五孔梁桥，跨度28.3 m，桥面宽6.8 m。桥上两边砌有石墙，墙厚1.6 m，东西两侧的墙，分别砌出5个宽为2.3~2.5 m的门洞，门洞间距均为2.6 m，高3.2 m，门洞外侧分别置有木栏杆，高1.5 m。石墙间横置9根方木梁，每根梁上竖立直柱(童柱)，两侧有叉手，其上置8根脊檩；在四面墙的梁间，共伸出了36根出挑方木，其中东西两侧分别为13根，南北两端分别为5根，4个转角分别出一个。出挑木的里端压以横方木，其上竖直柱，柱上安置金檩；而在出挑方木的外端，压有一斗三升斗栱。外檐用一斗三升结构承托方檐檩，然后再施椽、板，覆绿色琉璃瓦顶，又以琉璃筒瓦盖缝，檐口施有琉璃舌形滴水。南端歇山檐滴水被破坏无余，北端歇山檐施有3种滴水，一种为梵文图案舌形琉璃滴水，一种为普通图案舌形琉璃滴水，另一种为三曲线舌形琉璃滴水。四角为龙首飞檐，屋脊中间饰有1 m高的琉璃宝瓶，两端有琉璃供果脊饰。组成漂亮耀眼的汉式古建筑歇山式桥廊。

北歇山檐采用3种滴水，估计此廊在建成之后到现在，可能经过两次揭顶维修。但下部大木料构架看不出更换或动过的痕迹。

琉璃桥斗栱
Dou-gong Bracket of Glazed Bridge

历史上的琉璃桥
The Glazed Bridge

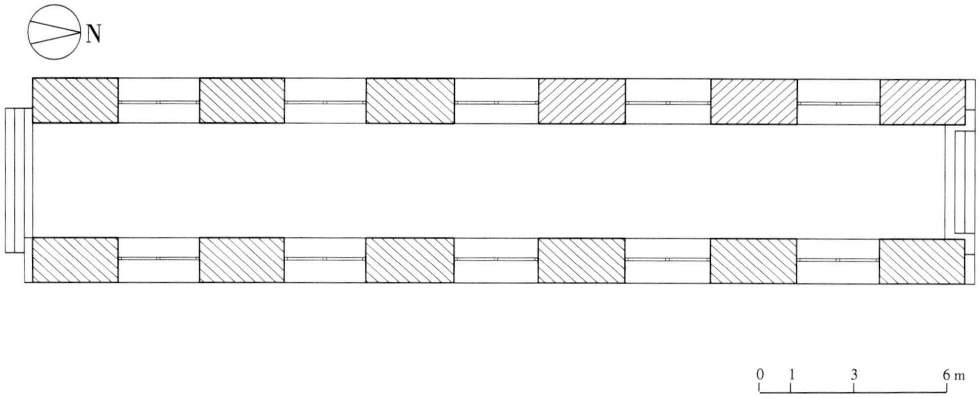

琉璃桥平面
Plan of Glazed Bridge

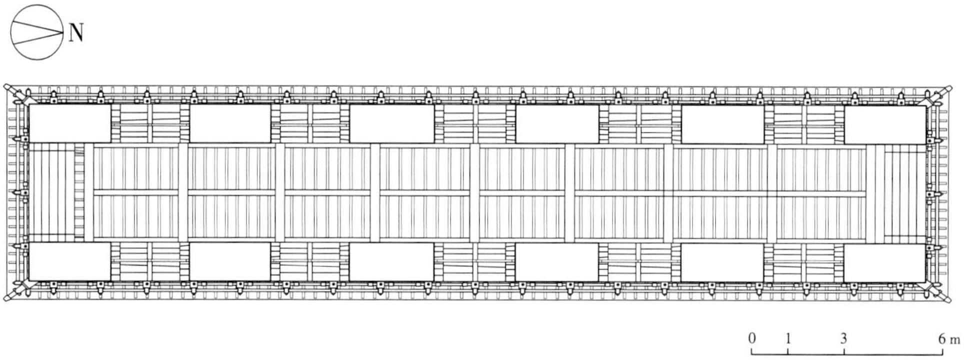

琉璃桥仰视平面
Plan of Glazed Bridge

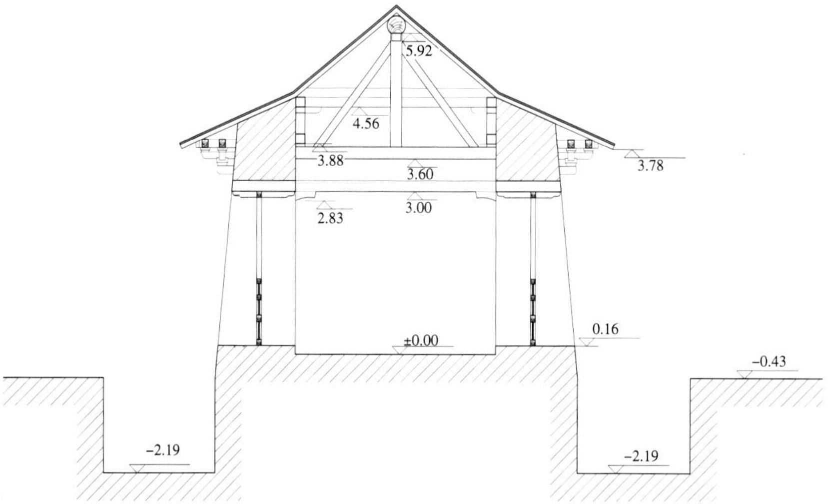

琉璃桥横剖面
Transversal Section of Glazed Bridge

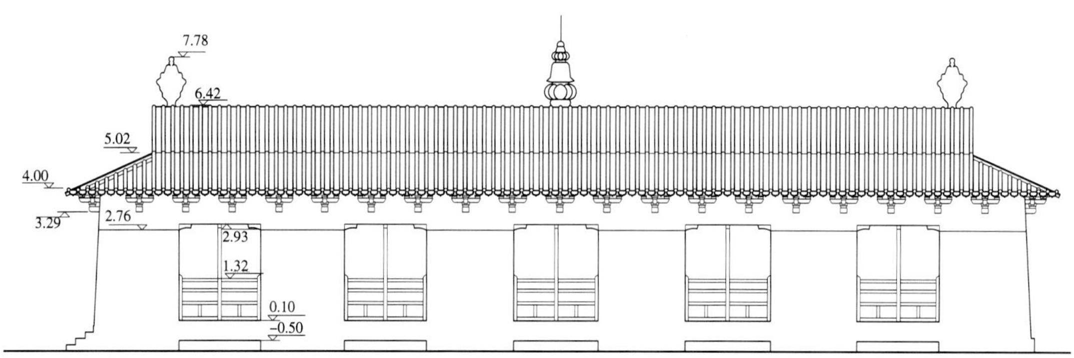

琉璃桥东立面
East Elevation of Glazed Bridge

汉英词汇表

A

阿巴扎仓 Aba Graw-tshang

B

八廓街 Barkhor Street
白宫 White Palace
北京从康 Piking Cung-kang
壁画 mural
辩经台 forum of disputation of buddhist scripture
冰珠强 Bin-chu-jam
布达拉宫 Potala Palace
不灭妙旋宫（其美曲溪）Immortalisation Palace

C

彩绘 decorative painting
测绘图 plotting chat
策觉林 Ce-jo-ling
策默林 Ce-mu-ling
查齐夏 Trepchi-shar
昌都 Chamdo
赤多康 Che-rdo-khang
冲巴卡 Trom-pa-ka
冲赛康 Tromsikhang
宠幸宫 Patronize Palace
传统民居 traditional residential building
垂兽 animal of hip roof
从康 Cung-kang
措吉颇章(湖心宫)Tsho-ji Po-trang
措那从康 Tshogs-na Cung-khang
措钦 Tshogs-chen

D

达旦明久颇章（新宫）Tardan-ming-ju Po-trang
达东夏 Tardongshar
大雄宝殿 hall of the buddha
大昭寺 Jokhang Monastery
丹结林 Ten-gho-ling
地宫 ground chamber
东吉苏 Dung-ji-sue
斗栱 dou-gong bracket (wooden square blocks supporting beams and grids)
度母 Tara
独康强 Dus Khang-jam
顿旺 Dun-wam

F

法 dharma
法轮 wheel of buddhist truth
佛殿 temple
佛像 statue of buddha

G

嘎结夏 Kam-je-shar
嘎米达热 Kame Ta-ra
甘丹寺（黄教）Gandan Monastery
岗嘎夏 Gang-ga-shar
阁 pavilion
格桑德吉颇章（贤劫福旋宫）Kelsang De-ji Po-trang
格桑颇章（贤劫宫）Kelsang Po-trang
夏泽仓 Kar Shar-tze-cang
宫殿建筑 palace architecture
关帝庙（武庙）Guanyu Temple
观马宫 Watch Horses Palace
果赤从康 Go-chi Cung-khang
果嘎宁巴 Goka-nying-pa
果瓦康参 Gowa Khamtsen

H

哈木东康村 Kha-dong hams-tshan
横剖面 transversal section
红宫 Red Palace
湖心宫 Mid-lake Palace
护法神殿 Temple of Protective Gods
花格窗 lattice window
活佛 Living Buddha
回廊 cloister

J

吉德尼玛贡 Jide Nyma-gon
吉嘎曲德寺 Jika-chu-de Monastery
吉吉康琼 Ji-ji-khang-jom
吉拉康 Ji Lhakang
吉日卓康 Kyi-re-sGro-khang
吉扎仓 Ji Grow-tshang
加央吉 rGya-yang-kyi
江央达热 Gyang-yang-da-ra
江央努 Gyang-yang-nu
角那仓 Jo-nam-tshang
结巴扎仓 Gye-pa Tsa-cang
杰吉林 Gye-gyi-ling
金顶 golden summit

金色颇章 Golden Po-trang
经幡 scripture flag
经堂 scripture hall
经幢 dhanari column
精舍 altar
经堂 scripture hall
觉康 Jo-khang
觉木隆寺 Jo-mu-rong Monastery
俊巴 Jun-pa

K

卡尔旦 Kar-dam
卡基林卡 Kaki Linka
康村 Khams-tshan

L

喇嘛 lama
拉康 Lhakang
拉鲁 Laru
拉萨 Lhasa
拉囊宁巴 Labrang Nyingba
廊 veranda
朗苍强 Lang-khra-yams
朗嫫嫫 Nang-mo-mo
朗奴 Nang-nu
朗赛林庄园 Rnan-sras-gling Garden
朗色康萨 Rnan-se khang-sa
朗孜厦 Nangtse-shar
劳东 Gnendong
凉亭宫 Summer-house Palace
灵塔 chorten(coffin tower)
林卡 Linka
岭苍 Nying-cang
琉璃桥 Glazed Bridge
罗崩夏 Luo-peng-shar
罗布林卡 Norpulinka
喇嘛式塔 Lamaist Pagoda
龙王潭 Dragon Pool
鲁康奴(西龙王宫)Lu-khang-nu (West Dragon King Palace)
鲁康厦（东龙王宫） Lu-khang-shar (East Dragon King Palace)
轮回 buddhism samsara

M

玛法木措湖 Manasarowar Lake
玛兰巴 Mam-lan-pa
麦扎仓 Mam Graw-tshang
曼陀罗 Mandala
门廊 porch
门楼 gate house
门孜康 Men-dzi-khang
民居 folk house(residenrial dwelling)
墨如宁巴 Meru Nyingba
墨竹工卡 Pongmose

N

那林扎寺 Na-lin-zha Monastery
南木 Nam
尼姑庙 Nun Temple
尼木吉嘎曲德寺 Nyemu Ji-ka-chu-de Monastery
娘容夏 Nyang-rong-shar
鸟瞰 bird' s eye view
奴玛 Nu-ma

P

盘雪 Pan-shear
旁多 Phondo
盆景 potted landscape
平康 Ping-khang
坡道 ramp
坡容卡 Pho-rong-ka
颇章 Po-trang
剖面图 cross section

Q

强巴林寺 Jampaling Monastery
强维巴 Jam-vod-pa
墙体材料 wall material
青藏高原 Qinghai-Tibetan Plateau
穷结 Jong-je
琼结崩唐 Jong-je Beng-tang
曲尺康 Chotri-khang
雀替 sparrow brace

R

热堆康赞 Ra-to Khamtsen
热振寺 Reting Monastery
日苏奴 Ri-sum-num
容扎 Rong-zha

S

色拉寺 Sera Monastery
僧舍 monks' dormitory
上孜扎仓 Shang-rtse Graw-tshang
斯东康 Stong-kang
酥油茶 buttered tea
园林 garden

T

唐卡 Thangka

天窗 skylight

天井 courtyard

W

威镇三界阁 Overawe the Three Kingdoms Pavilion

文成公主 Han Princess Wencheng

文殊殿 Manjusri Temple

乌尧颇章 Vu-yao Po-trang

X

惜德林 Hi-de-ling

夏幅嘎布 Shar-fu Ka-bu

夏拉康 Shar-lakhang

夏扎 Bshad-sgra

下孜扎仓 Shar-rtse Graw-tshang

贤劫宫 Bhadrakalpa Palace

小昭寺 Ramoche Monastery

新宫 New Palace

Y

印经院 Printing Scripture Temple

Z

泽当康萨 Rtsed-thang Khang-sa

扎仓 Graw-tshang

扎康 Rtsa-khang

查齐夏 Trepchi-shar

札什伦布寺 Tashihunpo Monastery

哲蚌寺 Drepung Monastery

直贡提寺 Gri-gum-ti Monastery

知吾康村 Gri-wu Khams-tshan

中庭 atrium

宗教建筑 religious architecture

纵剖面 vertical section

柱廊 colonnade

祝寿殿 Wish Longevity Temple

柱头 column cap,column head

转经道 path of revolving scripture cylinder

转经轮 revoling cylinder(prayer wheel)

准增颇章（持舟殿）Cun-zeng Po-trang

卓玛拉康 sGrolma Lhakhang

左母热 Cho-mu-ra

亭阁 pavilion

主要参考文献

1 宿白.藏传佛教寺院考古.北京:文物出版社,1996

2 《西藏研究》编辑部编.西招图略西藏图考.拉萨:西藏人民出版社,1982

3 恰白·次旦平措,诺章·吴坚,平措次仁.西藏通史简编.北京:五洲传播出版社,2000

4 王尧,陈庆英主编.西藏历史文化辞典.拉萨:西藏人民出版社;杭州:浙江人民出版社,1998

5 杨嘉铭,赵心愚,杨环.西藏建筑的历史文化.西宁:青海人民出版社,2003

6 《藏族简史》编写组编.中国少数民族简史丛书——藏族简史.拉萨:西藏人民出版社,1985

7 邓侃.西藏的魅力.拉萨:西藏人民出版社,1999

8 熊文彬.西藏艺术.北京:五洲传播出版社,2002

9 姜安.藏传佛教.海口:海南出版社,2003

10 【德】大卫·杰克逊著;向红笳,谢继红,熊文彬译.西藏绘画史.拉萨:西藏人民出版社;济南:明天出版社,2001

11 徐宗威主编.西藏传统建筑导则.北京:中国建筑工业出版社,2004

12 西藏工业建筑勘测设计院编.大昭寺.北京:中国建筑工业出版社,1985

13 陈庆英,高淑芬主编.西藏通史.郑州:中州古籍出版社,2003

14 刘敦桢主编.中国古代建筑史.(第二版).北京:中国建筑工业出版社,1984

15 潘谷西主编.中国古代建筑史.(第四卷).北京:中国建筑工业出版社,2002

16 孙大章主编.中国古代建筑史.(第五卷).北京:中国建筑工业出版社,2002

17 周维权.中国古典园林史.北京:清华大学出版社,1999

18 彭英全.西藏宗教概说.(第二版).拉萨:西藏人民出版社,2002

19 顾笃天,江孝若等编.西藏风物志.拉萨:西藏人民出版社,1999

20 张天锁编著.西藏古代科技简史.拉萨:西藏人民出版社,1999

21 《藏族学术讨论会论文集》编辑组编.藏族学术讨论会论文集.拉萨:西藏人民出版社,1984

22 《藏学研究论丛》编委会编.藏学研究论丛(第三辑).拉萨:西藏人民出版社,1992

23 李永宪.西藏原始艺术.石家庄:河北教育出版社,2001

24 【法】海瑟·噶尔美著;熊文彬译.早期汉藏艺术.石家庄:河北教育出版社,2001

25 【法】罗伯尔·萨耶著;耿昇译.印度–西藏的佛教密宗.北京:中国藏学出版社,2000

26 【奥地利】勒内·德·内贝斯基,沃杰科维茨著;谢继胜译.西藏的神灵和鬼怪.(第三版).拉萨:西藏人民出版社,2000

27 冯蒸.国外西藏研究概况.北京:中国社会科学出版社,1979

28 【英】查尔斯·埃利奥特著;李荣熙译.印度教与佛教史纲(第一卷).北京:商务印书馆,1982

29 萧万源,伍雄武,阿不都秀库尔主编.中国少数民族哲学史.合肥:安徽人民出版社,1992

30 王森.西藏佛教发展史略.北京:中国社会科学出版社,1997

31 王尧,王启龙,邓小咏.中国藏学史(1949年前).北京:民族出版社;北京:清华大学出版社,2003

32 陈立明,曹晓燕.西藏民俗文化.北京:中国藏学出版社,2003

33 余友心主编.绘画唐卡.重庆:重庆出版社,2001

34 柴焕波.西藏艺术考古.北京:中国藏学出版社;石家庄:河北教育出版社,2002

35 蒲文成主编.甘青藏传佛教寺院.西宁:青海人民出版社,1996

36 孙大章.中国民居研究.北京:中国建筑工业出版社,2004

37 齐康主编.中国土木建筑百科辞典——建筑.北京:中国建筑工业出版社,1999

38 姜怀英,噶苏·彭措朗杰,王明星编著.西藏布达拉宫修缮工程报告.北京:文物出版社,1994

39 西藏自治区文物管理委员会编.布达拉宫.北京:文物出版社,1988

40 五世达赖喇嘛著,刘立千译注.西藏王臣记.北京:民族出版社,2000

41 索南坚赞著;刘立千译注.西藏王统记.北京:民族出版社,2000

42 钦则旺布著;刘立千译注.卫藏道场胜迹志.北京:民族出版社,2000

43 刘立千著译.刘立千藏学著译文集·杂集.北京:民族出版社,2000

44 伊伟先.明代藏族史研究.北京:民族出版社,2000

45 曾国庆.清代藏史研究.拉萨:西藏人民出版社;济南:齐鲁书社,1999

后　记

拉萨是世界上最具特色和魅力的城市之一，不仅因为它有令初来者感到眩晕的3700米的海拔高程，还因为它有1300多年的历史文化遗迹和浓郁的民族氛围所给予人们的特殊感觉。壮美的高原风光、神秘的宗教文化、古朴的民居建筑，以及世世代代生活在这里的居民和他们的日常生活，构成了这座城市最令人着迷的地方。

援藏三年期间，我和拉萨市文物局的同事们一起，考察了拉萨的众多文物古建筑。它们悠久的历史、宏大的规模、古朴厚重的造型、雕梁画栋的装饰，充分体现了藏民族对建筑艺术的独到构思和特有的审美情趣，深深吸引了我。这些保留下来的弥足珍贵的历史文化遗产，缺乏包括建筑测绘图纸在内的现状档案基础资料，给亟待进行的保护、修缮和研究工作带来了一定难度。

为此，2002年起，拉萨市文物局的职工，与南京工业大学建筑与城市规划学院的师生，走遍了拉萨的山山水水。对重要的文物保护单位，包括老城区内挂牌保护的老房子，都进行了较为详细的测绘和调查，收集到了大量的基础材料。其中的辛苦，非亲历不能深刻体会。汪永平教授等人凭借深厚的专业知识功底，对取得的第一手材料和文献资料进行了系统的梳理和研究，这对下一步的保护修缮工作，无疑会大有裨益。

拉萨市的文物保护工作，一直得到区、市两级政府和相关部门的关心和支持，资金投入的力度不断加大。而自治区文物局仁青次仁局长、徐非副局长、文物处刘世忠处长等领导，更是对整个建筑测绘调查工作给予了全力支持。我相信，本书的出版将是对他们的最好回报。

在此，还要感谢北京市文物局、江苏省文物局、河南省文物局长期以来对拉萨文物事业的无私援助。感谢东南大学出版社为本书出版所付出的辛勤劳动。

原拉萨市文物局局长　郭豹

2005年7月于北京